中等职业教育土木建筑大类专业"互联网+"数字化创新教材

建筑识图与构造

崔葛芹
柳书峰 主 编

中国建筑工业出版社

图书在版编目（CIP）数据

建筑识图与构造 / 崔葛芹，柳书峰主编 . -- 北京：中国建筑工业出版社，2024.9. --（中等职业教育土木建筑大类专业"互联网＋"数字化创新教材）. -- ISBN 978-7-112-29939-3

Ⅰ．TU2

中国国家版本馆 CIP 数据核字第 2024QQ8376 号

本教材以我国经济发展及职业教育改革发展新态势为导向，依据国家现行标准、规范和图集，以工程图纸为载体，以"任务驱动"为特色进行编写。本教材共有 4 个项目 14 个任务，项目包括投影基本知识、建筑识图基本知识、识读建筑施工图和装配式混凝土建筑。教材提供了丰富的学习资源，包括微课视频、图纸等，还配套了任务手册供学生和教师使用。

本教材适合作为职业教育建筑工程施工、工程造价及相关专业识图课程教材，同时可作为建筑行业从业人员的参考用书。

为了便于本课程教学，作者自制免费课件资源，索取方式为：1. 邮箱：jckj@cabp.com.cn；2. 电话：(010) 58337285；3. 中职 QQ 服务群：796494830。

责任编辑：司　汉

责任校对：芦欣甜

中等职业教育土木建筑大类专业"互联网＋"数字化创新教材

建筑识图与构造

崔葛芹

柳书峰　主　编

*

中国建筑工业出版社出版、发行(北京海淀三里河路 9 号)

各地新华书店、建筑书店经销

北京鸿文瀚海文化传媒有限公司制版

河北鹏润印刷有限公司印刷

*

开本：787 毫米×1092 毫米　1/16　印张：19½　字数：485 千字

2024 年 9 月第一版　2024 年 9 月第一次印刷

定价：**49.00** 元（赠教师课件，含任务手册与图纸）

ISBN 978-7-112-29939-3

(42892)

本书编审委员会

主编

崔葛芹　河北城乡建设学校

柳书峰　河北城乡建设学校

副主编

郝　哲　河北城乡建设学校

李　静　山西省城乡建设学校

欧阳恳　长沙市中等城乡建设职业技术学校

参编

徐泽军　河北城乡建设学校

赵伟森　河北城乡建设学校

王孟浩　河北建研工程技术有限公司

杨　兴　河北省科技工程学校

高　静　唐山劳动技师学院

韩　瑜　河北城乡建设学校

孟　娜　河北城乡建设学校

李庆肖　河北城乡建设学校

主审

吴永卫　河北建设集团股份有限公司

沈　际　河北城乡建设学校

资源支持

广州中望龙腾软件股份有限公司

前言

建筑识图与构造是建筑工程施工、工程造价等专业的一门专业基础课，为后续建筑工程施工技术、建筑工程施工组织、建筑工程计量计价等课程的学习奠定了基础。课程旨在培养学生在工程施工中结合所学建筑构造知识，正确识读工程施工图和查阅标准图集，解决实际问题的职业能力。

本教材综合新形势下，我国经济发展及职业教育改革发展新态势，以立德树人为根本，本着"理论够用、实践为重"的原则，融入"1+X"建筑工程识图职业技能等级证书的内容，以国家颁布的最新建筑规范为依据编写，反映我国当前在建筑构造方面的新规范、新技术、新材料、新工艺以及建筑业发展的新动态。本教材以任务为导向，以实际工程图纸为主线，明确学习目标，与专业岗位需求相结合，体现"教、学、做"一体化的培养模式。本教材配有微课视频，以二维码形式体现，方便学生自主学习。

本教材由崔葛芹、柳书峰担任主编并统稿，郝哲、李静、欧阳愍担任副主编。本教材总计4个项目，14个任务。具体编写分工为：任务1由徐泽军编写，任务2、3、6、8由崔葛芹编写，任务4由赵伟森编写（其中任务4.5由王孟浩编写），任务5由杨兴编写，任务7由高静编写，任务9由郝哲编写（其中任务9.5、任务9.6由欧阳愍编写），任务10由柳书峰编写，任务11由韩瑜编写，任务12由李静编写（其中任务12.6、任务12.7由崔葛芹编写），任务13由孟娜编写，任务14由李庆肖编写。

本教材由河北建设集团股份有限公司建筑设计研究院总经理、一级注册建筑师、正高级工程师吴永卫，以及具有丰富教学及实践经验的河北城乡建设学校高级讲师沈际担任主审，并提出了宝贵的意见和建议。广州中望龙腾软件股份有限公司提供了部分资料和素材。

本教材编写的过程中，参考、借鉴了同类型的文献资料和教材，在此一并表示衷心的感谢！

由于编者水平有限，难免存有纰漏和不妥之处，敬请同行批评指正。

目录

配套任务手册与图纸

投影基本知识

项目 1

任务1　学习投影知识

学习目标

1. 学习投影的概念及三要素，能够理解工程图的成图原理。
2. 学习投影的分类及正投影特性，能正确运用正投影特性识读和绘制投影图。
3. 学习三面投影图的形成、规律及方位关系，能正确绘制物体的三面投影图。
4. 学习点、线、面的投影规律，帮助构建空间想象力；能够绘制点、线、面的三面投影；能够判断点、线、面的空间位置关系。
5. 学习轴测图的概念和形成，能够正确绘制物体的正等轴测图。
6. 通过三面投影的学习，懂得多角度观察问题，用辩证的思维去看问题，提高分析问题、解决问题的能力。

思维导图

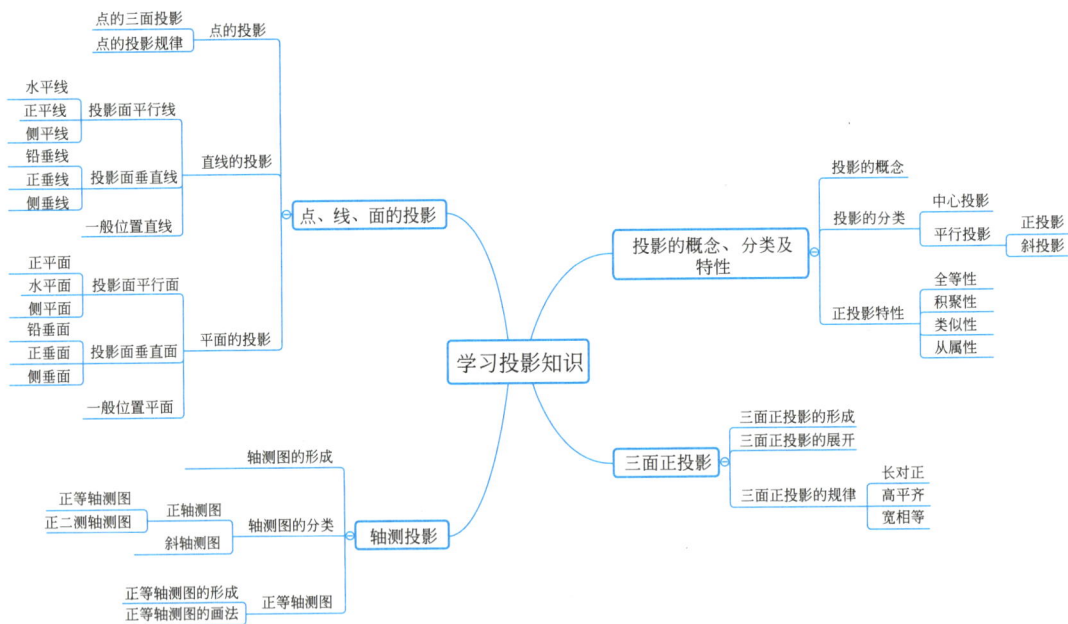

任务导入

观察如图 1-1 所示的投影图，请思考投影是如何形成的？只用一面投影是否能完整地反映形体的空间形状？

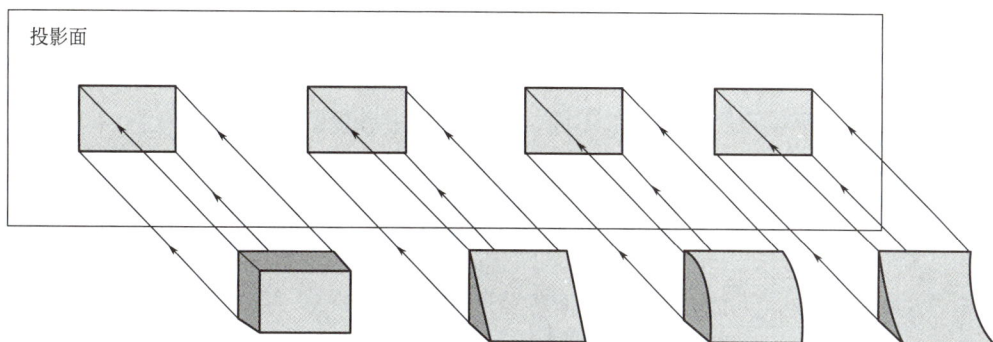

图 1-1 不同形体的投影

知识准备

1.1 投影的概念、分类及特性

1.1.1 投影的概念

自然界中，人们经常可以看到，物体在日光或灯光的照射下，在地面或墙面上会形成影子。影子能反映物体的形体轮廓，但里面却是黑影，如图 1-2（a）所示，不能满足工程上用图样表示物体形状的要求。人们对自然界的这一物理现象加以科学的抽象和总结就形成了投影方法。假设光线能穿透物体将物体上的点和线都反映在某个平面上，这些点、线的影子组成能反映物体形状的图形，把这样形成的图形称为投影图，如图 1-2（b）所示。承受投影图的平面称为投影面。

1-1

投影概念、分类及特性、三面投影

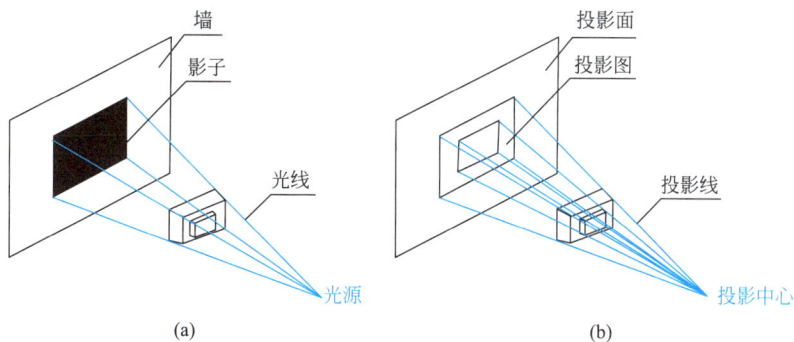

(a)   (b)

图 1-2 投影图

产生投影必须具备三个条件：投影线、形体（或物体）、投影面，简称投影的三要素。

1.1.2 投影的分类

根据投影中心距离投影面远近的不同，投影分为中心投影和平行投影。

1. 中心投影

投影线由投射中心点放射出来的投影方法称为中心投影法，所得投影称为中心投影，如图 1-3 所示。

中心投影的特点：不能反映物体的真实形状和大小；投射中心距物体越近，投影越大，反之越小。

2. 平行投影

投影线相互平行的投影称为平行投影。平行投影根据投影线是否垂直于投影面可分为正投影和斜投影。

（1）正投影：投影线垂直于投影面的投影，如图 1-4（a）所示。

特点：正投影图的图示方法简单，既能反映物体的形状，也能反映其真实大小，度量性好，是用于绘制工程设计图、施工图的主要图示方法。

（2）斜投影：投影线倾斜于投影面的投影，如图 1-4（b）所示。

特点：斜投影图不能反映物体的真实形状和大小，但是直观性很强，常用于绘制轴测图。

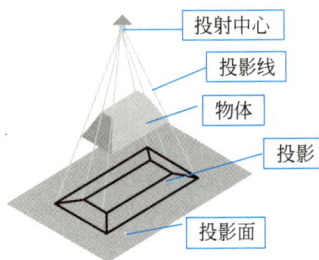

图 1-3 中心投影

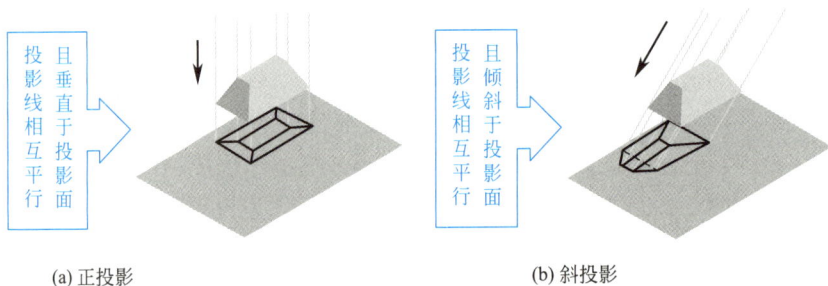

图 1-4 平行投影图

1.1.3 正投影的特性

正投影一般用于工程图的绘制，具有全等性、积聚性、类似性与从属性的基本特性，如图 1-5 所示。

1. 全等性

平行于投影面的直线的投影反映实长；平行于投影面的平面的投影反映实形，这种投影特性称为全等性，又称真实性，如图 1-5（a）所示。

2. 积聚性

垂直于投影面的直线的投影积聚为一点；垂直于投影面的平面的投影积聚为一直线，这种投影特性称为积聚性，如图 1-5（b）所示。

3. 类似性

倾斜于投影面的直线的投影小于空间直线的实长；倾斜于投影面的平面的投影小于空间平面实形，这种投影特性称为类似性，如图 1-5（c）所示。

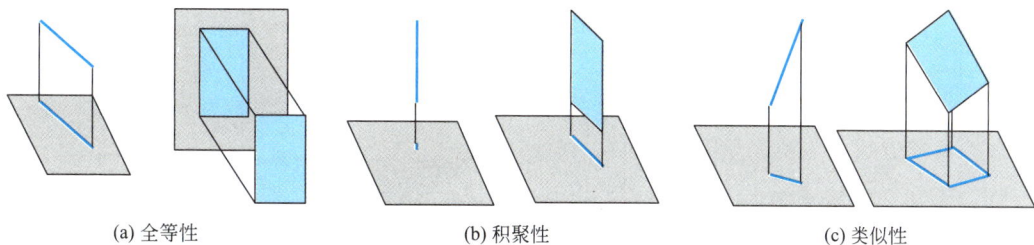

(a) 全等性　　　(b) 积聚性　　　(c) 类似性

图 1-5　正投影特性

4. 从属性

直线上的点的投影仍在该直线的投影上；平面上的点和直线的投影仍在该平面的投影上，这种投影特性称为从属性。

1.2　三面正投影

1.2.1　三面正投影的形成

只用一个投影面无法完整地反映形体的空间形状和大小，如图 1-6 所示。

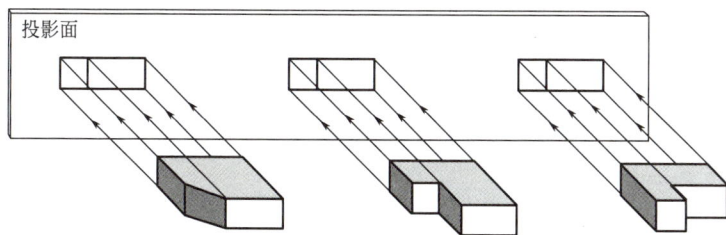

1-2

三面投影体系
的建立与展开

图 1-6　不同形体同一投影面投影图

为了准确地表达形体的形状和大小，通常把形体放在由三个相互垂直的投影面构成的三面投影体系中，分别作三个投影面的正投影，这样就能较充分地表示出形体的空间形状，如图 1-7 所示。图中水平位置的投影面称为水平投影面，简称水平面或 H 面。在水平投影面上得到的正投影图，称为水平投影图。观察者正对的投影面称为正立投影面，简称正立面或 V 面。在正立投影面上得到的正投影图，称为正立投影图。右侧位置的投影面称为侧立投影面，简称侧立面或 W 面。在侧立投影面上得到的正投影图，称为侧立投影图。三个投影面两两垂直相交于原点 O，交线称为投影轴。OX 轴表示长度方向，OY 轴表示宽度方向，OZ 轴表示高度方向，如图 1-8 所示。

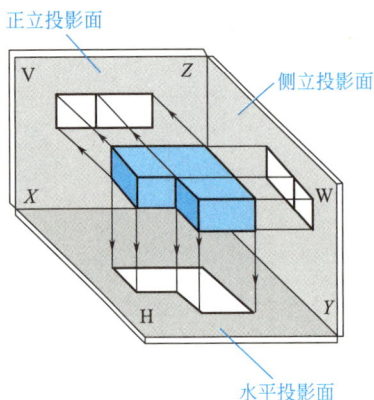

图 1-7 三面投影的形成

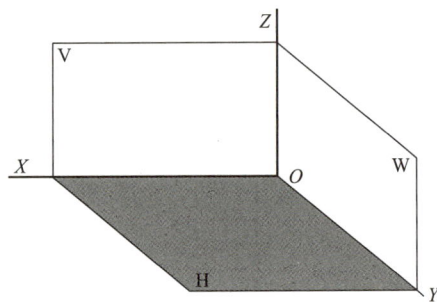

图 1-8 三面投影体系示意图

1.2.2 三面正投影的展开

由于三个互相垂直的投影面上的三个投影图不在同一平面上，为了方便绘图和识图，必须将三个互相垂直的投影面连同三个投影图展开在同一平面上，如图 1-9 所示。规定 V 面不动，将 H 面绕 OX 轴向下旋转 $90°$，W 面绕 OZ 轴向后旋转 $90°$，使三个投影面处于同一平面内。此时 OY 轴分为两条，分别为 Y_H（在 H 面上）和 Y_W（在 W 面上）。

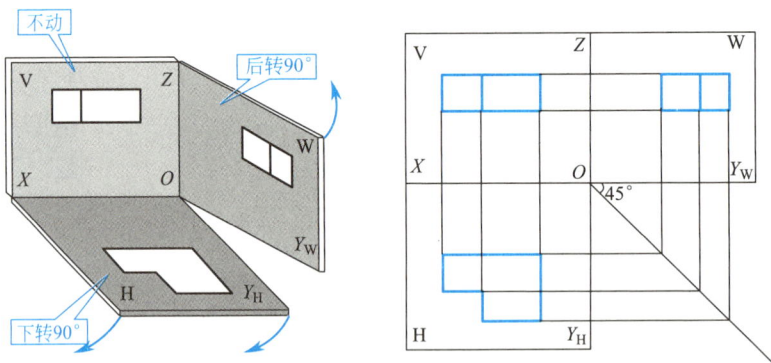

图 1-9 三面投影图的展开

1.2.3 三面正投影的规律

任何一个形体均有长、宽、高三个方向的尺寸，三面投影展开后的投影图具有下列投影规律及方位关系,如图 1-10 所示。

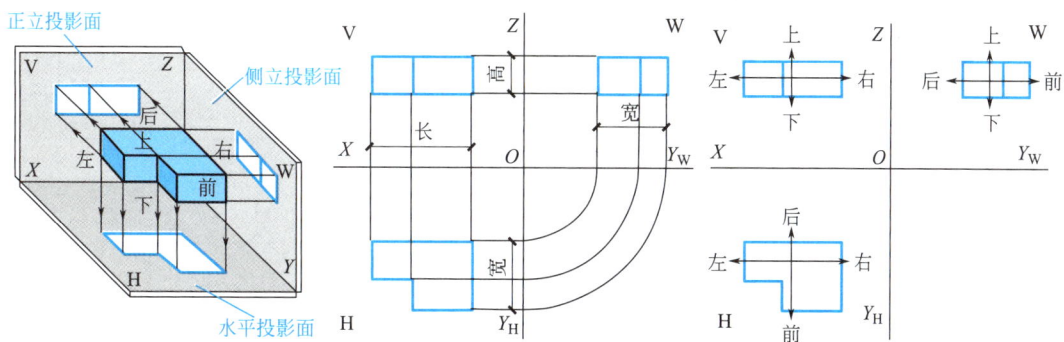

图 1-10 三面投影图的规律及方位关系

由图 1-10 可知:正立投影图反映形体的正立面形状、长和高及上下、左右的位置关系;水平投影图反映形体的平面形状、长和宽及前后、左右的位置关系;侧立投影图反映形体的侧立面形状、高和宽及上下、前后的位置关系。

三个正投影图之间的投影对应关系可以归纳为:

水平投影图与正立投影图具有相同的长度:长对正。

正立投影图与侧立投影图具有相同的高度:高平齐。

侧立投影图与水平投影图具有相同的宽度:宽相等。

"长对正、高平齐、宽相等"称为"三等关系"。"三等关系"反映了三个投影图之间的投影规律,它是绘制和识读三面投影图的根本依据。

1.3　点、线、面的投影

建筑物或构筑物以及组成它们的构件,都可以看成是由若干个几何形体组成,而点、线、面是构成各种形体的基本几何元素。因此,要读懂形体的投影图,必须研究点、线、面的投影规律,有助于我们认识形体的投影本质,掌握形体的投影规律。

1-3

点、线、面投影

1.3.1　点的投影

1. 点的三面投影

如图 1-11 所示,空间点 A 放置在三面投影体系中,过点 A 分别作垂直于 H 面、V 面、W 面的投影线,投影线与 H 面的交点 a 称为 A 点的水平投影;投影线与 V 面的交点 a′称为 A 点的正面投影;投影线与 W 面的交点 a″称为 A 点的侧面投影。

2. 点的投影规律

由图 1-11 点的三面投影图,可以看出点的投影规律如下:

1-4

点的投影

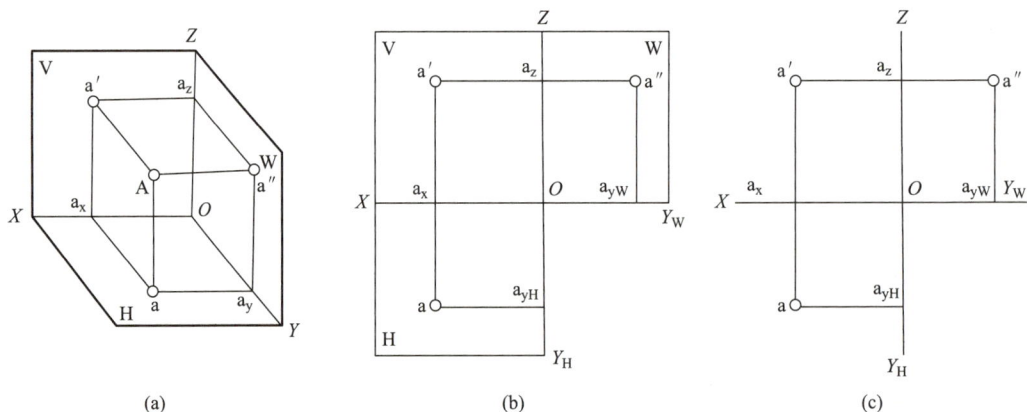

(a)　　　　　　　　　　(b)　　　　　　　　　　(c)

图 1-11　点的三面投影

（1）点的任意两面投影的连线垂直于相应的投影轴，即 $a'a \perp OX$，$a'a'' \perp OZ$。

（2）点的投影到投影轴的距离等于空间点到相应投影面的距离，即：

$$a'a_x = a''a_y = Aa \quad aa_x = a''a_z = Aa' \quad aa_y = a'a_z = Aa''$$

由点的投影规律可知，空间任意点的三面投影图中，只要给出其中任意两个投影，就可以根据点的投影规律作出第三个投影。

1.3.2　直线的投影

直线的投影一般情况下仍是直线，画出直线上两个端点的投影，连接其同面投影，即为直线的投影。直线与三个投影面之间的相对位置，可分为三类：投影面平行线、投影面垂直线和一般位置直线。

1-5

直线的投影

1. 投影面平行线

平行于一个投影面，而倾斜于另外两个投影面的直线，称为投影面平行线。投影面平行线可分为以下三种：

（1）水平线：平行于 H 面，倾斜于 V 面、W 面的直线。

（2）正平线：平行于 V 面，倾斜于 H 面、W 面的直线。

（3）侧平线：平行于 W 面，倾斜于 H 面、V 面的直线。

投影面平行线的投影特性见表 1-1。

投影面平行线的投影特性　　　　　　　　　　表 1-1

名称	水平线	正平线	侧平线
轴测图			

续表

名称	水平线	正平线	侧平线
投影图	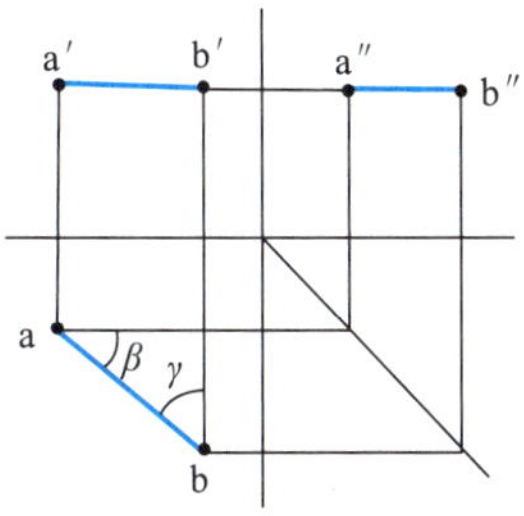	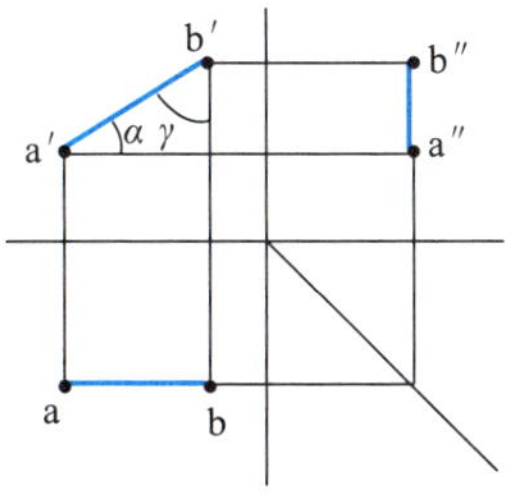	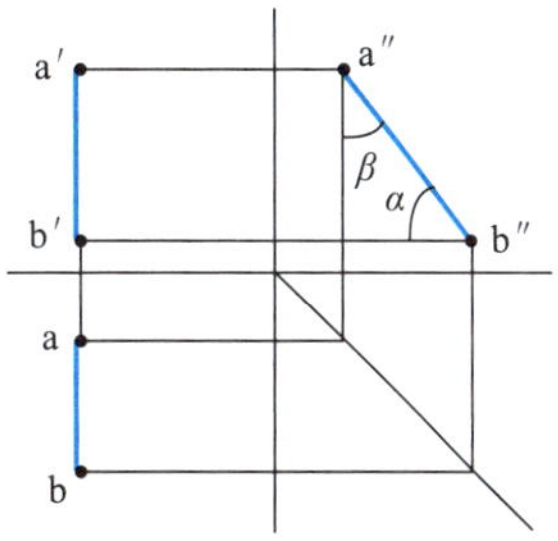
投影特性	1. 直线在所平行的投影面上的投影反映实长,且它与投影轴的夹角,分别反映直线对另两个投影面的真实倾角。α、β、γ 分别表示直线对 H 面、V 面和 W 面的倾角; 2. 其余两投影平行于相应的投影轴,且长度缩短。		

2. 投影面垂直线

垂直于一个投影面,平行于另外两个投影面的直线称为投影面垂直线,分为以下三种:

(1)铅垂线:垂直于 H 面,平行于 V 面、W 面的直线。

(2)正垂线:垂直于 V 面,平行于 H 面、W 面的直线。

(3)侧垂线:垂直于 W 面,平行于 H 面、V 面的直线。

投影面垂直线的投影特性见表 1-2。

投影面垂直线的投影特性　　　　　　　　　　　　　　　　表 1-2

名称	铅垂线	正垂线	侧垂线
轴测图	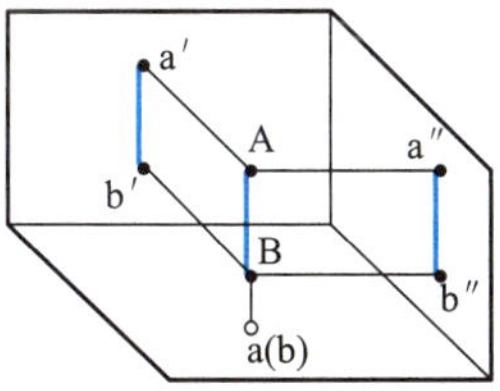	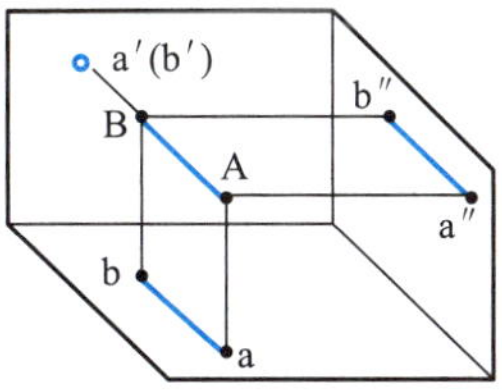	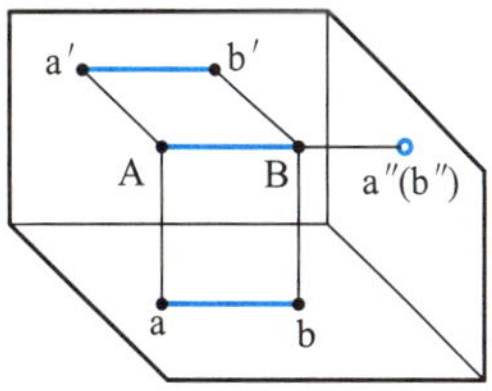
投影图	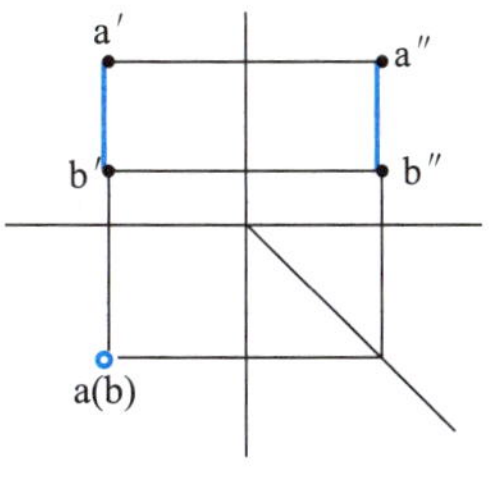	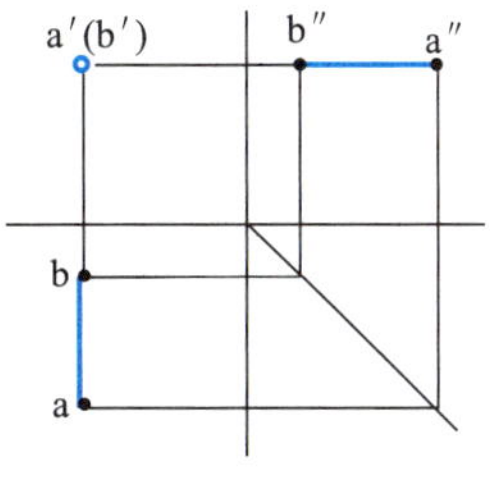	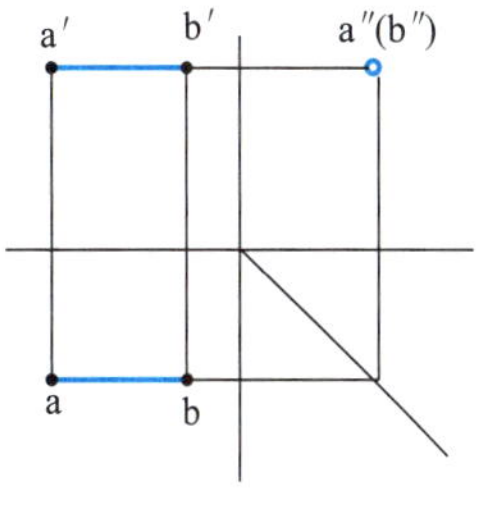
投影特性	1. 直线在所垂直的投影面上的投影积聚为一点,这种特性称为积聚性; 2. 其余两个投影的长度反映实长,且平行于相应的投影轴。		

3. 一般位置直线

与三个投影面均倾斜的直线称为一般位置直线，如图 1-12 所示。

一般位置线的特性如下：

（1）直线的三个投影均小于实长。

（2）直线的三个投影均倾斜于投影轴。

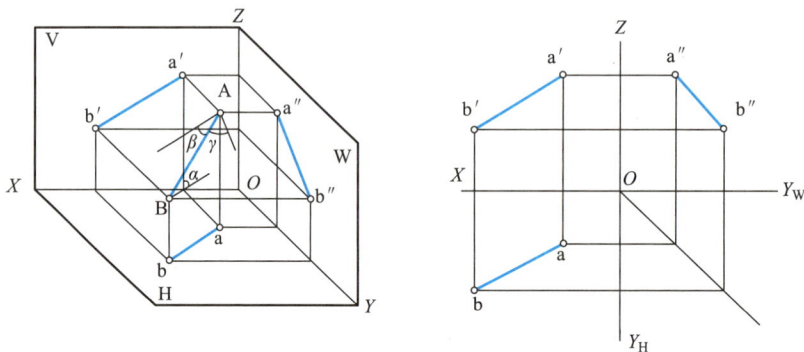

图 1-12　一般位置直线

1.3.3　平面的投影

1-6

平面的投影

画出平面上各顶点的投影，连接其同面投影，即为平面的投影。根据平面与投影面的相对位置不同，将平面分为三类：投影面平行面、投影面垂直面和一般位置平面。

1. 投影面平行面

平行于某一投影面，垂直于另外两个投影面的平面，称为投影面平行面。投影面平行面可分为三种：

（1）正平面：平行于 V 面，垂直于 H 面、W 面的平面。

（2）水平面：平行于 H 面，垂直于 V 面、W 面的平面。

（3）侧平面：平行于 W 面，垂直于 H 面、V 面的平面。

投影面平行面的投影特性见表 1-3。

投影面平行面的投影特性　　　　表 1-3

	正平面	水平面	侧平面
轴测图			

续表

	正平面	水平面	侧平面
投影图	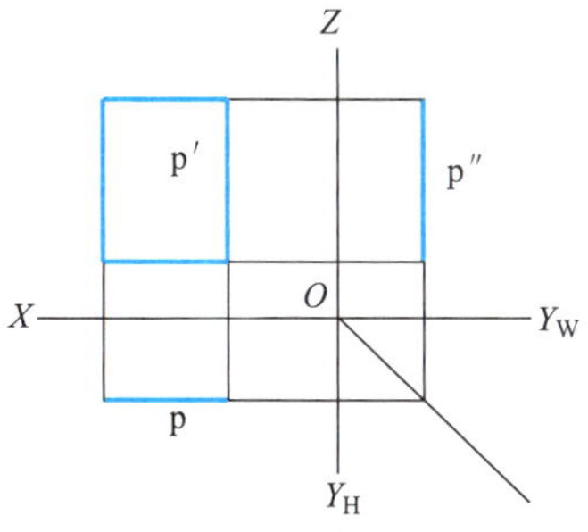	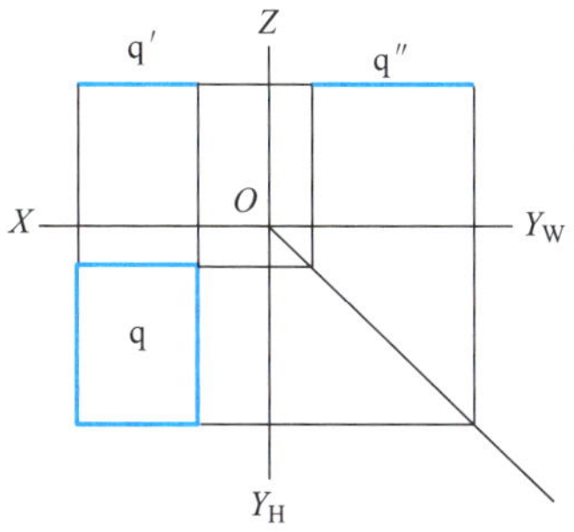	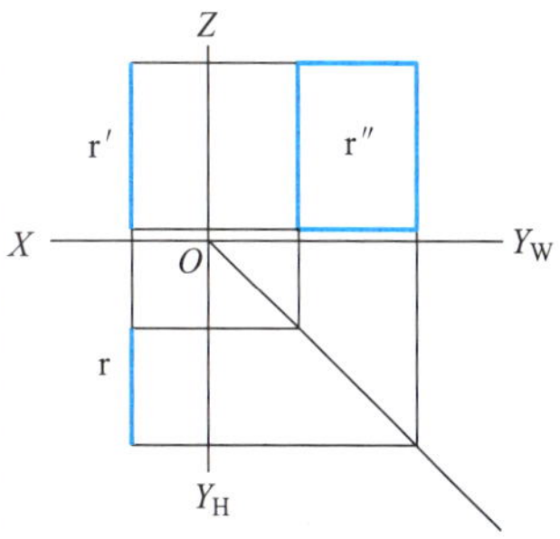
投影特性	1. 平面在所平行的投影面上的投影反映实形; 2. 其余两投影积聚为直线,且分别平行于相应的投影轴。		

2. 投影面垂直面

垂直于一个投影面,倾斜于另外两个投影面的平面,称为投影面垂直面。可分为三种:

(1)铅垂面:垂直于 H 面,倾斜于 V 面、W 面的平面。

(2)正垂面:垂直于 V 面,倾斜于 H 面、W 面的平面。

(3)侧垂面:垂直于 W 面,倾斜于 H 面、V 面的平面。

投影面垂直面的投影特性见表 1-4。

投影面垂直面的投影特性　　　　　　　　表 1-4

名称	铅垂面	正垂面	侧垂面
轴测图	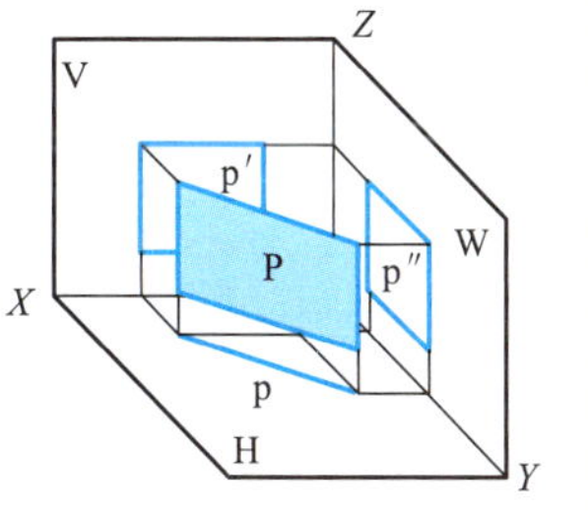	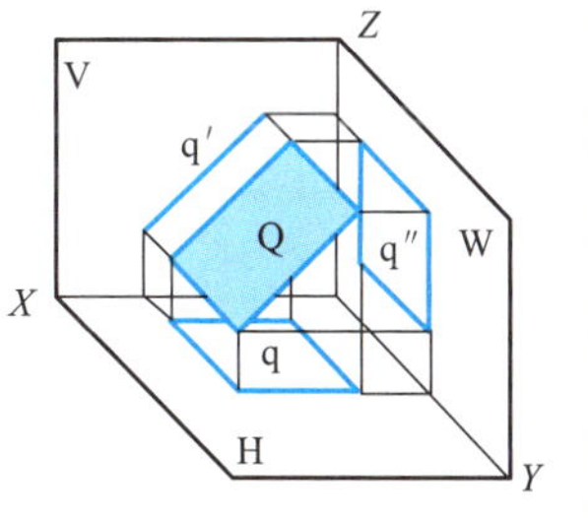	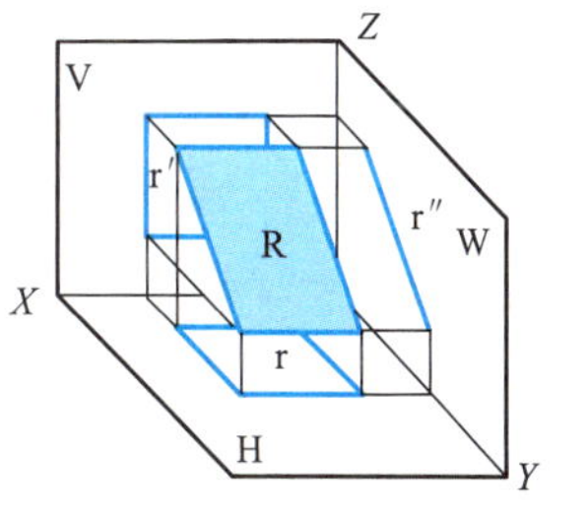
投影图	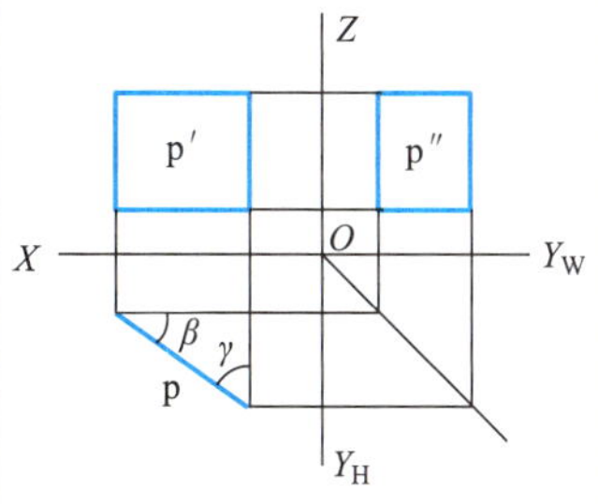	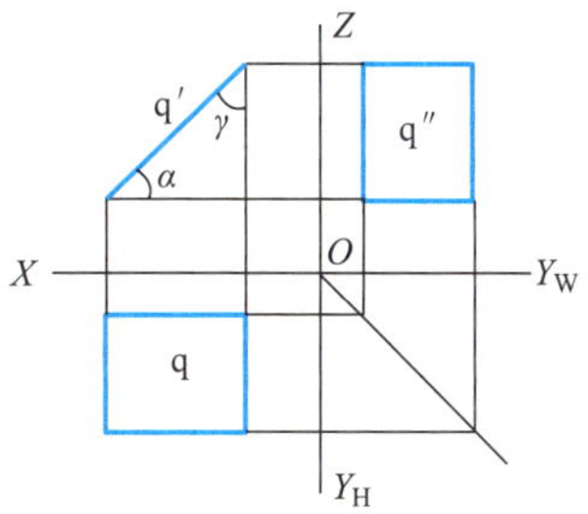	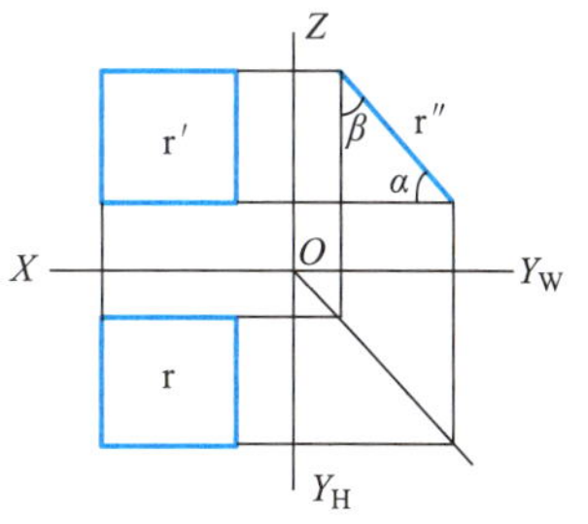
投影特性	1. 投影面垂直面在所垂直的投影面上的投影积聚为一直线,且反映该平面与另两投影面的倾角; 2. 其余两投影反映平面图形的几何形状,但比实形小。		

3. 一般位置平面

与三个投影面都倾斜的平面称为一般位置平面，如图 1-13 所示。

一般位置平面的特性如下：

（1）三个投影面的投影均不反映实形，是比实形小的类似形。

（2）三个投影面的投影均不反映该平面与投影面的倾角。

(a) 轴测图　　　　　　　　　　　(b) 投影图

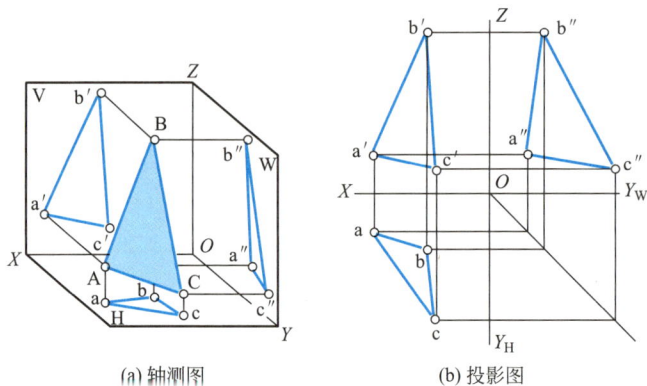

图 1-13　一般位置平面

1.4　轴测投影

三面正投影图能完整精准地反映形体的形状和大小，且作图简单，度量性好，在工程图中被广泛采用。但由于立体感不强，一般不容易看懂，如图 1-14（a）所示，因此工程上常采用一种立体感较强的投影图作为辅助图样，帮助人们读懂正投影图，即轴测投影图，如图 1-14（b）所示。轴测图直观性强，能帮助人们建构物体的立体模型，培养空间想象力。

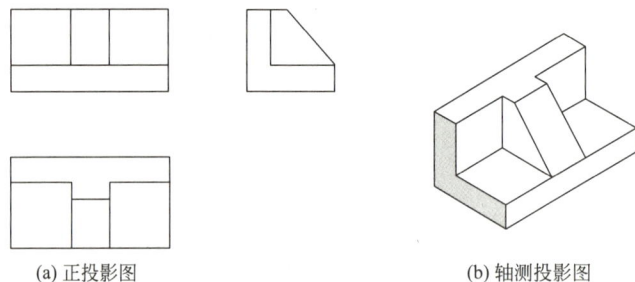

(a) 正投影图　　　　　　　　　　　(b) 轴测投影图

图 1-14　物体的正投影图和轴测投影图

1-7

轴测投影

1.4.1　轴测图的形成

轴测图是一种单面投影图，在一个投影面上能同时反映出物体三个面的形状，并接近于人们的视觉习惯，形象逼真，富有立体感。但轴测图一般不能反映出物体各表面的实形，因而度量性差，同时作图较复杂，如图1-15所示。

1.4.2 轴测图的分类

轴测图根据投影线和轴测投影面的位置不同可分为两大类：

1. 正轴测图：轴测投影线与轴测投影面垂直，如图1-15（a）所示。正轴测图又可分为正等轴测图和正二测轴测图。

2. 斜轴测图：轴测投影线与轴测投影面倾斜，如图1-15（b）所示。

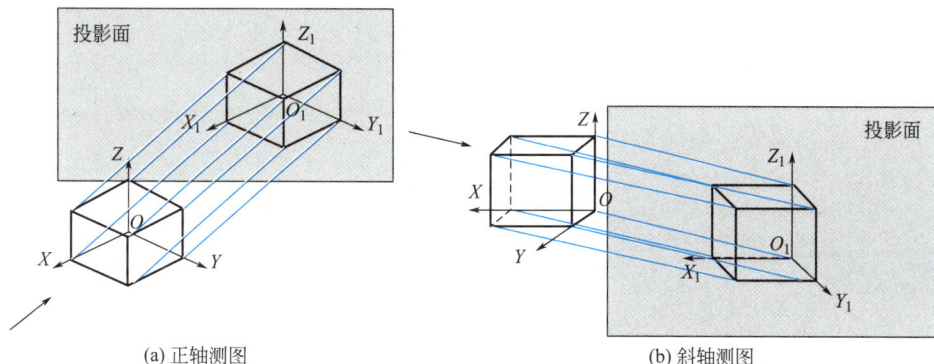

(a) 正轴测图   (b) 斜轴测图

图1-15 轴测图的形成

1.4.3 正等轴测图

1. 正等轴测图的形成

当投影线与轴测投影面垂直，而且使物体的三个坐标轴与轴测投影面的三个夹角相等时，所得到的轴测图称为正等轴测图。

2. 正等轴测图的画法

画轴测图的基本方法是坐标法，另外还有切割法和叠加法，这里仅介绍坐标法。

坐标法是根据物体表面上各个顶点的坐标，分别画出它们的轴测投影，然后依次连接成物体表面的轮廓线，即得该形体的轴测图。

例如：已知长方体的三面正投影图如图1-16（a）所示，求作长方体的正等测图。

（1）在已知的正投影图上，确定坐标原点及坐标轴，如图1-16（a）所示。

（2）画出正等轴测轴并量取尺寸。在X轴量取长度a，在Y轴量取宽度b，通过截点分别作OX轴、OY轴的平行线，作出底面投影，如图1-16（b）所示。

（3）在Z轴量取高度h，在底面各角点上作OZ轴平行线，并量取高h，得长方体的各顶面角点，如图1-16（c）所示。

（4）将顶面各角点连接起来，得长方体的正轴测投影，如图1-16（d）所示。

（5）擦去多余的图线，加深图线，完成长方体的正等测图，如图1-16（e）所示。

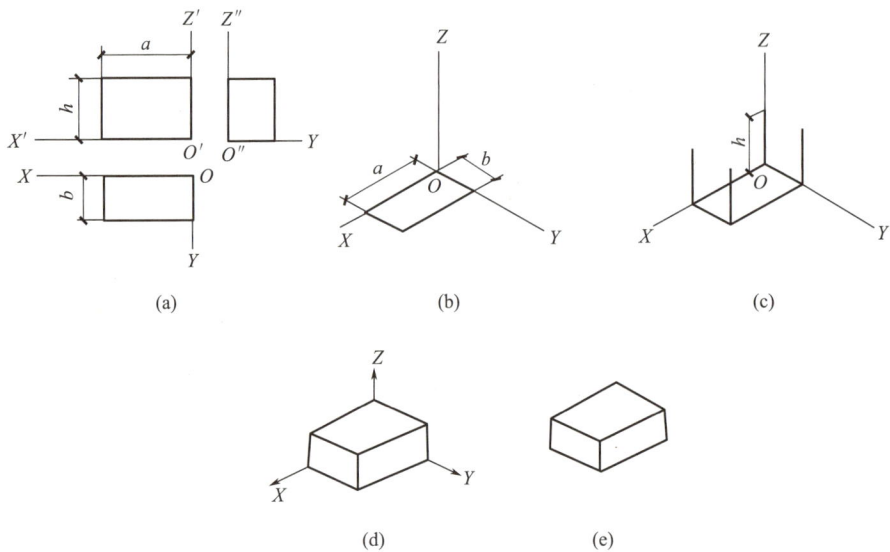

(a)　　　　　(b)　　　　　(c)

(d)　　　　　(e)

图 1-16　长方体正等测图

任务实施

组织学生以小组为单位，分组讨论，完成"任务手册"中项目 1 的任务 1，进行自评、小组互评、教师点评，并总结学习内容。

科技进步，技术发展

随着全息技术和 5G 技术的不断发展，全息投影技术应用（图 1-17）已经成为重要发展方向，逐渐被应用于各个领域。

图 1-17　5G＋全息投影

　　全息投影技术是一种利用光学原理和电脑图形视觉技术实现三维物体衍射再现的技术。在建筑设计、建筑施工、建筑安全中，全息投影技术的优势在于直观性、灵活性和环保性。全息投影技术可以展示建筑物的三维立体模型，在建筑设计中，让设计师能够看到建筑物不同方位的情况，为设计师提供更多的想象力和灵感，使得设计效果更加直观、生动。在建筑施工中，可以帮助施工团队总体规划、讲述施工流程、施工规划等其他细节，预演整个施工过程中可能面临的困难，在一定程度上能提高施工效率，增强施工的安全性，使管理更加完善。

　　全息技术代表着未来的发展方向，掌握全息技术将会拥有更多的机会和发展空间。作为未来的建设者，我们应不断地发展创新，探索未来，用科技的力量建设祖国。

任务 2　学习剖面图与断面图

学习目标

1. 学习剖面图和断面图的形成、分类、符号的规定，能够正确识读剖面图和断面图。

2. 学习剖面图和断面图的区别和画法，能够正确绘制剖面图和断面图。

3. 通过剖面图和断面图的学习，懂得遇到问题要冷静，不能只看表面，要透过现象看本质。通过不断地学习和积累，提高认识问题、分析问题、解决问题的能力。

思维导图

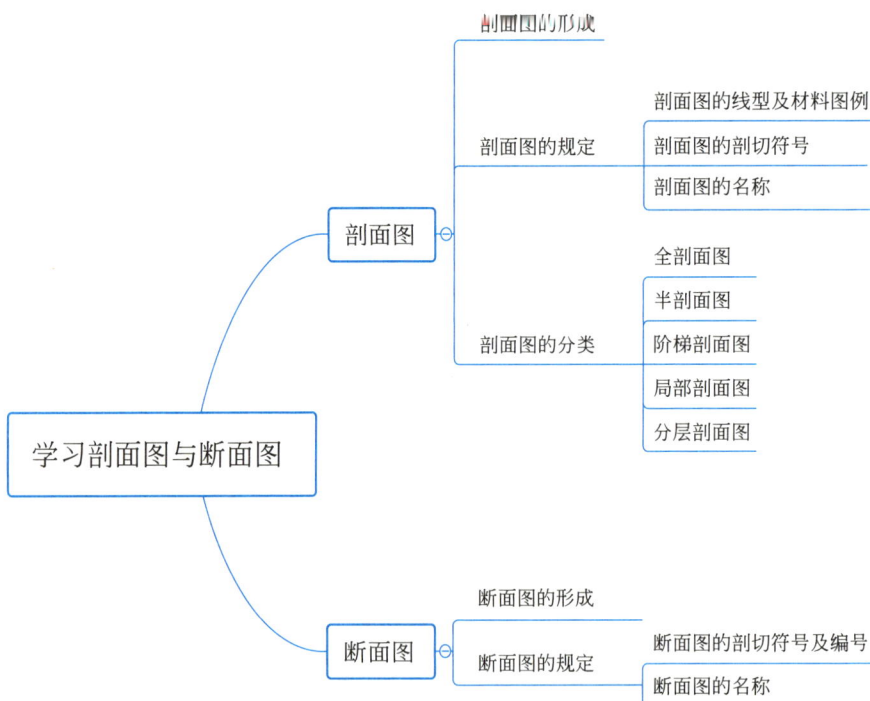

任务导入

观察图 2-1，请思考想要清晰准确地了解台阶的内部构造及材料，该怎么办？图 2-1（c）剖面图与图 2-1（d）断面图是如何形成的？有什么区别与联系？应如何绘制？

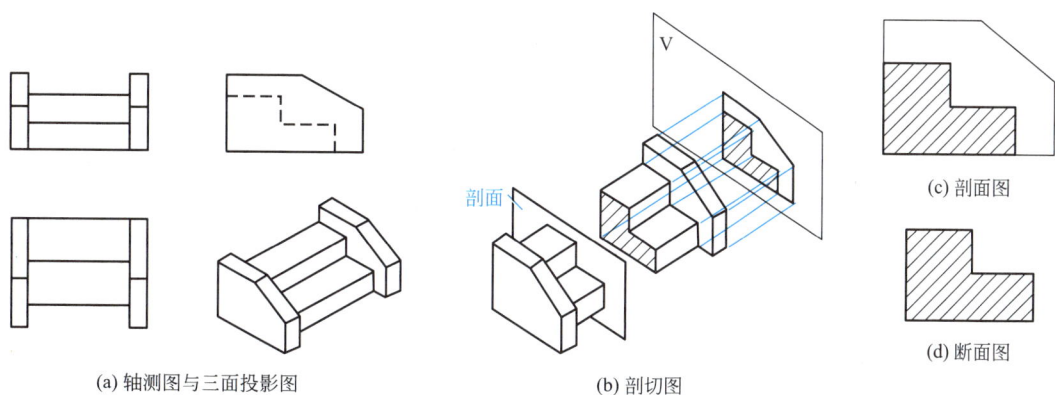

(a) 轴测图与三面投影图　　　　　　　(b) 剖切图　　　(c) 剖面图

(d) 断面图

图 2-1　台阶剖面图及断面图

知识准备

2.1　剖面图

2.1.1　剖面图的形成

假想用一个垂直剖切平面将物体剖开，移去观察者和剖切平面之间的部分，将剩余的部分向投影面做正投影，所得到的投影图称为剖面图，如图 2-2 所示。

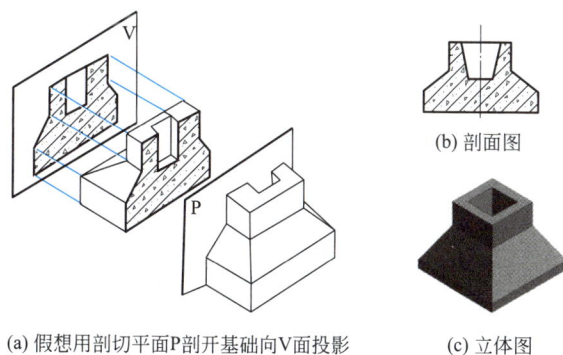

(a) 假想用剖切平面P剖开基础向V面投影　　(b) 剖面图　　(c) 立体图

图 2-2　基础剖面图的形成

认识剖面图

剖面图

2.1.2　剖面图的规定

1. 剖面图的线型及材料图例

（1）剖面图被剖切到部分的轮廓线用粗实线绘制，没有剖切到但沿投射方向可以看到部分的轮廓线用中实线绘制，不可见轮廓线一般不必画出。

（2）剖面图被剖切到的剖面轮廓内，应用相应的材料图例填充。材料图例按《房屋建筑制图统一标准》GB/T 50001—2017 中的规定执行，见表 2-1。

建筑材料图例 表 2-1

序号	名称	图例	备注
1	自然土壤		包括各种自然土壤
2	夯实土壤		—
3	砂、灰土		—
4	砂砾石 碎砖三合土	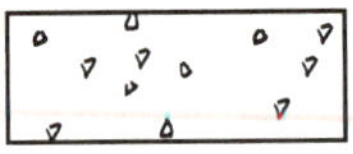	—
5	石材	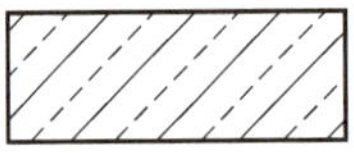	—
6	毛石		—
7	实心砖、 多孔砖	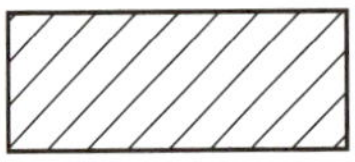	包括普通砖、多孔砖、混凝土砖等砌体
8	耐火砖	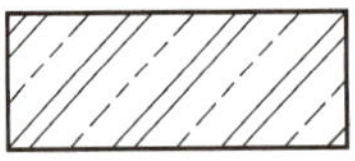	包括耐酸砖等砌体
9	空心砖、 空心砌块		包括空心砖、普通或轻骨料混凝土小型空心砌块等砌体
10	加气混凝土	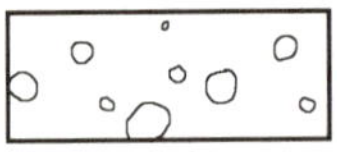	包括加气混凝土砌块砌体、加气混凝土墙板及加气混凝土材料制品等
11	饰面砖		包括铺地砖、玻璃马赛克、陶瓷锦砖、人造大理石等
12	焦渣、矿渣	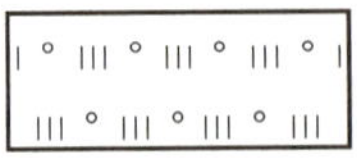	包括水泥、石灰等混合而成的材料

续表

序号	名称	图例	备注
13	混凝土		1. 包括各种强度等级、骨料、添加剂的混凝土; 2. 在剖面图上绘制表达钢筋时,则不需要绘制图例线; 3. 断面图形较小,不易绘制表达图例线时,可填黑或深灰(灰度宜70%)
14	钢筋混凝土	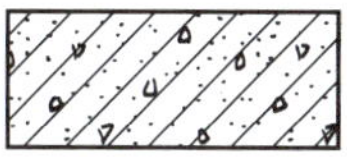	
15	多孔材料		包括水泥珍珠岩、沥青珍珠岩、泡沫混凝土、软木、蛭石制品等
16	纤维材料	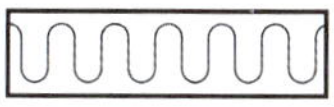	包括矿棉、岩棉、玻璃棉、麻丝、木丝板、纤维板等
17	泡沫塑料材料	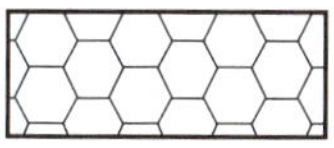	包括聚苯乙烯、聚乙烯、聚氨酯等多孔聚合物类材料
18	木材		1. 上图为横断面,上左图为垫木、木砖或木龙骨; 2. 下图为纵断面
19	胶合板		应注明为×层胶合板
20	石膏板	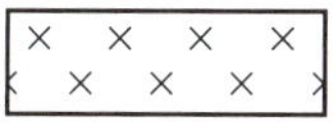	包括圆孔、方孔石膏板、防水石膏板、硅钙板、防火石膏板等
21	金属	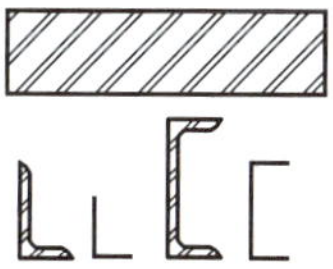	1. 包括各种金属; 2. 图形小时,可填黑或深灰(灰度宜70%)
22	网状材料		1. 包括金属、塑料网状材料; 2. 应注明具体材料名称
23	液体	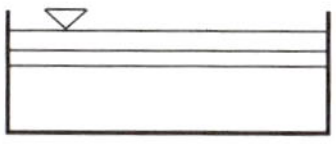	应注明液体名称
24	玻璃		包括平板玻璃、磨砂玻璃、夹丝玻璃、钢化玻璃、中空玻璃、夹层玻璃、镀膜玻璃等
25	橡胶		—
26	塑料	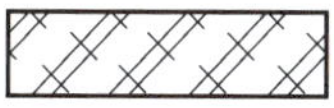	包括各种软、硬塑料及有机玻璃等

序号	名称	图例	备注
27	防水材料		构造层次多或比例大时,采用上面图例
28	粉刷		本图例采用较稀的点

注：1. 本表中所列图例通常在 1：50 及以上比例的详图中绘制表达。
　　2. 如需表达砖、砌块等砌体墙的承重情况时，可通过在原有建筑材料图上增加填灰等方式进行区分，灰度宜为 25% 左右。
　　3. 图例中的斜线、短斜线、交叉斜线等均为 45°。

2. 剖面图的剖切符号

剖切符号包括剖切位置线及剖视方向线，均应以粗实线绘制。剖切位置线的长度宜为 6～10mm；剖视方向线应垂直于剖切位置线，长度宜为 4～6mm。剖视方向线一侧应注写剖面编号。绘制时，剖切符号不应与其他图线相接触，如图 2-3（a）所示。

3. 剖面图的名称

剖面图的图名以对应的剖面编号命名，注写在剖面图的下方，并在图名下绘制一条略长的粗实线，图名居于粗实线中部，如图 2-3（b）所示。

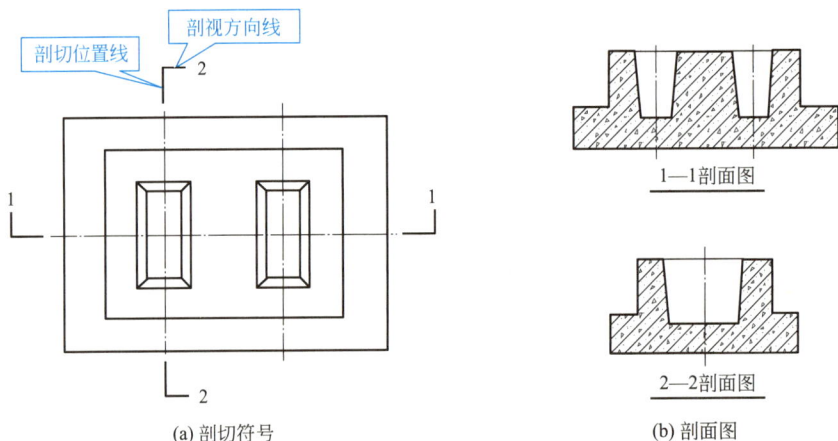

图 2-3　剖面图的符号及标注

2.1.3　剖面图的分类

由于物体的内部和外部结构不同，剖切的数量、位置、方法也有所不同，常见的剖面图有全剖面图、半剖面图、阶梯剖面图、局部剖面图和分层剖面图等。

1. 全剖面图

用一个剖切平面将物体完整地剖切开，得到的剖面图称为全剖面图，如图 2-4 所示。

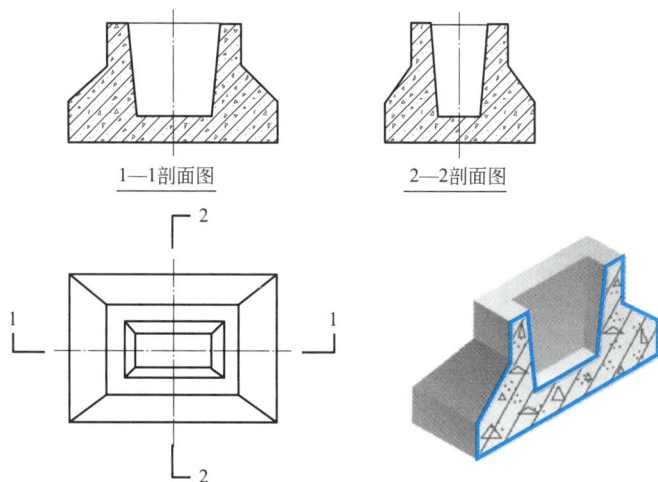

图 2-4 杯形基础的全剖面图

2. 半剖面图

如果物体是对称的，常把投影图的一半画成剖面图，另一半画成正投影图，这种组合而成的投影图叫作半剖面图。半剖面图可以同时观察到物体的外形和内部构造。半剖面图对称线为单点长画线，如图 2-5 所示。

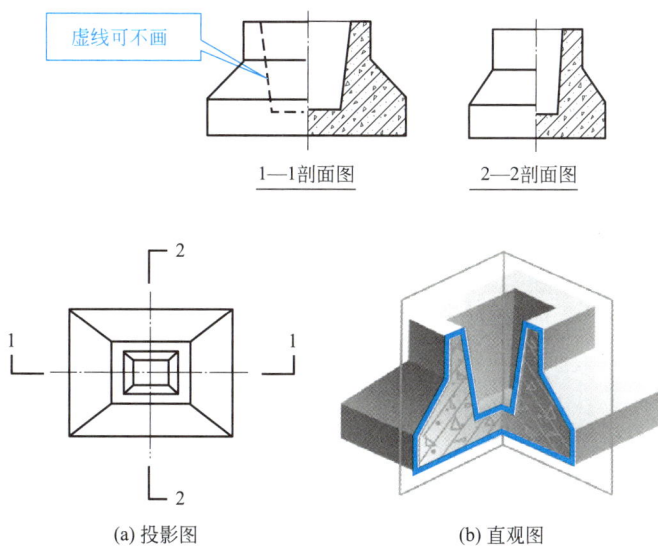

虚线可不画

1—1剖面图   2—2剖面图

(a) 投影图   (b) 直观图

图 2-5 杯形基础的半剖面图

3. 阶梯剖面图

用两个或两个以上互相平行的剖切平面将物体剖开，得到的剖面图叫作阶梯剖面图，如图 2-6 所示。

需注意，由于剖切平面是假想的平面，因此在阶梯剖面图上，剖切平面转折处不应画出分界线。

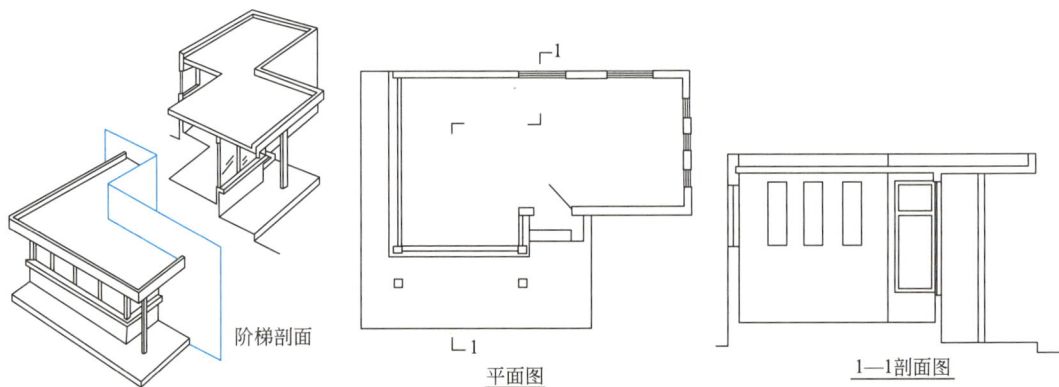

图 2-6　阶梯剖面图

4. 局部剖面图

当仅需要表达物体的某局部内部构造时，可以只将该局部剖切开，只画这一部分剖面图，称之为局部剖面图。局部剖面图应以折断线或波浪线为界，如图 2-7 所示。

5. 分层剖面图

对一些具有多层构造的建筑部位，可按实际需要，用分层方法剖切，所得剖面图称为分层剖面图，如图 2-8 所示。画分层剖面图时，应按层次以波浪线为界，波浪线不与任何图线重合。

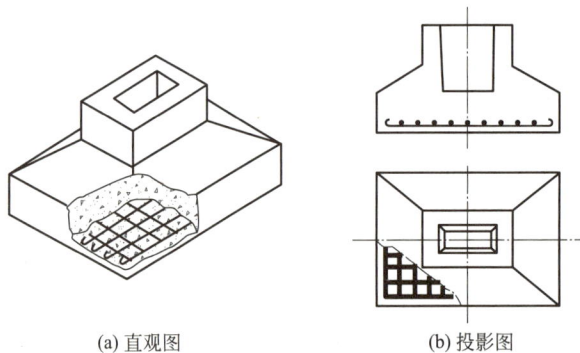

(a) 直观图　　　　(b) 投影图

图 2-7　局部剖面图

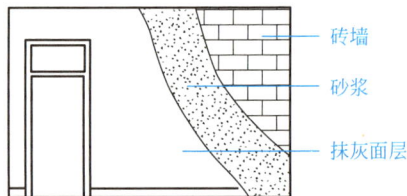

图 2-8　分层剖面图

2.2　断面图

2-3

认识断面图

2.2.1　断面图的形成

假想用剖切平面将物体剖开，移去观察者和剖切平面之间的部分，仅绘出剖切面与物体接触部分的投影，所得到的正投影图称为断面图。

2-2

断面图

2.2.2　断面图的规定

1. 断面图的剖切符号及编号

断面的剖切符号仅用剖切位置线表示，用粗实线绘制，长度为6～10mm，如图2-9所示。剖切符号的编号应注写在剖切位置线的一侧，编号所在的一侧应为该断面的投影方向。

2. 断面图的名称

断面图的图名以对应的断面编号命名，标注在断面图的下方，并在图名下方绘一粗实线，如图2-10所示。

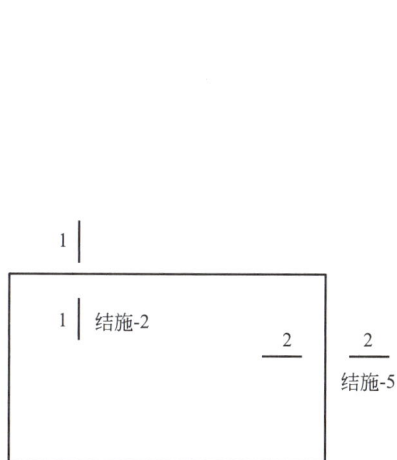

图2-9　断面图符号

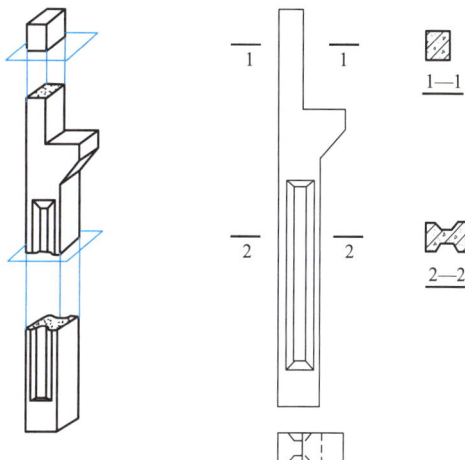

图2-10　断面图

任务实施

组织学生以小组为单位，分组讨论，完成"任务手册"中项目1的任务2，进行自评、小组互评、教师点评，并总结学习内容。

民族自豪感

1937年，梁思成、林徽因夫妇带着中国营造学社助手前往山西省寻访唐代木构建筑——山西五台山佛光寺大殿，如图2-11所示。此殿始建于北魏孝文帝时期，距今1500多年，被梁思成称为"中国古建筑第一国宝"。它打破了日本学者的断言：在中国大地上没有唐朝及其以前的木结构建筑。梁思成和林徽因对佛光寺的发现，重新刷新了中国建筑史，具有重大意义。

佛光寺展现了结构与艺术的高度统一，具有唐代木结构建筑的明显特点。它的历史价值和艺术价值都令人惊叹。它是中国古代劳动人民智慧的结晶，是唐朝辉煌历史的体现，也是我们后人值得自豪和骄傲的历史。

梁思成、林徽因夫妇对中国古建筑坚持不懈地寻找并进行记录，每到一处边测量边绘图，留下了极其珍贵的五台山佛光寺大殿手绘剖面图，并撰写了《记五台山佛光寺的建筑》，轰动了中外建筑学界，充分体现了中国历史上的建筑大师为建筑发展的奉献精神和爱国情怀。梁思成先生对建筑的执着，对专业的不懈追求，对祖国的热爱，激励着我们后人刻苦学习，不断努力成为祖国的建设者和中国梦的实现者。

(a) 佛光寺

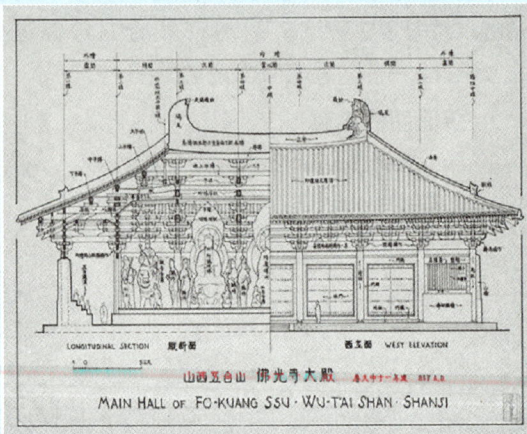

(b) 梁思成手绘佛光寺大殿剖面图

图 2-11　山西佛光寺大殿

项目 2

建筑识图基本知识

任务3　学习房屋建筑制图标准

学习目标

1. 学习图纸幅面及规格，能够准确说出图幅尺寸及规格。

2. 学习标题栏和会签栏，能够在图纸中准确找到；能找出对识图有用的信息。

3. 学习比例的规定，能够说出常用绘图比例，能熟练进行图上尺寸和实际尺寸的换算。

4. 学习尺寸的规定，能够正确识读和标注图样尺寸。

5. 学习图线的规定，能够选用正确的线型和线宽绘制简单图样。

6. 学习图例、符号的规定，能够正确理解含义及表达方式，能正确识读及应用。

7. 图是工程界的语言，必须有一定的规范标准来统一，以方便阅读。通过对制图标准的学习，我们认识到"不以规矩，不能成方圆"。各行各业都有标准准则，人们立身处世乃至治国安邦都必须遵守一定的准则和法度，做人做事要遵循行为规范和准则，提高法律认知和规范意识，社会才能稳定，国家才能长治久安，人民才能幸福美满。

思维导图

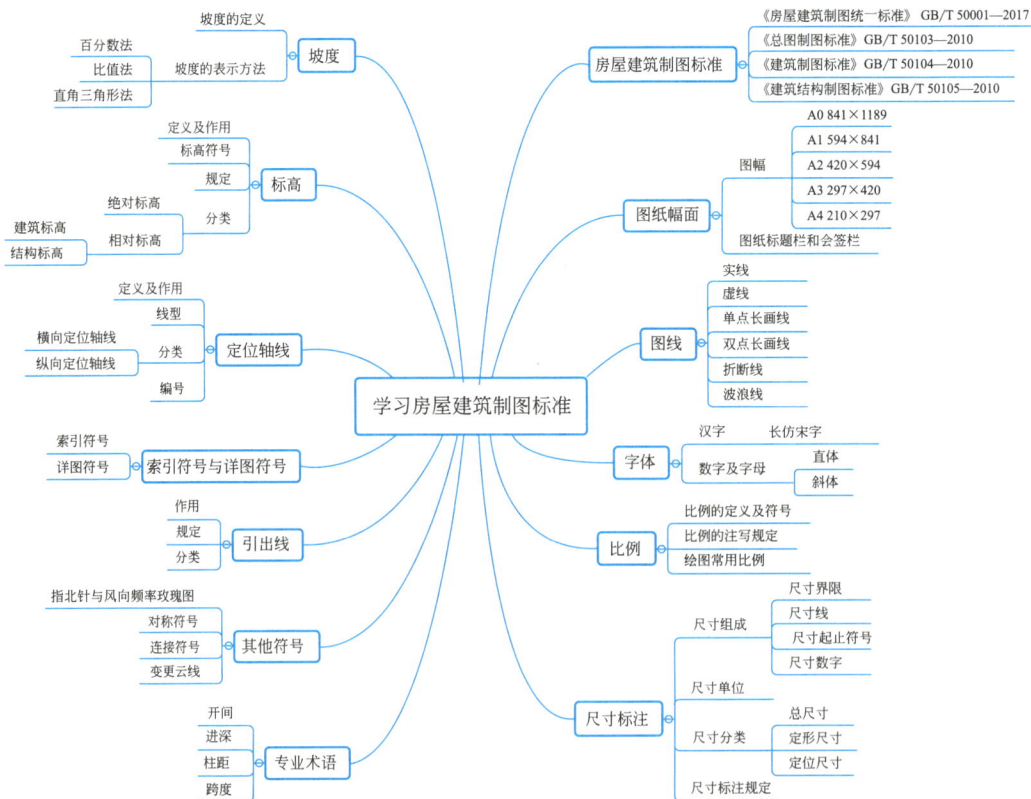

任务导入

观察图 3-1，请思考要想使不同岗位的技术人员对工程图纸有完全一致的理解，制图和识图必须遵循哪些标准？制图中有哪些统一规定？

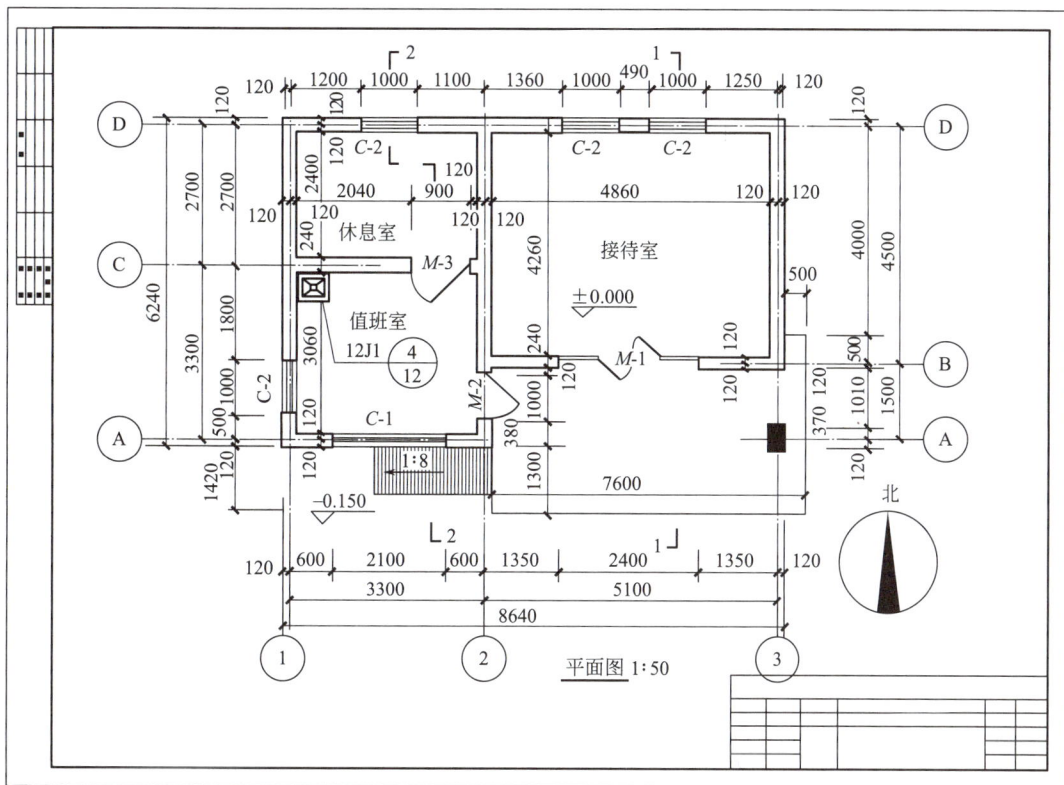

图 3-1 平面图

知识准备

建筑施工图纸是建筑设计和施工中的重要技术资料，是建筑行业从业人员进行工程技术交流的语言。为了确保制图质量，提高效率，做到统一规范，便于阅读，我国制定了《房屋建筑制图统一标准》GB/T 50001—2017、《总图制图标准》GB/T 50103—2010、《建筑制图标准》GB/T 50104—2010 等一系列国家制图标准，要求所有工程人员在设计、施工、管理中必须严格执行现行国家标准。

3.0.1 图纸幅面

为了合理使用图纸，便于管理、查阅及装订，《房屋建筑制图统一标准》GB/T 50001—2017 中对图纸的幅面、图框、标题栏和会签栏等作了规定。

1. 图幅

图幅是图纸幅面的简称，指图纸长度与宽度组成的图面，即图纸大小；图框是指图纸上限定绘图区域的界限。图幅线用细实线绘制，图框线用粗实线绘制。图纸幅面及图框尺寸应符合表 3-1 中的规定。

幅面及图框尺寸（单位：mm）　　　　　　表 3-1

尺寸代号	幅面代号				
	A0	A1	A2	A3	A4
$b \times l$	841×1189	594×841	420×594	297×420	210×297
c	10			5	
a	25				

注：表中 b 为幅面短边尺寸，l 为幅面长边尺寸，c 为图框线与幅面线间宽度，a 为图框线与装订边间宽度。

如果图纸幅面不够，可将 A0～A3 幅面长边尺寸加长，图纸的短边尺寸不应加长。一个工程设计中，每个专业所使用的图纸，不宜多于两种幅面，不含目录及表格所采用的 A4 幅面。

图纸幅面通常有横式和立式两种形式。以长边为水平边的为横式幅面，以短边为水平边的为立式幅面。A0～A3 图纸宜横式使用，必要时也可立式使用，如图 3-2 所示。

2. 图纸标题栏和会签栏

工程图纸应有工程名称、图名、图号、设计单位、设计人签名、绘图人签名、审核人的签名及日期等内容，把它们集中列成表格放在图纸的下面或右面，称为图纸标题栏，如图 3-2 所示。标题栏外框线一般用中粗实线或中实线绘制，分格线用细实线绘制。标题栏格式如图 3-3 所示。

会签栏是工程图纸中由各负责人所代表的有关专业、姓名、日期等的一个表格，如图 3-4 所示，放在图框线外，如图 3-2 中 A0～A3 横式幅面（三）所示。不需要会签的图纸可以不设会签栏。

3.0.2　图线

在建筑工程施工图中，为了表达不同的内容，并且使图形层次分明，便于阅读，绘图时需要选用不同线型和线宽的图线。《房屋建筑制图统一标准》GB/T 50001—2017 对图线的名称、线型、线宽、用途作了明确规定，具体见表 3-2。

3.0.3　字体

建筑工程施工图须用文字及数字加以注释，表明其尺寸大小、所用材料、构造做法、施工要求等内容。图纸上所书写的文字、数字或符号等，均应笔画清晰、字体端正、排列整齐，标点符号应清楚正确。

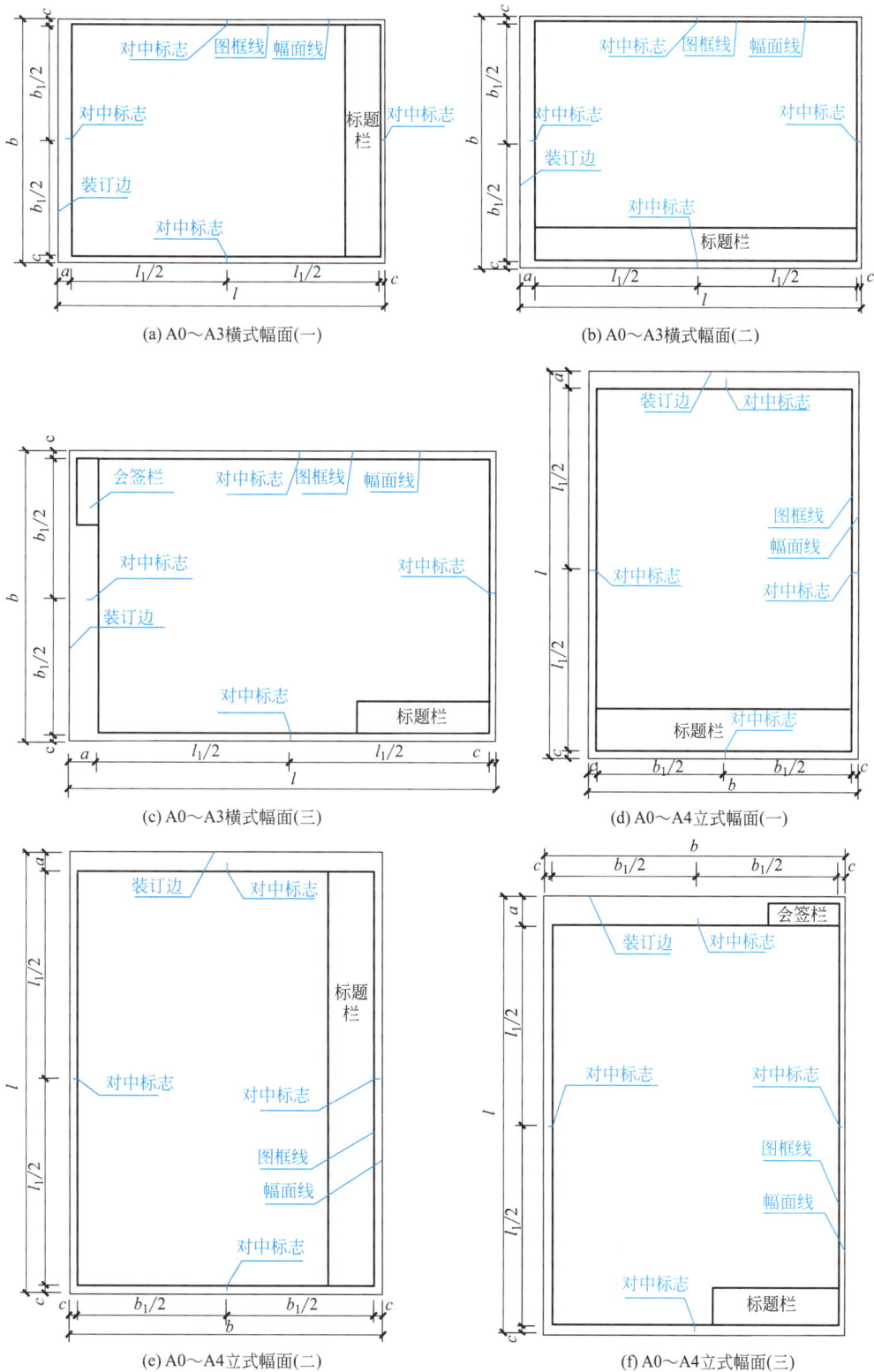

(a) A0～A3横式幅面(一)

(b) A0～A3横式幅面(二)

(c) A0～A3横式幅面(三)

(d) A0～A4立式幅面(一)

(e) A0～A4立式幅面(二)

(f) A0～A4立式幅面(三)

图 3-2 图纸幅面格式

设计单位名称区
注册师签章区
项目经理区
修改记录区
工程名称区
图号区
签字区
会签栏
附注栏

40~70

标题栏(一)

30~50

设计单位名称区	注册师签章区	项目经理区	修改记录区	工程名称区	图号区	签字区	会签栏	附注栏

标题栏(二)

设计单位名称区	工程名称区	签字区	图号区
	图名区		

240   30(40)

标题栏(三)

设计单位名称区		
签字区	工程名称区	图号区
	图名区	

200   30(40)

标题栏(四)

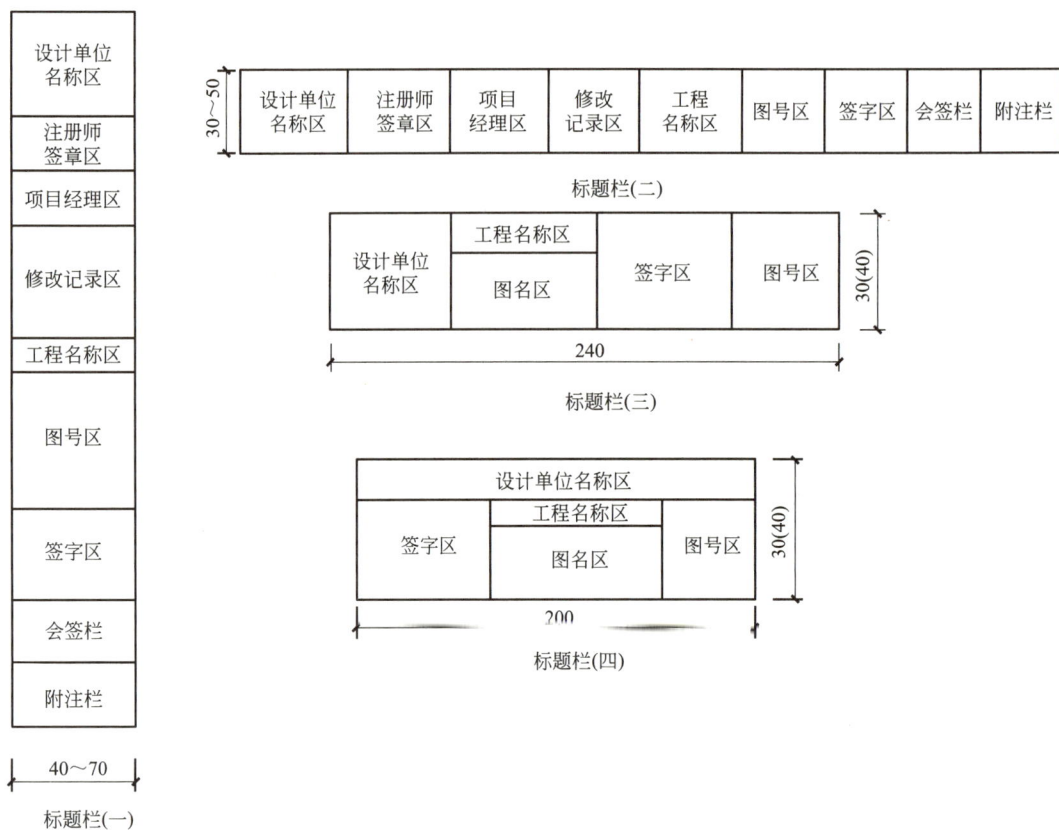

图 3-3　标题栏格式

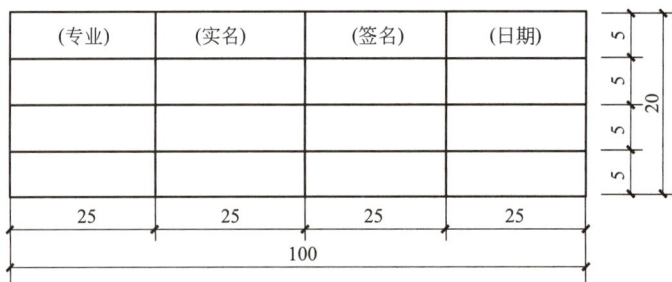

(专业)	(实名)	(签名)	(日期)
25	25	25	25

100

5 5 5 5 20

图 3-4　会签栏

线型、线宽及用途　　　　　　　　　　　　　　　　　　表 3-2

名称		线型	线宽	用途
实线	粗	——————	b	主要可见轮廓线
	中粗	——————	$0.7b$	可见轮廓线、变更云线
	中	——————	$0.5b$	可见轮廓线、尺寸线
	细	——————	$0.25b$	图例填充线、家具线

名称		线型	线宽	用途
虚线	粗		b	见各有关专业制图标准
	中粗		0.7b	不可见轮廓线
	中		0.5b	不可见轮廓线、图例线
	细		0.25b	图例填充线、家具线
单点长画线	粗		b	见各有关专业制图标准
	中		0.5b	见各有关专业制图标准
	细		0.25b	中心线、对称线、轴线等
双点长画线	粗		b	见各有关专业制图标准
	中		0.5b	见各有关专业制图标准
	细		0.25b	假想轮廓线、成型前原始轮廓线
折断线	细		0.25b	断开界线
波浪线	细		0.25b	断开界线

1. 汉字

图纸及说明中的汉字通常采用长仿宋体，字体宽高比宜为 0.7。同一图纸中字体种类不应超过两种。汉字的简化字书写应符合国家有关汉字简化方案的规定。长仿宋字示例如图 3-5 所示。

图 3-5 长仿宋字示例

2. 数字及字母

图纸及说明中的字母及数字在图纸上的书写分为直体和斜体，如图 3-6 所示。当需写成斜体字时，其斜度应是从字的底线逆时针向上倾斜 75°。字母与数字的字高不应小于 2.5mm。

ABCDEFGHIJKLMN
0123456789
ABCDEFGHIJKL
0123456789

图 3-6　字母和数字书写范例

长仿宋汉字、字母、数字应符合现行国家标准《技术制图 字体》GB/T 14691—1993 的有关规定。

3.0.4　比例

1. 比例的定义及符号

图样的比例，指所绘图形的线段长度与实物相对应的线段长度之比。比例的符号应为"："，比例应以阿拉伯数字表示。

2. 比例的注写规定

比例宜注写在图名的右侧，与字的基准线取平，比例的字高宜比图名的字高小一号或二号，如图 3-7 所示。

平面图 1:100　　⑥ 1:20

图 3-7　比例的注写

3. 绘图常用比例

绘图所用的比例应根据图样的用途与被绘对象的复杂程度，从表 3-3 中选用，并应优先采用表中常用比例。一般情况下，一个图样应选用一种比例。

绘图所用比例　　　　　　　　　　　　　　表 3-3

图名	比例
总平面图	1：500、1：1000、1：2000
建筑物的平面图、立面图、剖面图	1：50、1：100、1：150、1：200、1：300
建筑物的局部放大图	1：10、1：20、1：25、1：30、1：50
配件及构造详图	1：1、1：2、1：5、1：10、1：15、1：20、1：25、1：30、1：50

3.0.5 尺寸标注

在工程施工图中，建筑物的大小是由尺寸来确定的。尺寸是施工的重要依据，因此尺寸标注必须准确、完整、清晰，同时应严格遵守国家标准《房屋建筑制图统一标准》GB/T 50001—2017 中有关尺寸标注的规定。

1. 尺寸组成

工程图纸中的尺寸由尺寸界线、尺寸线、尺寸起止符号和尺寸数字组成，如图 3-8 所示。

（1）尺寸界线

尺寸界线用于表示所注尺寸的范围。尺寸界线应用细实线绘制，与被注长度垂直，如图 3-8 所示。图样轮廓线可用作尺寸界线。

（2）尺寸线

尺寸线用于标注尺寸数字。尺寸线应用细实线绘制，应与被注长度平行，如图 3-8 所示。图样本身的任何图线均不得用作尺寸线。

（3）尺寸起止符号

尺寸起止符号表示所注尺寸的起点和终点，用中粗斜短线绘制，其倾斜方向应与尺寸界线成顺时针 45°，如图 3-9 所示。

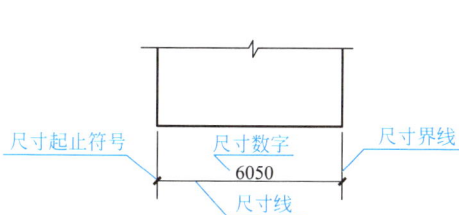

图 3-8 尺寸组成

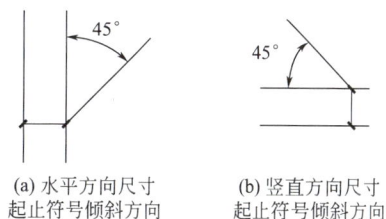

(a) 水平方向尺寸起止符号倾斜方向　(b) 竖直方向尺寸起止符号倾斜方向

图 3-9 尺寸起止符号

（4）尺寸数字

尺寸数字用于表示物体的实际大小。图样上的尺寸，应以尺寸数字为准，不应从图上直接量取。

尺寸数字一般注写在尺寸线的中部。当尺寸线为水平方向时，数字注写在尺寸线的上方，字头朝上；当尺寸线为竖直方向时，数字注写在尺寸线的左方，字头朝左。尺寸数字如果比较密集，没有足够的注写位置时，最外边的尺寸数字可注写在尺寸界线的外侧，中间相邻的尺寸数字可上下错开注写，可用引出线表示标注尺寸的位置，如图 3-10 所示。

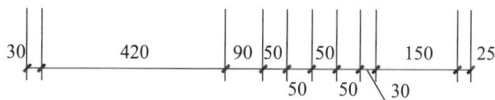

图 3-10 尺寸数字注写位置

2. 尺寸单位

图纸上的尺寸单位，除标高及总平面图以"m"为单位外，其余均以"mm"为单位。图上尺寸数字都不再注写单位，如图 3-11 所示。

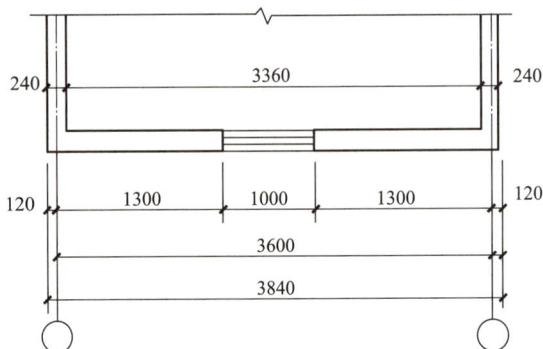

图 3-11　尺寸的分类

3. 尺寸分类

在施工图中，尺寸按功能分为三种：

（1）总尺寸：确定建筑物外形轮廓的尺寸，包括总长、总宽、总高，如图 3-11 中建筑物总长为 3840mm。

（2）定形尺寸：确定建筑物中各构配件形状大小的尺寸，如图 3-11 中窗洞宽为 1000mm。

（3）定位尺寸：确定建筑物中各构配件相对位置的尺寸，如图 3-11 中窗洞距左边轴线为 1300mm。

3.0.6　坡度

1. 坡度的定义

坡度指直线或平面相对于水平面的倾斜程度，即坡面的垂直高度 h 与水平投影长度 L 的比值。

2. 坡度的表示方法

坡度的表示方法有三种：

（1）百分数法，如图 3-12（a）所示。

（2）比值法，如图 3-12（b）所示。

（3）直角三角形法，如图 3-12（c）所示。

标注坡度时，应加注坡度符号"←"或"←"，箭头应指向下坡方向。

3.0.7　标高

1. 标高的定义及作用

标高是指以某一水平面作为基准面，并作为零点，其他水平面至基准面的垂直高度。

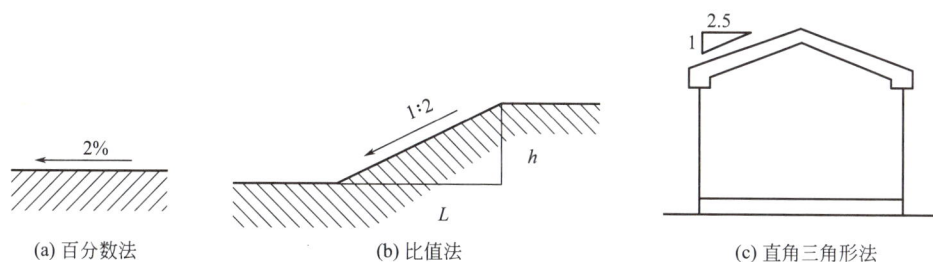

图 3-12　坡度标注方法

在施工图中，表示建筑物某一部位的高度。标高是竖向定位的依据，单位是"m"。

2. 标高符号

标高应以等腰直角三角形表示，用细实线绘制，如图 3-13 所示。总平面图室外地坪标高符号宜用涂黑的三角形表示，如图 3-13（c）所示。

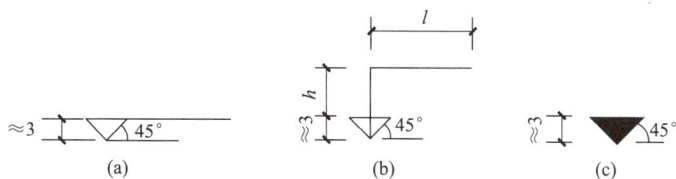

图 3-13　标高符号

3. 标高规定

标高符号的尖端应指至被注高度的位置。尖端宜向下，也可向上。标高数字应注写在标高符号的上侧或下侧，如图 3-14 所示。

在图样的同一位置需表示几个不同标高时，标高数字应按数值大小从上到下顺序书写，如图 3-15 所示。

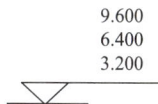

图 3-14　标高的指向　　　　图 3-15　同一位置注写多个标高数字

4. 标高分类

标高按基准面选取的不同分为绝对标高和相对标高。

（1）绝对标高：我国规定以青岛黄海夏季的平均海平面作为零点，其他各地标高都以此为基准计算高度值。绝对标高又称"海拔"，注写到小数点后两位。

（2）相对标高：指以建筑物室内首层主要房间的地面为零点，以此为基准计算的高度值，注写到小数点后三位。

相对标高又可分为建筑标高和结构标高。

建筑标高：是指包括装饰层厚度的标高。注写在构件的装饰层面上，如图 3-16 所示的标高 3.600。

结构标高：是指不包括装饰层厚度的标高。结构标高分为结构底标高和结构顶标高，如图 3-16 所示的标高 3.000 和 3.550。

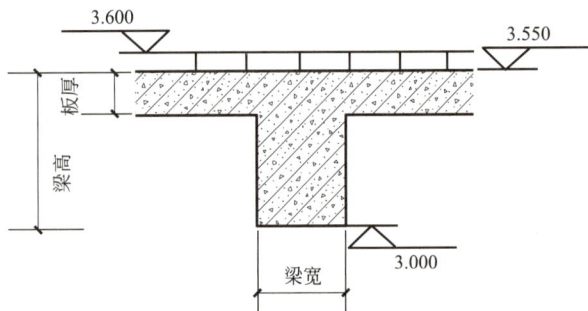

图 3-16　建筑标高与结构标高

总平面图中用绝对标高标注，其余图纸中用相对标高标注。标高零点注写成±0.000，正数不注"＋"，负数应注"－"，如 3.000，－0.600。

3.0.8　定位轴线

1. 定位轴线的定义及作用

定位轴线是确定建筑物的墙、柱、梁等主要承重构件位置的基准线，是施工定位、放线的重要依据。定位轴线应用细单点长画线绘制。

2. 定位轴线的分类

根据建筑物的方向，定位轴线分为横向定位轴线和纵向定位轴线。

（1）横向定位轴线：指平行于建筑物宽度方向设置的轴线，如图 3-17 所示的①②③④。

（2）纵向定位轴线：指平行于建筑物长度方向设置的轴线，如图 3-17 所示的ⒶⒷⒸ。

3. 定位轴线的编号

（1）定位轴线应编号，注写在轴线端部的圆内。圆应用细实线绘制，直径宜为 8～10mm。定位轴线圆的圆心应在定位轴线的延长线上或延长线的折线上，如图 3-17 所示。

（2）横向定位轴线的编号应用阿拉伯数字，从左至右顺序编写；纵向定位轴线的编号应用大写英文字母，从下至上顺序编写，如图 3-17 所示。英文字母的 I、O、Z 不得用作轴线编号，避免同阿拉伯数字 1、0、2 混淆。

（3）附加定位轴线

附加定位轴线的编号应以分数形式表示。分母表示前一轴线的编号，分子表示附加轴线的编号，编号宜用阿拉伯数字顺序编写。如图 3-17 中的 ①/₂ 表示 2 号轴线之后附加的第一根轴线，②/ₐ 表示 A 号轴线之后附加的第二根轴线。

1 号轴线或 A 号轴线之前的附加轴线的分母应以 01 或 0A 表示。如图 3-17 中 ①/₀₁ 表示

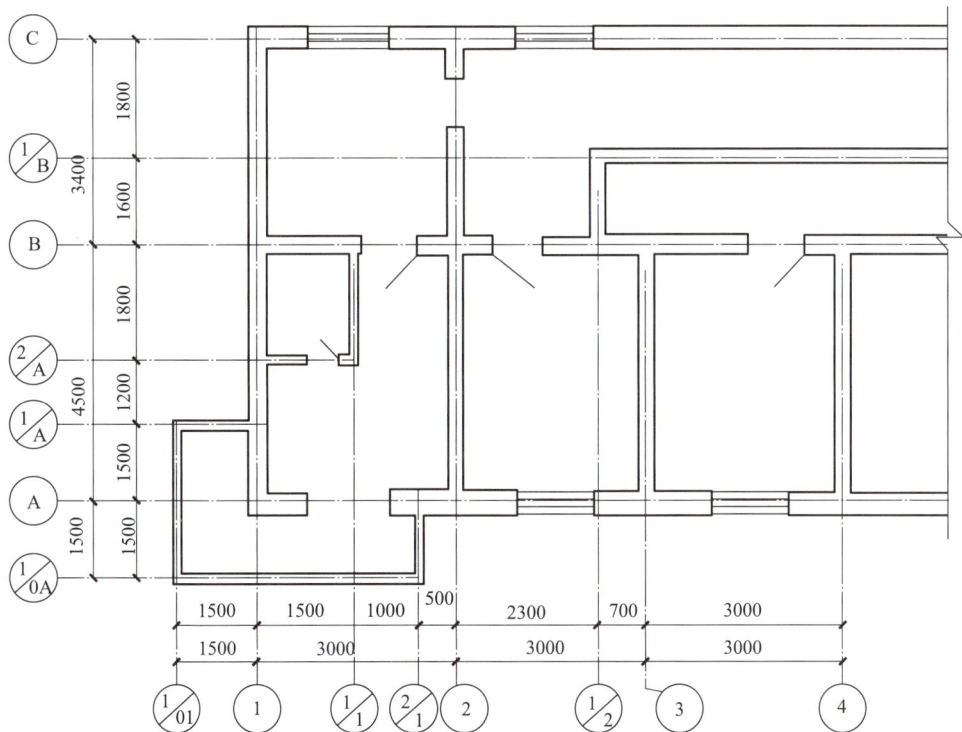

图 3-17 定位轴线

1 号轴线之前附加的第一根轴线，$\overset{1}{0A}$表示 A 号轴线之前附加的第一根轴线。

（4）当一个详图适用于几根轴线时，应同时注明各有关轴线的编号，如图 3-18 所示。

| 用于2根轴线时 | 用于3根或3根以上轴线时 | 用于3根以上连续编号的轴线时 |

图 3-18 详图的轴线编号

3.0.9 索引符号与详图符号

1. 索引符号

工程图中某一局部或构件，如需另见详图，应以索引符号索引。索引符号应由直径为 8～10mm 的圆和水平直径组成，圆及水平直径宜为细实线，如图 3-19 所示。

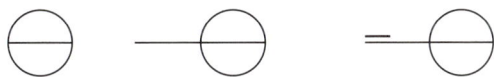

图 3-19 索引符号形式

索引符号含义：

（1）索引符号上半圆分子的编号表示详图编号，下半圆分母编号表示详图所在图纸编号或图集页码，若分母编号为一段水平细实线，表示详图画在本页图纸上，如图 3-20 所示。

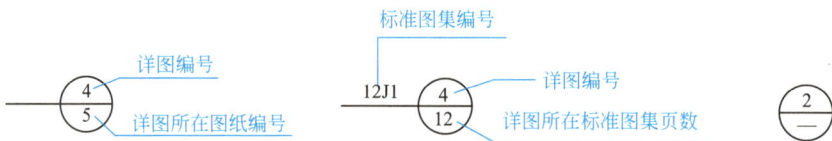

图 3-20　索引符号含义

（2）当索引符号用于索引剖视详图时，应在被剖切的部位绘制剖切位置线，并以引出线引出索引符号，引出线所在的一侧应为剖视方向，如图 3-21 所示。粗实线表示剖切位置，细实线表示投射方向。

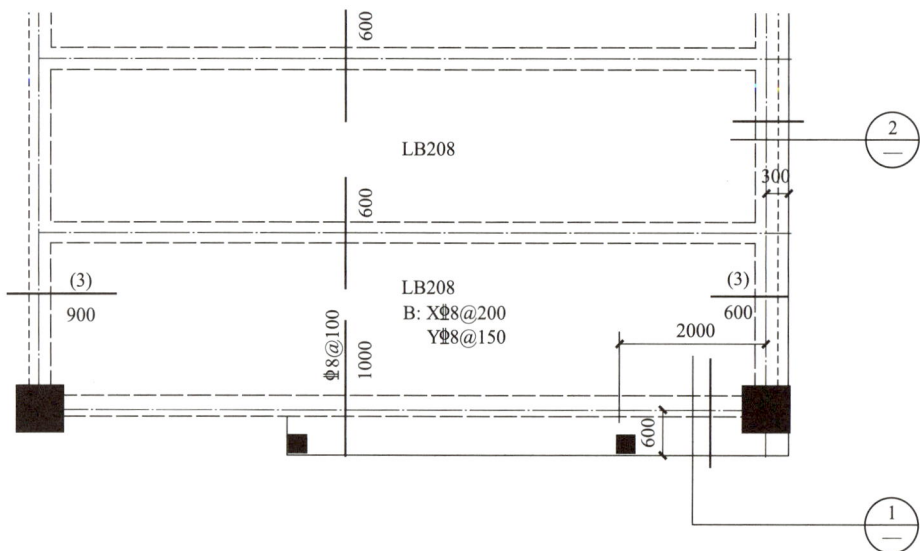

图 3-21　用于索引剖面详图的索引符号

2. 详图符号

详图的位置和编号应以详图符号表示。详图符号的圆直径应为 14mm，用粗实线绘制，如图 3-22 所示。详图与被索引的图样可以同在一张图纸内，如图 3-23（a）所示，也可以不在同一张图纸上，如图 3-23（b）所示，分子表示详图编号，分母表示被索引的图纸编号。

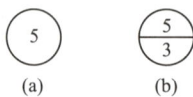

图 3-22　详图符号　　　　　图 3-23　详图符号所示详图位置

3.0.10 引出线

1. 引出线的作用

在施工图中，常用引出线对图样上某些部位引出做文字说明、尺寸标注和索引详图等，使图纸表达更清楚。

2. 引出线的规定

引出线宜采用水平直线或与水平方向成 30°、45°、60°、90°倾角的细实线，并经上述角度再折成水平线。文字说明宜注写在水平线的上方，也可注写在水平线的端部，索引详图的引出线应与水平直径线相连接，如图 3-24 所示。

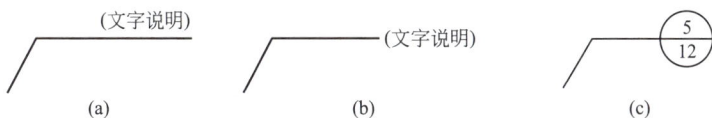

图 3-24 引出线

3. 引出线分类

引出线分为单引出线、共用引出线和多层构造引出线。

（1）单引出线：单独引出一个部位的引出线，如图 3-24 所示。

（2）共用引出线：同时引出几个相同部分的引出线，宜互相平行，也可画成集中于一点的放射线，如图 3-25 所示。

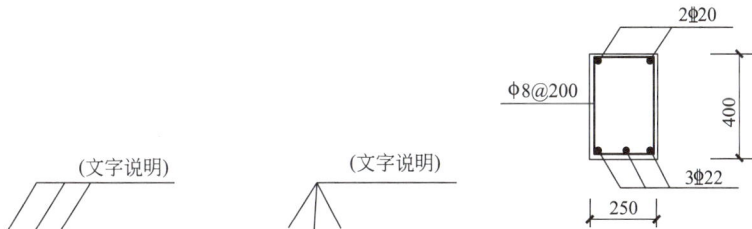

图 3-25 共用引出线

（3）多层构造引出线：应通过被引出的各层，并用圆点示意对应各层次。文字说明宜注写在水平线的上方，或注写在水平线的端部，说明的顺序应由上至下，并应与被说明的层次对应一致；如层次为横向排序，则由上至下的说明顺序应与由左至右的层次对应一致，如图 3-26 所示。

3.0.11 其他符号

1. 指北针及风向频率玫瑰图

（1）指北针

指北针用以表示建筑物的朝向。指北针用细实线绘制，圆直径宜为 24mm，指针尾部

1. 8~10厚陶瓷地砖铺实拍平,水泥浆擦缝
2. 20厚1:4干硬性水泥砂浆
3. 素水泥浆结合层一道
4. 80厚C20混凝土
5. 素土夯实

内饰面
墙体
空气层
保温层
外饰面

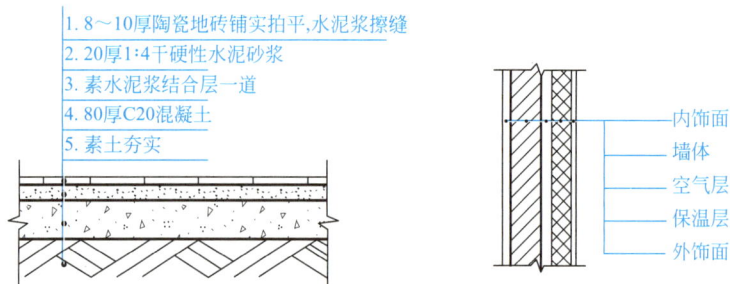

图 3-26 多层构造引出线

宽宜为 3mm,指针头部应标注"北"或"N"字,如图 3-27 所示。

(2)风向频率玫瑰图

风向频率玫瑰图,也叫风向玫瑰图,简称风玫瑰图。其作用是用以表示建筑物的朝向,同时也表示建筑物所在地的风频率和风向。

风玫瑰图表示风由外吹向地区中心,实线指全年风向频率,虚线指夏季风向频率,一般指 6、7、8 月。实线、虚线最长者为当地主导风向,如图 3-28 所示,全年主导风向为西北风,夏季主导风向为东南风。

2. 对称符号

当房屋施工图的图形完全对称时,可只画该图形的一半,并画出对称符号,以节省图纸篇幅。

对称符号由对称线和两端的两对平行线组成。对称符号的对称线应用细单点长画线绘制;平行线应用中实线绘制,其长度宜为 6~10mm,每对的间距宜为 2~3mm;对称线应垂直平分两对平行线,两端超出平行线宜为 2~3mm,如图 3-29 所示。

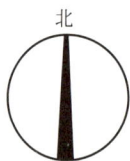

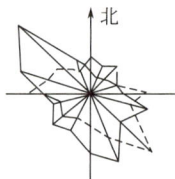

图 3-27 指北针   图 3-28 风向频率玫瑰图   图 3-29 对称符号

3. 连接符号

连接符号用以连接长度方向形状相同或按一定规律变化时的较长构件。

连接符号应以折断线表示需连接的部分。两部位相距过远时,折断线两端靠图样一侧应标注大写英文字母表示连接编号。两个被连接的图样应用相同的字母编号,如图 3-30 所示。

4. 变更云线

变更云线用以表达局部变更的图纸,便于指导施工及图纸存档。

图纸中局部变更部分宜采用变更云线,并宜注明修改版次。修改版次符号宜为边长为 0.8cm 的正等边三角形,修改版次宜用数字表示,如图 3-31 所示。变更云线宜用中粗实线绘制。

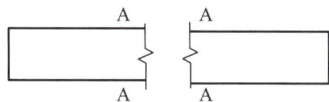

图 3-30　连接符号

图 3-31　变更云线

注：1 为变更次数。

任务实施

组织学生以小组为单位，分组讨论，完成"任务手册"中项目 2 的任务 3，进行自评、小组互评、教师点评，并总结学习内容。

规范意识

《营造法式》是北宋时期当时官方建筑的规范，是我国历史上第一部关于古代建筑规范的专著，是一部图文并茂，集建筑设计、施工于一体的规范典籍。书中有大量的斗栱彩画、梁椽飞子彩画、栱眼壁彩画等图样，但却很难看懂。中国建筑研究界的开山鼻祖、建筑大师梁思成先生为研究《营造法式》倾其一生，编著了《营造法式注释》一书。在这部著作中，梁思成先生一方面将《营造法式》中难懂的古文和术语翻译成现代语言，另一方面用现代制图方法对《营造法式》涉及的各项工程做法进行了详细诠释，为后人研究古代建筑留下了宝贵的资料，为我国的古代建筑研究作出了巨大的贡献。

图是工程界的语言，必须有一定的规范标准来统一，以方便阅读。梁思成先生的手绘图（图 3-32）精美、规范、清晰，是后人学习的榜样。

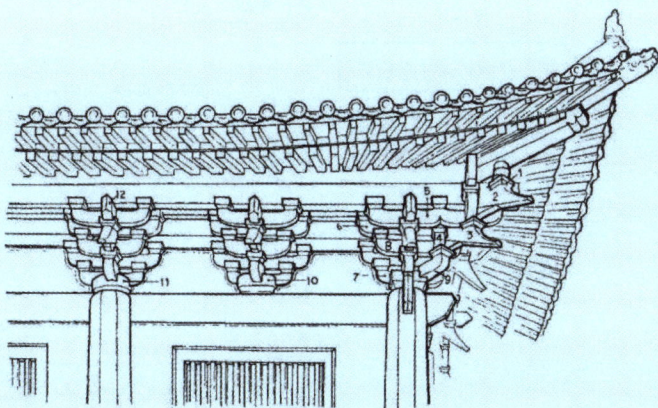

图 3-32　梁思成先生手绘图

任务4 学习建筑构造基本知识

学习目标

1. 学习施工图的产生、组成及排序，了解施工图的产生，能够根据图纸的组成和排序，快速找到所需图纸。

2. 学习建筑的含义、分类及分级，能够区分建筑物与构筑物；能够正确区分不同建筑物的类型和等级。

3. 学习民用建筑的构造组成，能够说出房屋的基本组成，掌握各构配件的空间位置及作用。

4. 通过对建筑分类的学习，了解我国大跨度建筑及各种工程中的科技创新，增强学生的专业荣誉感和行业自豪感，激发学生的学习动力，成为合格的建筑人才。

思维导图

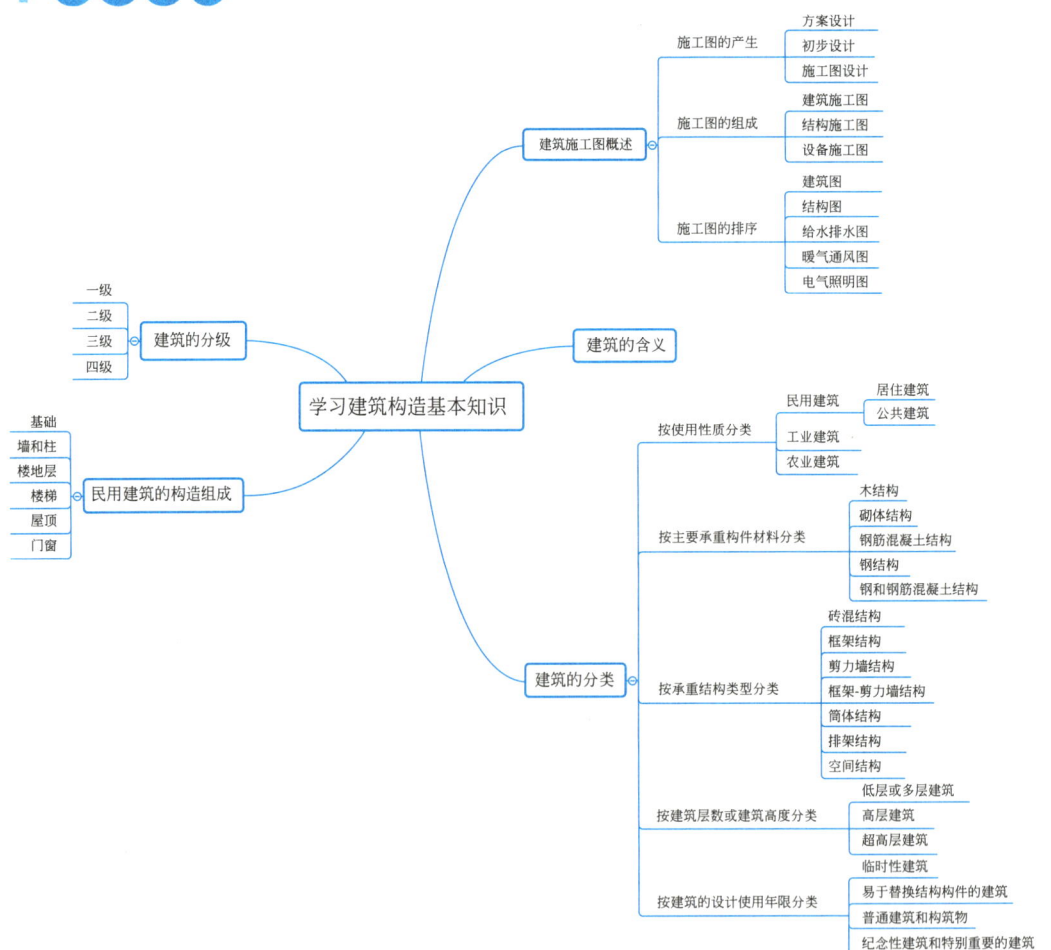

任务导入

观察图 4-1 中的建筑，请思考建筑是如何建造的？它们在使用性质、规模、层数、高度、结构类型上有什么不同？由哪些构件、配件组成？

  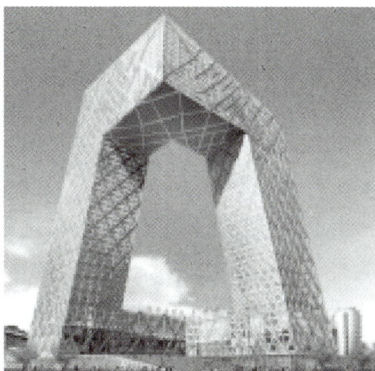

　　(a) 普通民宅　　　　　　　　(b) 埃菲尔铁塔　　　　　　(c) 中央电视台总部大楼

图 4-1　建筑图片

知识准备

4.1　建筑施工图概述

4.1.1　施工图的产生

建造一栋房屋建筑，需要经过建筑设计和施工两个阶段。建筑设计一般应分为方案设计、初步设计和施工图设计三个阶段，对于技术要求相对简单的民用建筑工程，可在方案设计审批后直接进入施工图设计阶段。

1. 方案设计

设计单位根据建设单位提供的设计任务书的要求和收集到的基础资料，提出两个或多个方案供建设单位选择。

方案设计文件包括：设计说明、总平面图、平面图、立面图、剖面图、透视图或鸟瞰图，必要时还应有建筑模型。

2. 初步设计

初步设计是根据批准的方案设计文件，由具备相应资质的设计单位编制的设计文件。初步设计文件用于政府主管部门审批（若无审批需求初步设计阶段通常可省略）。

初步设计包括建筑、结构、给水排水、采暖通风、电气、消防报警等。

3. 施工图设计

施工图设计是根据批准的初步设计，由具备相应资质的设计单位编制的设计文件。施工图设计文件用于施工及办理工程建设的有关手续。

施工图设计阶段设计单位绘制完整和详细的建筑、结构、安装等施工图纸，包括详图、零部件结构明细表、施工图预算等，是可以进行施工和安装的设计文件。

4.1.2 施工图的组成

一套完整的施工图一般包括建筑施工图、结构施工图、设备施工图等各专业图纸。

1. 建筑施工图，简称"建施"，主要表明建筑物的规划位置、外部造型、内部布置、内外装修、尺寸关系和施工要求等。包括施工首页图、建筑总平面图、建筑平面图、建筑立面图、建筑剖面图和建筑详图。

2. 结构施工图，简称"结施"，主要表明建筑物承重结构类型、构件布置、种类、数量、大小及做法。包括结构设计说明、基础平面图、柱平面图、剪力墙平面图、梁平面图、板平面图、楼梯施工图及节点详图等。

3. 设备施工图，简称"设施"，主要表明建筑物室内的给水排水、暖气通风和电气照明等设备的布置、安装及制作。包括给水排水施工图、暖气通风施工图、电气施工图。

4.1.3 施工图的排序

工程图纸应按专业顺序编排，依次为建筑图、结构图、给水排水图、暖气空调图、电气图等。各专业的图纸，应按图纸内容的主次关系、逻辑关系进行分类，做到有序排列。

4.2 建筑的含义

建筑是建筑物与构筑物的总称。建筑物是指供人们生产、生活或进行其他活动的房屋或场所，如住宅、学校、医院、体育馆、火车站等，如图4-2所示。构筑物一般是指人们不直接在内进行生产和生活活动的场所，如水塔、堤坝、烟囱、桥梁等，如图4-3所示。

(a) 民用住宅　　　　(b) 哈尔滨大剧院

图 4-2　建筑物

(a) 三峡大坝

(b) 港珠澳大桥

图 4-3 构筑物

4.3 建筑的分类

4.3.1 按使用性质分类

按建筑物的使用性质，建筑物可以分为民用建筑、工业建筑和农业建筑。

1. 民用建筑：指供人们居住和进行公共活动的建筑，分为居住建筑和公共建筑。

（1）居住建筑：指供人们居住使用的建筑，如住宅、宿舍、公寓、别墅。

（2）公共建筑：指供人们进行各种公共活动的建筑，如教学楼、图书馆、影剧院、展览馆、体育馆等。

2. 工业建筑：指供人们从事各类生产活动和储存的建筑，如工业厂房、生产车间、变电站、锅炉房、仓库等，如图 4-4 所示。

3. 农业建筑：指进行农牧业生产和加工的建筑，如饲养场、粮仓、蔬菜大棚、畜禽养殖场、粮食和饲料加工站等，如图 4-5 所示。

图 4-4 工业厂房

图 4-5 蔬菜大棚

4.3.2 按主要承重构件材料分类（表4-1）

按主要承重构件所用的材料分类 　　　　　　表 4-1

序号	结构类型	识别特征	适用范围	举例
1	木结构	主要承重构件所使用的材料为木材，是我国古代建筑中广泛采用的结构形式	单层、低层建筑	 山西应县木塔
2	砌体结构	由块体和砂浆砌筑而成的墙、柱作为建筑物主要受力构件的结构，包括砖砌体、砌块砌体、石砌体	单层、多层建筑	 清华大学图书馆
3	钢筋混凝土结构	主要承重构件所使用的材料为钢筋混凝土，包括框架结构、剪力墙结构、框架-剪力墙结构、筒体结构等	多层、高层、超高层建筑	 中国国家博物馆
4	钢结构	主要承重构件所使用的材料为型钢，用轻质块材和板材做围护和分隔墙的建筑	超高层建筑、大跨度公共建筑、工业建筑	 国家体育场"鸟巢"
5	钢和钢筋混凝土结构	主要承重构件使用的材料为型钢和钢筋混凝土	超高层建筑	 上海金茂大厦

4.3.3　按承重结构类型分类（表4-2）

按承重结构类型分类　　　　　　　　　　表4-2

序号	结构类型	识别特征	适用范围
1	砖混结构	竖向承重构件墙、柱采用砖，水平承重构件楼板、屋面板采用钢筋混凝土	住宅、宿舍、办公楼、旅馆等小开间的多层建筑
2	框架结构	竖向承重构件为柱，水平承重构件为梁、板	厂房或多、高层建筑
3	剪力墙结构	钢筋混凝土的剪力墙承受竖向和水平作用	住宅、旅馆等小开间的高层建筑
4	框架-剪力墙结构	由框架和剪力墙共同承受竖向和水平作用	20层左右的高层建筑
5	筒体结构	由单个或多个筒体组成的空间结构体系，包括框架筒体、筒中筒、组合筒	超高层建筑
6	排架结构	由屋架（或屋面梁）、柱、基础组成	单层工业厂房
7	空间结构	由钢筋混凝土或型钢组成空间结构承受建筑的全部荷载，如网架结构、悬索结构、薄壳结构、膜结构等	大跨度桥梁或建筑（图4-6）

(a) 国家大剧院薄壳结构　　　　　(b) 北京工人体育馆悬索结构

图4-6　空间结构

4.3.4　按建筑层数或建筑高度分类

《民用建筑设计统一标准》GB 50352—2019 规定，民用建筑按地上建筑高度或层数进行分类，见表4-3。

民用建筑按地上建筑高度或层数分类　　　　　　　　表4-3

序号	建筑分类	识别特征
1	低层或多层建筑	住宅建筑：建筑高度不大于27.0m 公共建筑：建筑高度不大于24.0m及建筑高度大于24.0m的单层公共建筑
2	高层建筑	住宅建筑：建筑高度大于27.0m 非单层公共建筑：建筑高度大于24.0m且高度不大于100.0m
3	超高层建筑	建筑高度大于100.0m

注：建筑防火设计应符合现行国家标准《建筑设计防火规范（2018年版）》GB 50016—2014有关建筑高度和层数计算的规定。

4.3.5 按建筑的设计使用年限分类

民用建筑的设计使用年限按《民用建筑设计统一标准》GB 50352—2019 中规定执行，见表 4-4。

民用建筑设计使用年限分类   表 4-4

类别	使用年限(年)	示例
1	5	临时性建筑
2	25	易于替换结构构件的建筑
3	50	普通建筑和构筑物
4	100	纪念性建筑和特别重要的建筑

注：此表依据《建筑结构可靠性设计统一标准》GB 50068—2018，并与其协调一致。

4.4 建筑的分级

《建筑设计防火规范（2018 年版）》GB 50016—2014 规定，民用建筑的耐火等级可分为一、二、三、四级。不同耐火等级建筑相应构件的燃烧性能和耐火极限不应低于表 4-5 中的规定。

不同耐火等级建筑相应构件的燃烧性能和耐火极限（h）   表 4-5

构件名称		耐火等级			
		一级	二级	三级	四级
墙	防火墙	不燃性 3.00	不燃性 3.00	不燃性 3.00	不燃性 3.00
	承重墙	不燃性 3.00	不燃性 2.50	不燃性 2.00	难燃性 0.50
	非承重外墙	不燃性 1.00	不燃性 1.00	不燃性 0.50	可燃性
	楼梯间和前室的墙 电梯井的墙 住宅建筑单元之间的墙和分户墙	不燃性 2.00	不燃性 2.00	不燃性 1.50	难燃性 0.50
	疏散走道两侧的隔墙	不燃性 1.00	不燃性 1.00	不燃性 0.50	难燃性 0.25
	房间隔墙	不燃性 0.75	不燃性 0.50	难燃性 0.50	难燃性 0.25
柱		不燃性 3.00	不燃性 2.50	不燃性 2.00	难燃性 0.50

续表

构件名称	耐火等级			
	一级	二级	三级	四级
梁	不燃性 2.00	不燃性 1.50	不燃性 1.00	难燃性 0.50
楼板	不燃性 1.50	不燃性 1.00	不燃性 0.50	可燃性
屋顶承重构件	不燃性 1.50	不燃性 1.00	可燃性 0.50	可燃性
疏散楼梯	不燃性 1.50	不燃性 1.00	不燃性 0.50	可燃性
吊顶(包括吊顶搁栅)	不燃性 0.25	难燃性 0.25	难燃性 0.15	可燃性

注:1. 除本规范另有规定外,以木柱承重且墙体采用不燃材料的建筑,其耐火等级应按四级确定。

2. 住宅建筑构件的耐火极限和燃烧性能可按现行国家标准《住宅建筑规范》GB 50368—2005 的规定执行。

耐火极限:指在标准耐火试验条件下,建筑构件、配件或结构从受到火的作用时起,至失去承载能力、完整性或隔热性时止所用时间,用小时表示。

燃烧性能:指材料燃烧或遇火时所发生的一切物理和化学变化。建筑材料及制品的燃烧性能等级见表 4-6。

建筑材料及制品的燃烧性能等级　　　　　表 4-6

燃烧性能等级	名称
A	不燃材料(制品)
B_1	难燃材料(制品)
B_2	可燃材料(制品)
B_3	易燃材料(制品)

不燃材料:指在空气中受到火焰或高温作用时,不着火、不冒烟、不碳化的材料。

难燃材料:指在空气中遇明火或高温作用时,难着火、难燃烧、难碳化,在离开火源后,燃烧或微燃立即停止的材料。

可燃材料:指在空气中遇明火或高温作用时,会立即起火或发生微燃,火源移开后继续保持燃烧或微燃的材料。

易燃材料又称燃烧材料:指在大气中易被点燃并产生持续有焰燃烧的材料。

4.5 民用建筑的构造组成

民用建筑一般由基础、墙和柱、楼地层、楼梯、屋顶、门窗等六大部分组成,如图 4-7 所示。它们处于建筑的不同部位,所发挥的作用各不相同。

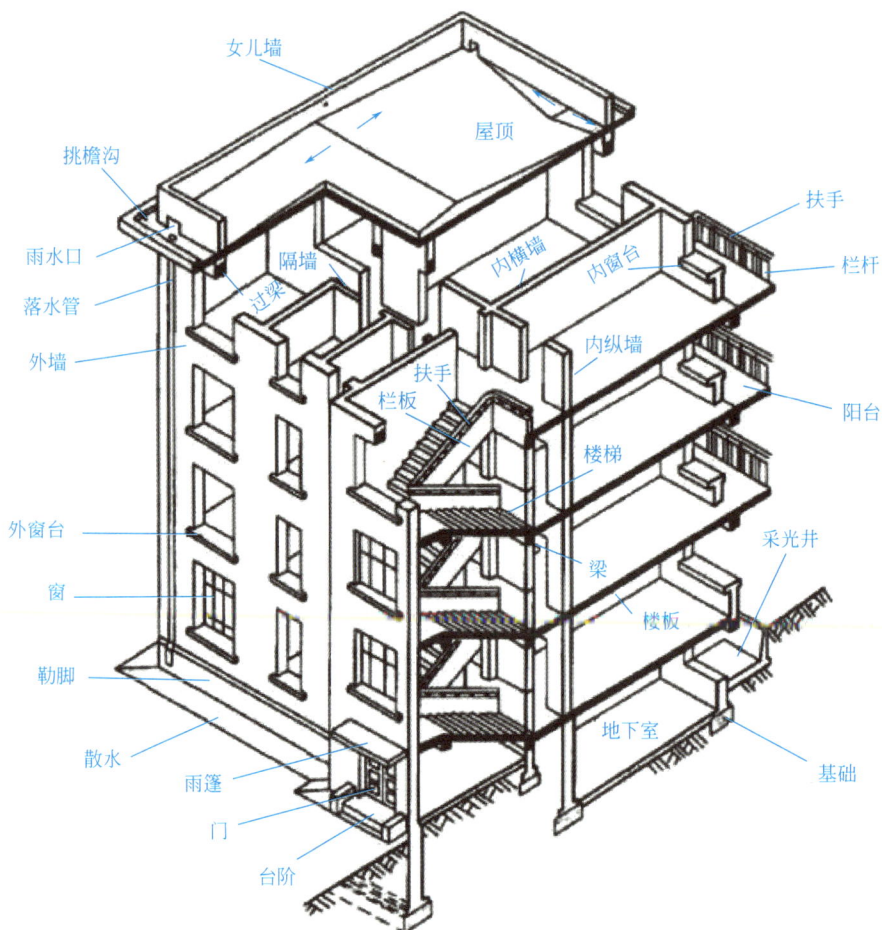

图 4-7 民用建筑基本组成

1. 基础

基础是建筑的墙或柱埋在地下的扩大部分，承担建筑物的全部荷载，并将荷载传给地基。

基础应坚固、稳定，且能抵抗地下水、冰冻及化学侵蚀等。

2. 墙和柱

墙体是建筑物的承重和围护构件。在墙承重结构体系中，墙体是建筑的竖向承重构件；在框架承重结构中，柱是主要的竖向承重构件，墙体主要起分隔空间或围护的作用。

墙体应具有足够的强度和稳定性，应满足保温、隔热、隔声、防火等功能，并具有一定的经济性和耐久性。

3. 楼地层

楼地层是楼板层和地坪层的统称。楼地层是建筑物的水平承重构件，对墙或柱具有水平支撑作用。

楼板层要求有足够的强度和刚度，以及良好的防水、防火、隔声、美观、耐磨、易清洁等性能。地坪层贴近土壤，要求具有防潮、防水、保温等性能。

4. 楼梯

楼梯是建筑物的垂直交通设施，供人们平时上下和紧急疏散时使用。

楼梯应有足够的通行能力和疏散能力，并应坚固、稳定、耐磨、防滑等。

5. 屋顶

屋顶是建筑物最上部的承重和围护构件。屋顶承受作用其上的全部荷载，并将这些荷载传给墙或柱。

屋顶应有足够的强度、刚度及防水、排水、保温、隔热等性能。

6. 门窗

门和窗是建筑物的围护构件。门的主要作用是内外交通和分隔房间；窗的主要作用是采光、通风及眺望。

门应满足交通、安全疏散、防火、隔声、防盗等功能。窗应满足保温、隔热、防水、隔声等功能。

建筑物除上述基本组成部分外，还有附属的构件和配件，如阳台、雨篷、台阶、散水、勒脚、女儿墙等。

任务实施

组织学生以小组为单位，分组讨论，完成"任务手册"中项目2的任务4，进行自评、小组互评、教师点评，并总结学习内容。

科技创新

2008年北京奥运会给全世界留下了难忘的印象。国家游泳中心"水立方"的独特外形及科技创新也让人们为之赞叹（图4-8）。

图4-8 国家游泳中心"水立方"

"水立方"采用了多面体的空间刚架结构，它的建筑外围护采用新型的环保节能ETFE膜材料做成的气泡，是目前世界上最大的膜结构工程。这种膜气泡材料具有保温、隔热、自清洁、阻燃、抗拉性能好等特点。

为了不破坏"水立方"晶莹圆润的外观，另一创新是我国工程师在风压超大区域的 ETFE 气枕外侧增加一层 $250\mu m$ 厚的透明附加膜作为加强措施，抵御外部荷载，不同于国外通常采用加强钢索的方法。

"水立方"实现多项突破，集科技创新与技术创新于一身。我们青年一代，应刻苦努力，加强学习，开拓创新，为祖国建设增砖添瓦。

任务5　学习基础与地下室

学习目标

1. 学习地基与基础知识，能够区分地基与基础。

2. 学习基础的类型，能够区分基础的类型并了解其适用范围，能够读懂基础构造图。

3. 学习地下室知识，能够区分不同类型的地下室；能够理解地下室的组成及构造原理；能够选择地下室防潮防水的材料及做法；能够读懂地下室构造图。

4. 地基和基础是建筑物的根基。地基和基础的好坏直接影响到建筑物的安全性、经济性和合理性。只有打好基础，才能建成高楼大厦，我们首先打好思想基础，立志成才，才能为中华民族伟大复兴而奋斗。

思维导图

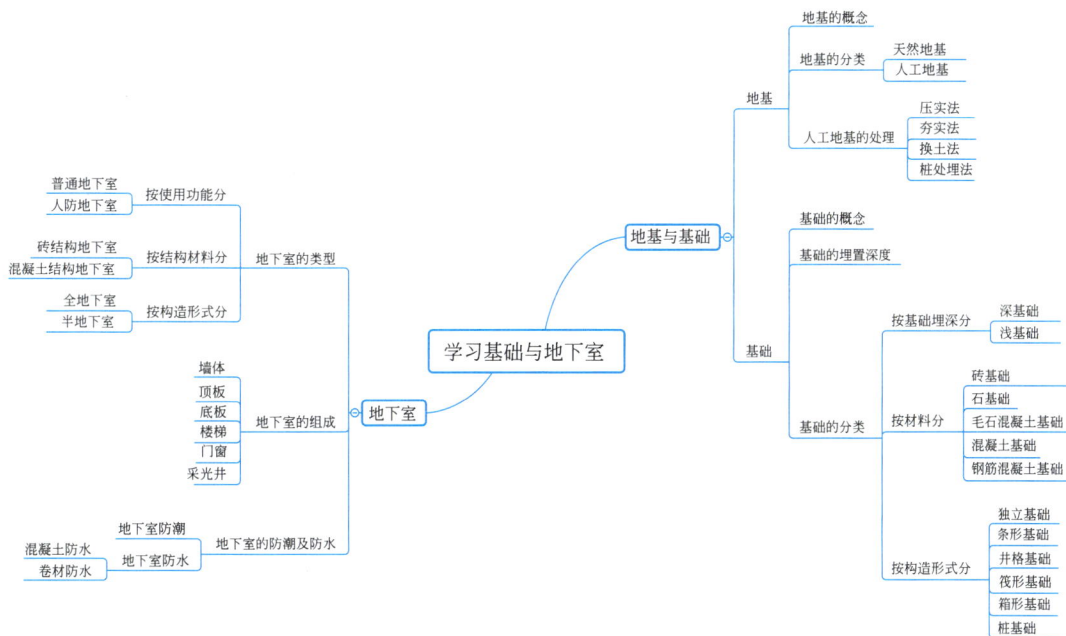

任务导入

随着国家经济的迅速发展，城市及农村变化日新月异。一座座高楼大厦拔地而起，如何保证建筑安全稳定？保证人们生命安全和生活幸福，地基基础起着关键的作用。地基和基础是一回事吗？请观察图5-1，思考哪是地基？哪是基础？基础有哪些类型？

图 5-1　基础

知识准备

5.1　地基与基础

5.1.1　地基

1. 地基的概念

地基不是建筑物的组成部分，它是基础下面的土层。地基直接承受由基础传来的建筑物的全部荷载，包括建筑物的自重和其他荷载。地基由于承受建筑物的荷载而产生的应力和应变随土层深度的增加而减少，在到达一定的深度后可以忽略不计。地基土层中直接承受建筑荷载的土层为持力层，持力层下面的土层为下卧层，如图 5-2 所示。

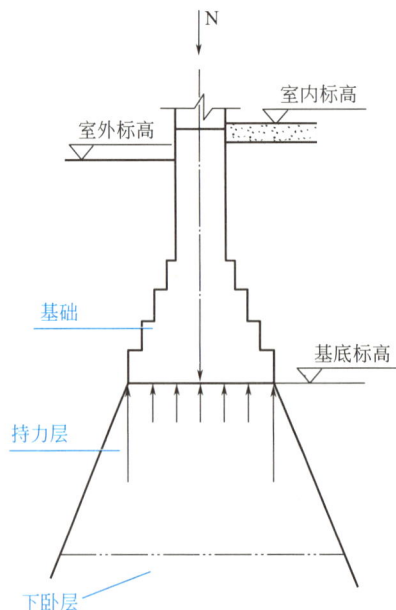

图 5-2　地基与基础的关系

2. 地基的分类

地基分为天然地基和人工地基两大类。

天然地基指天然土层具有足够的承载力，不需经人工改良或加固可以直接在上面建造房屋的地基。人工地基指天然地基的承载力不能承受基础传递的全部荷载，需经人工处理使其强度提高后在上面建造房屋的地基。

3. 人工地基的处理

人工地基常用的加固方法有压实法、夯实法、换土法、桩（水泥土桩、灰土桩等）处理法等。

5-1

人工地基的处理

5.1.2 基础

1. 基础的概念

基础是建筑物的墙或柱埋在地下的扩大部分，是建筑物地面以下的承重构件。它承受上部结构的全部荷载，并把这些荷载与基础自身荷载一起传给地基。

2. 基础的埋置深度

基础的埋置深度指室外设计地面到基础底面的垂直距离，简称基础埋深，如图5-3所示。基础的埋置深度一般不小于500mm。

3. 基础的分类

按基础埋深不同可分为浅基础和深基础。一般情况，基础埋深小于5m的为浅基础，埋深大于等于5m，且采用特殊的结构形式和施工方法的为深基础。

按材料可分为砖基础、石基础、毛石混凝土基础、混凝土基础和钢筋混凝土基础等。

按构造形式可分为独立基础、条形基础、井格基础、筏形基础、箱形基础和桩基础等。

（1）独立基础

独立存在，互不连接的基础，称为独立基

图5-3 基础的埋深

础，也叫单独基础。其形式有阶梯形、锥形和杯形等，如图5-4所示。独立基础一般为柱下独立基础，也可做墙下独立基础，如图5-5所示。独立基础土方工程量少，施工简单，但基础间互不连接，易发生不均匀沉降，因此一般适用于地质均匀、荷载均匀的建筑结构中。

（2）条形基础

条形基础是指基础长度远大于宽度的一种基础形式，也叫带形基础。按上部结构形式分为墙下条形基础和柱下条形基础。

1）墙下条形基础

当建筑采用墙体承重结构时，通常将墙底加宽形成墙下条形基础，

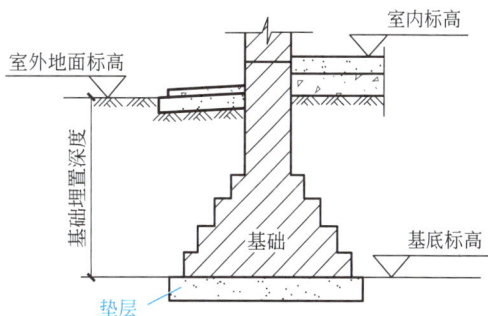

5-2

不同构造形式的基础

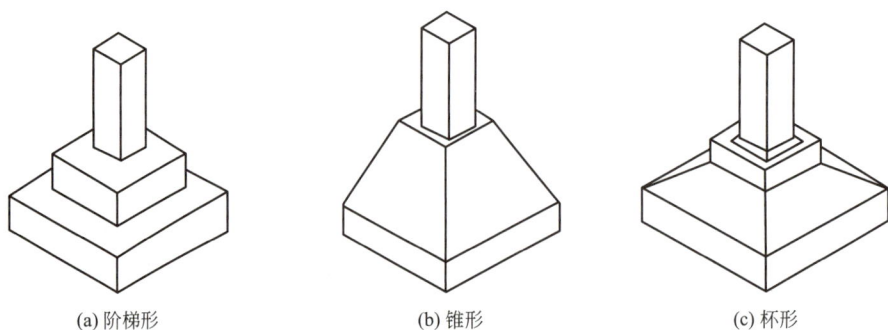

(a) 阶梯形　　　　　　(b) 锥形　　　　　　(c) 杯形

图 5-4　独立基础形式

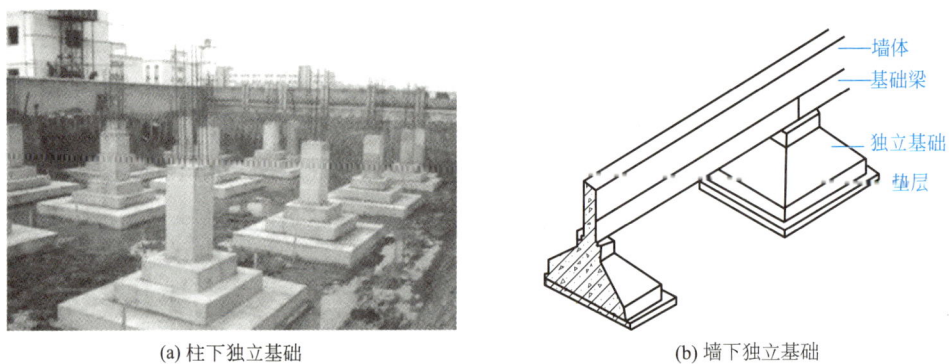

(a) 柱下独立基础　　　　　　(b) 墙下独立基础

图 5-5　柱下、墙下独立基础

如图 5-6 所示。一般用于低层或多层砖混结构中，常用砖、混凝土材料作基础。当上部结构荷载较大而土质较差时，可采用钢筋混凝土基础。

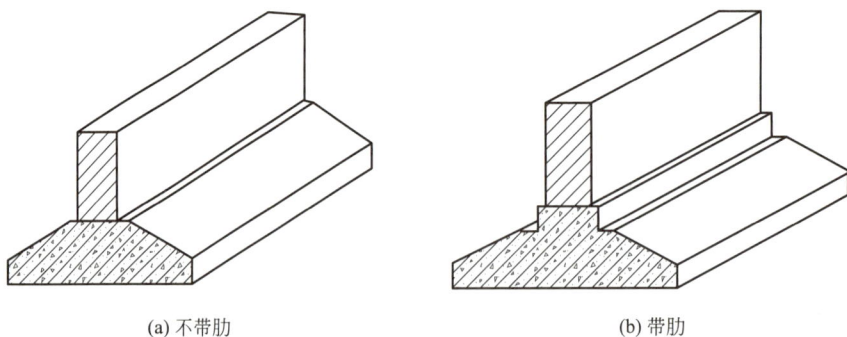

(a) 不带肋　　　　　　(b) 带肋

图 5-6　墙下钢筋混凝土基础

2）柱下条形基础

当荷载较大或地基土层软弱时，常将同一排柱基础连成一体形成柱下条形基础，如图 5-7 所示。适用于柱下承受较大的荷载或地基承载力较小或土质不均匀的情况。这种基础的抗弯刚度较大，具有调整不均匀沉降的能力。

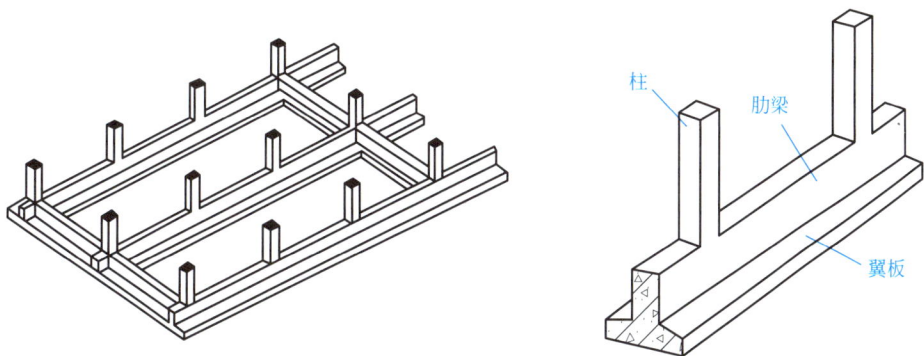

图 5-7 柱下条形基础

（3）井格基础

当框架结构处于地基条件较差或上部荷载较大时，为提高建筑物的整体性，防止柱子产生不均匀沉降，常将柱下基础沿纵、横方向连接起来，做成十字交叉的井格基础，又称十字带形基础或十字交叉基础，如图 5-8 所示。

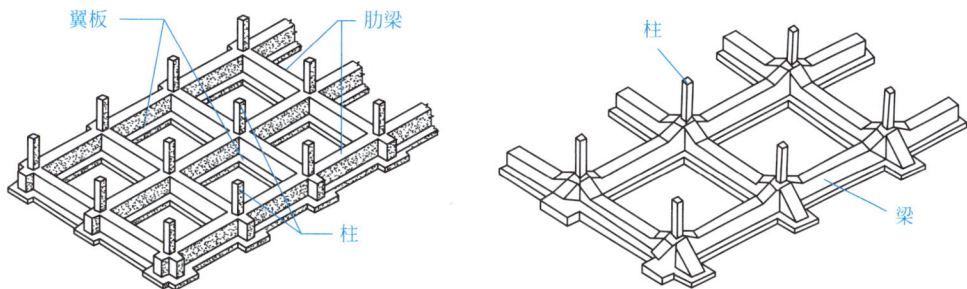

图 5-8 井格基础

（4）筏形基础

当上部荷载较大，地基承载力较弱时，常将墙下或柱下基础连成一片，形成一块整板，由整片的钢筋混凝土板承受建筑物的荷载并传给地基，称筏形基础，又叫满堂基础。筏形基础有平板式和梁板式两种，如图 5-9 所示。

(a) 平板式　　　　　　　　　　　　(b) 梁板式

图 5-9 筏形基础

（5）箱形基础

箱形基础是指由底板、顶板、钢筋混凝土纵横隔墙构成的封闭箱体，承受建筑物荷载的现浇钢筋混凝土结构，如图 5-10 所示。适用于高层建筑或软弱地基、上部荷载较大、对不均匀沉降有严格要求的建筑物。

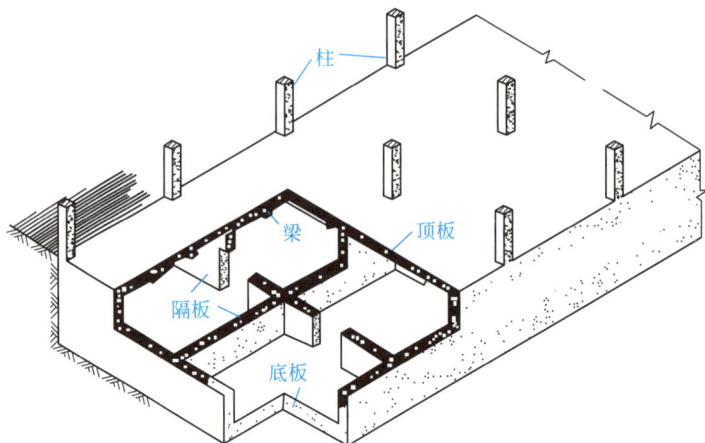

图 5-10　箱形基础

（6）桩基础

当建筑物荷载较大，地基的软弱土层较厚，不能满足地基承载力要求，采取其他措施不经济时采用桩基础。桩基础由承台和桩身组成，桩身伸入土中，承受上部荷载，承台用来连接上部结构和桩身，如图 5-11 所示。

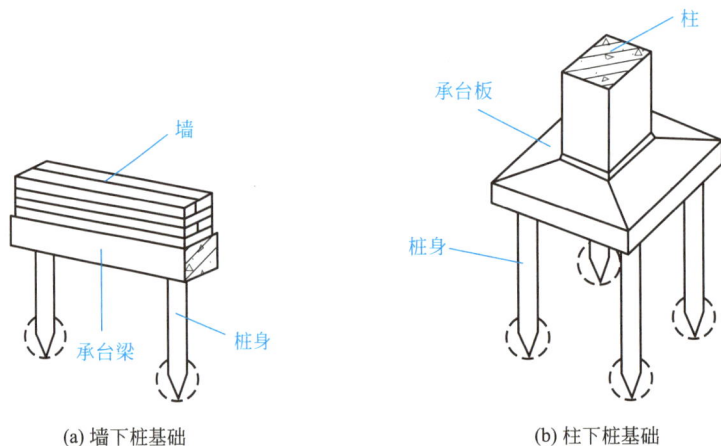

(a) 墙下桩基础　　　　　　　(b) 柱下桩基础

图 5-11　桩基础

桩按受力情况分为端承桩和摩擦桩。端承桩是上部结构荷载主要由桩端阻力承受的桩，它穿过软弱土层，打入深层坚实土壤或基岩的持力层中，适用于上层软弱土不太厚，下层有较高承载力土层的情况。摩擦桩指桩底位于较软的土层内，上部结构荷载由桩侧阻力承受的桩，主要用于岩层埋置很深的地基，如图 5-12 所示。

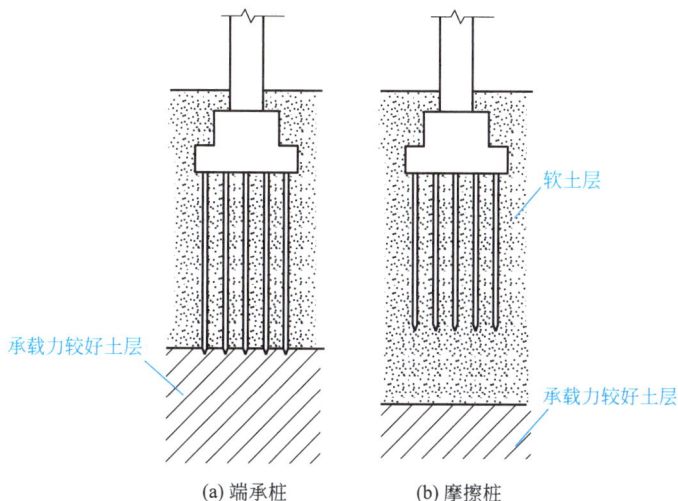

(a) 端承桩　　　　　　(b) 摩擦桩

图 5-12　端承桩与摩擦桩

5.2　地下室

地下室是建筑物下部的地下使用空间，可设一层、两层或多层，可作设备间、储藏间、商场、车库及战备防空等多种用途。

5.2.1　地下室的类型

按使用功能分为：普通地下室和人防地下室。

按结构材料分为：砖墙结构地下室和混凝土结构地下室。

按构造形式分为：全地下室和半地下室。全地下室是地下室地面低于室外地坪面的高度超过该房间净高的 1/2。半地下室是地下室地面低于室外地坪面的高度超过该房间净高的 1/3 且不超过净高的 1/2，如图 5-13 所示。

5.2.2　地下室的组成

地下室是由墙体、顶板、底板、楼梯、门窗、采光井等部分组成，如图 5-14 所示。

1. 墙体

地下室的外墙在承受上部结构荷载的同时，还要承受土、地下水及土壤冻结产生的侧压力。地下室墙体的工作环境潮湿，墙体材料应具有良好的防水、防潮性能。

2. 顶板

一般采用预制或现浇钢筋混凝土板，若做人防地下室，顶板均为现浇钢筋混凝土板，应具有足够的强度和刚度。

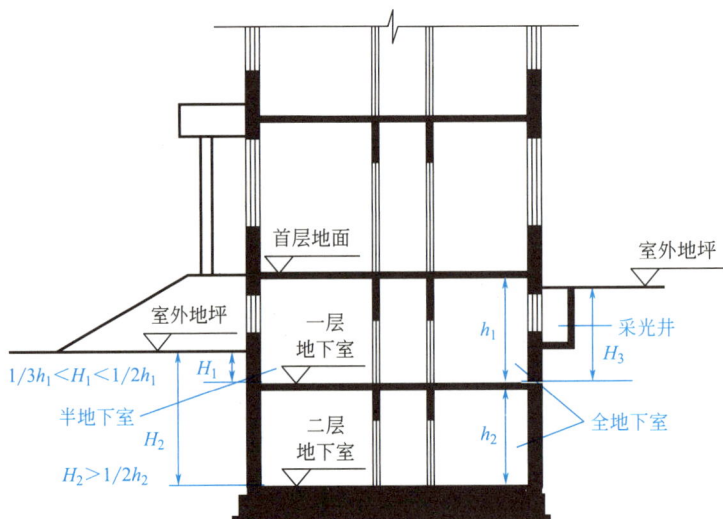

图 5-13　全地下室、半地下室

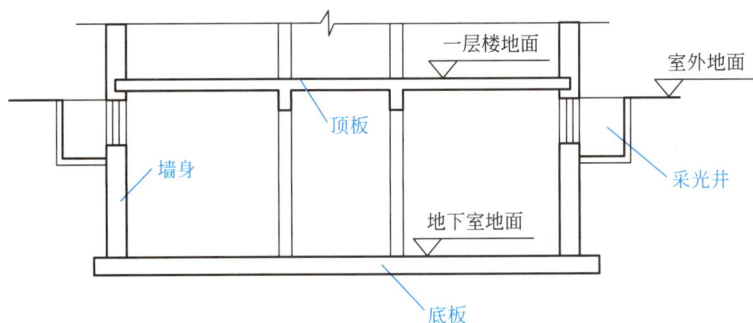

图 5-14　地下室组成

3. 底板

地下室底板主要承受作用在它上面的垂直荷载，当地下水位高于地下室底板时，还承受地下水的浮力，所以底板要有足够的强度、刚度、抗渗透和抗浮力的能力。

4. 楼梯

地下室的楼梯一般与上部楼梯结合设置。防空地下室每个防护单元应设两个通向地面的楼梯作为安全出口，并且必须有一个是室外出入口。

5. 门窗

普通地下室的门窗与地上房间门窗相同。防空地下室的门应符合相应防护要求。

6. 采光井

当地下室外窗在室外地坪以下时，应设置采光井，以利于室内采光和通风。采光井由底板、侧墙、遮雨设施或铁栅栏组成。采光井顶部应设防护网，底部应向外侧找坡，并设置排水管，如图 5-15 所示。

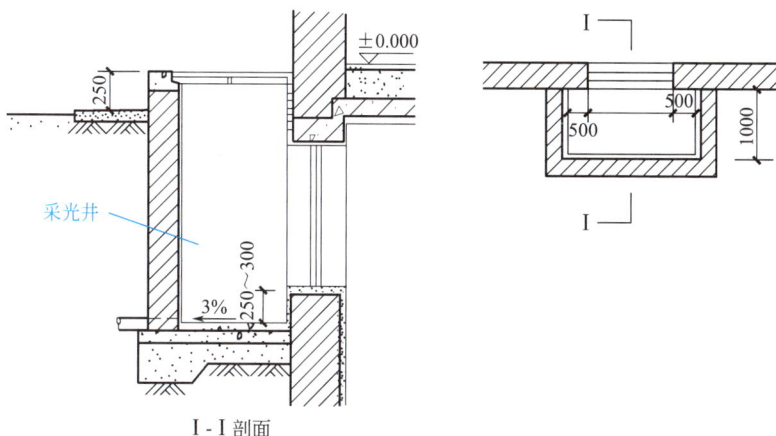

I-I剖面

图 5-15　地下室采光井

5.2.3　地下室防潮及防水

地下室的外墙与底板会受到土中水和地下水的侵蚀，因此防潮、防水成为地下室的主要构造处理。

1. 地下室防潮

当设计最高地下水位低于地下室地坪，且地基范围内的土壤及回填土无形成上层滞水可能时，只需做防潮处理。具体做法是：墙外侧先抹 20mm 厚 1：2.5 水泥砂浆找平，再刷基层处理剂一遍，然后做防潮层（卷材或涂料）和保护层，最后回填低渗透性的土壤，如黏土、灰土等，并逐层夯实，底宽不少于 500mm。此外，地下室所有墙体必须设两道水平防潮层，一道设在地下室地坪附近，另一道设在室外地坪以上，如图 5-16 所示。

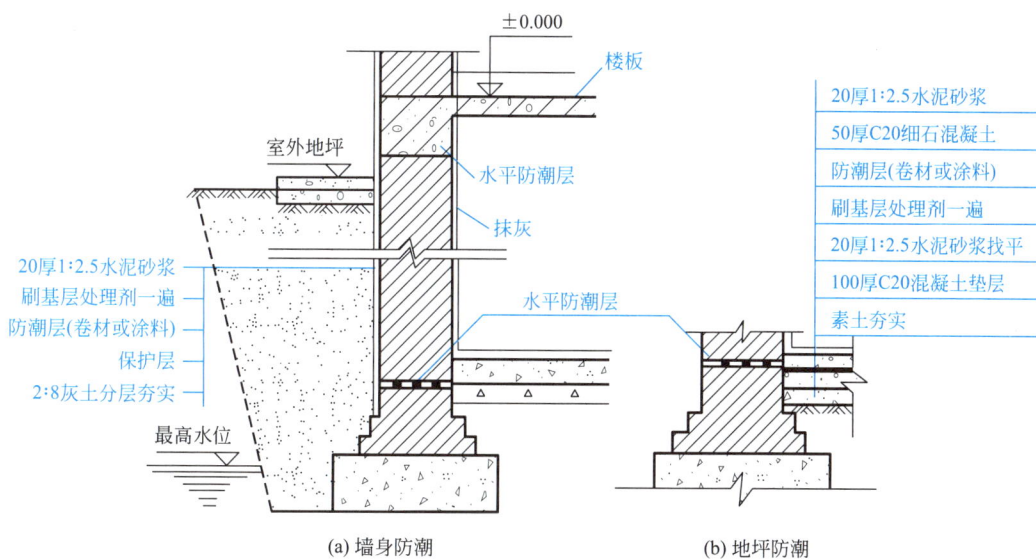

(a) 墙身防潮　　　　　(b) 地坪防潮

图 5-16　地下室防潮构造

2. 地下室防水

地下工程的防水，应根据地表水、地下水、毛细管水等的作用，以及由于人为因素引起的附近水文地质改变的影响确定。单建式的地下工程，宜采用全封闭、部分封闭的防排水设计；附建式的全地下或半地下工程的防水设防高度，应高出室外地坪 300mm 以上。工程防水等级应依据工程类别和工程防水使用环境类别分为一级、二级、三级。明挖法地下工程现浇混凝土结构防水做法应符合表 5-1 中的要求。

主体结构防水做法   表 5-1

防水等级	防水做法	防水混凝土	外设防水层		
			防水卷材	防水涂料	水泥基防水材料
一级	不应少于 3 道	为 1 道,应选	不少于 2 道,防水卷材或防水涂料不应少于 1 道		
二级	不应少于 2 道	为 1 道,应选	不少于 1 道,任选		
三级	不应少于 1 道	为 1 道,应选	—		

注：水泥基防水材料指防水砂浆、外涂型水泥基渗透结晶防水材料。

地下室防水构造做法如下：

（1）混凝土防水

防水混凝土的施工配合比应通过试验确定，其强度等级不应低于 C25，试配混凝土的抗渗等级应比设计要求提高 0.2MPa。防水混凝土结构厚度不应小于 250mm，迎水面钢筋混凝土保护层厚度不应小于 50mm。防水混凝土除应满足抗压、抗渗和抗裂要求外，还应满足工程所处环境和工作条件的耐久性要求。为防止地下水对钢筋混凝土的侵蚀，防水混凝土常与其他防水层结合使用，见表 5-1。

（2）卷材防水

防水卷材属柔性防水材料，包括高聚物改性沥青类防水卷材或合成高分子类防水卷材，宜用于经常处在地下水环境，且受侵蚀性介质作用或受振动作用的地下工程。卷材防水层应铺设在混凝土结构的迎水面上，并应铺设在结构底板垫层至墙体防水设防高度的结构基面上。外墙顶部的防水设防高度，应高出室外地坪高程 300mm 以上。

卷材防水层一般有两种施工方法：外防外贴法和外防内贴法。

1）外防外贴法

即在底板垫层上铺设卷材防水层，并在围护结构墙体施工完成后，再将立面卷材（防水层）直接铺贴在围护结构的外墙面，然后采取保护措施的地下室防水施工方法，如图 5-17 所示。

2）外防内贴法

即在底板垫层上先将永久性保护墙全部砌完，再将卷材（防水层）铺贴在永久性保护墙和底板垫层上，待地下室防水层全部做完，最后浇筑围护结构混凝土。这种地下室防水施工方案是在施工环境条件受到限制，难以实施外防外贴法而不得不采用的一种施工方法。

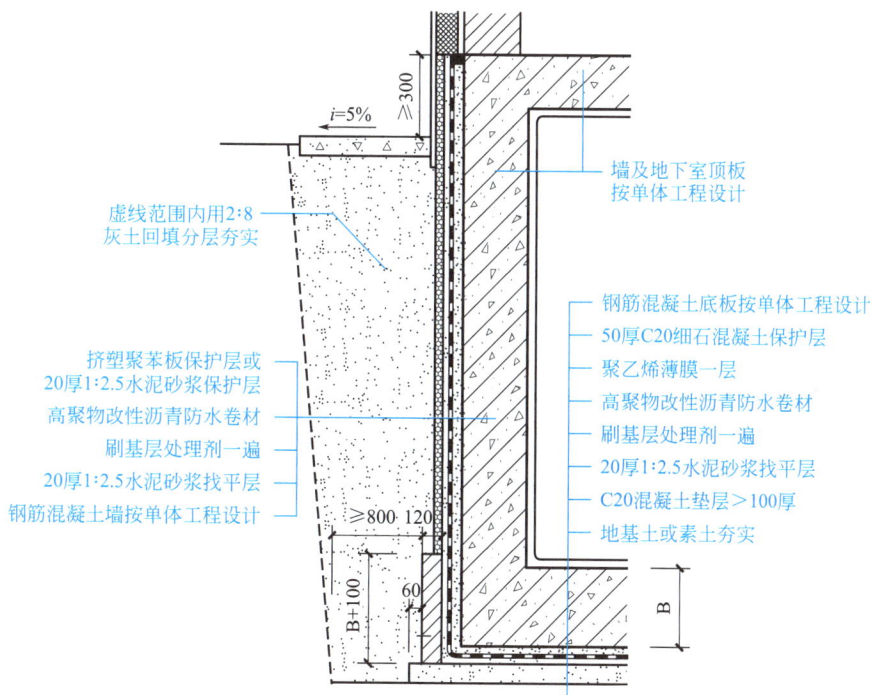

图 5-17　卷材外防水

虚线范围内用2:8灰土回填分层夯实

i=5%

≥300

墙及地下室顶板按单体工程设计

挤塑聚苯板保护层或20厚1:2.5水泥砂浆保护层
高聚物改性沥青防水卷材
刷基层处理剂一遍
20厚1:2.5水泥砂浆找平层
钢筋混凝土墙按单体工程设计

钢筋混凝土底板按单体工程设计
50厚C20细石混凝土保护层
聚乙烯薄膜一层
高聚物改性沥青防水卷材
刷基层处理剂一遍
20厚1:2.5水泥砂浆找平层
C20混凝土垫层>100厚
地基或素土夯实

≥800 120
B+100
60
B

任务实施

组织学生以小组为单位，分组讨论，完成"任务手册"中项目2的任务5，进行自评、小组互评、教师点评，并总结学习内容。

科技创新

上海中心大厦（图5-18），总高为632m，现为中国第一高楼、世界第三高楼，建筑主体为地上127层，地下5层，总建筑面积约为57.8万 m^2。

上海是深厚软土地基，该项工程是世界上第一次在软土地基上建造重达85万t的单体建筑。本工程采用了桩筏基础，为了提高桩基的承载力，技术人员研发出新型成桩工艺体系和控制技术，采用桩底注浆工艺，使桩基极限承载力提高近4倍，造价节省了60%以上。为了减少施工噪声和土体挤压效应给周边环境带来的严重影响，技术人员通过研究，首次在600m以上的超高层建筑中使用了钻孔灌注桩工艺，将钻孔灌注桩打到86m的深度，实现了"全国率先"，钻孔灌注桩技术后续被许多软土地基超高层建筑所采用。

上海中心大厦的建造，是我国综合国力和科技创新的一次集中展示，彰显了我国超高层建造技术国际领先的综合实力，建设者们依靠着自己的智慧、创新、努力和辛劳，完成了许多世界建筑史上"不可能的任务"。我们作为新时代的建设者，要学习他们不畏艰难、坚持不懈的自主创新精神，追求卓越、甘于奉献的工匠精神，把我们的建筑业不断推向新高度。

图 5-18　上海中心大厦

任务6　学习变形缝

学习目标

1. 学习变形缝的概念、类型和作用，能够区分不同类型的变形缝。

2. 学习变形缝的设置原则和构造知识，能够正确分析变形缝的构造并能识读变形缝构造图。

3. 通过变形缝的学习，学生明白做事应提前规划、考虑，防患于未然。处理问题时应有一定弹性，不应墨守成规，刻板做事。

思维导图

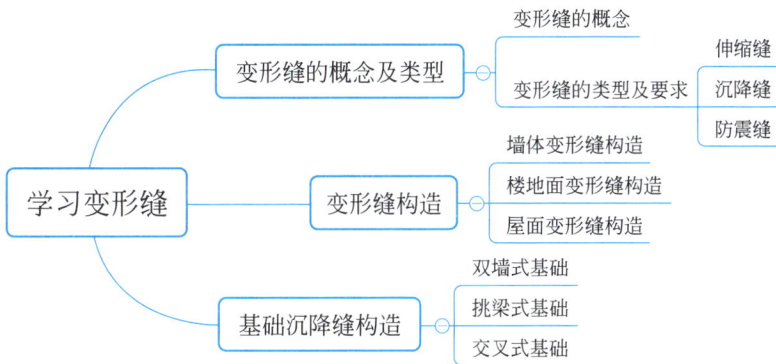

任务导入

请观察图 6-1，思考建筑物墙体上为什么会有缝隙？缝隙有什么作用？建筑物其余部位会有缝隙吗？它有哪些构造要求？

图 6-1　墙体变形缝

6.1 变形缝的概念及类型

6.1.1 变形缝的概念

建筑物在温度变化、地基不均匀沉降及地震等外界因素作用下，常会产生变形，导致开裂甚至破坏，进而影响建筑物的使用和安全。为防止建筑物在外界因素作用下产生变形，导致开裂甚至破坏而人为设置的适当宽度的缝隙称为变形缝，如图 6-2 所示。

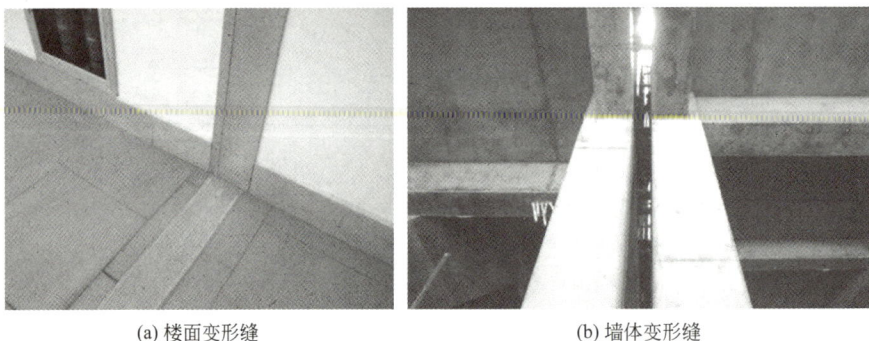

(a) 楼面变形缝   (b) 墙体变形缝

图 6-2 变形缝

6.1.2 变形缝的类型及要求

变形缝包括伸缩缝、沉降缝和防震缝三种。变形缝应根据建筑使用要求合理设置，并应采取防水、防火、保温、隔声等构造措施，各种措施应具有防老化、防腐蚀和防脱落等性能。变形缝要尽量布置在空间分隔处，减少对使用功能的影响。变形缝设置应能保障建筑物在产生位移或变形时不受阻，且不产生破坏。厕所、卫生间、盥洗室和浴室等防水设防区域不应跨越变形缝；配电间及其他严禁有漏水的房间不应跨越变形缝；门不应跨越变形缝设置。

1. 伸缩缝

伸缩缝也叫温度缝，是为防止建筑因温度变化而产生热胀冷缩，使房屋出现裂缝，甚至被破坏，沿建筑物长度方向每隔一定距离而设置的垂直缝隙。

伸缩缝要求把建筑物的墙体、楼板层、屋顶等室外地面以上部分全部断开，基础部分因受温度变化影响较小，不需断开。

伸缩缝的位置和间距与建筑物的材料、建筑物长度、结构类型、使用情况、施工条件及当地温度变化情况有关。伸缩缝宽度一般为 20～40mm，通常采用 30mm，以保证两侧建筑构件能在水平方向自由伸缩。

2. 沉降缝

沉降缝是为防止建筑物各部分由于地基不均匀沉降引起建筑物破坏而设置的垂直缝隙。

沉降缝要求必须将建筑的基础、墙体、楼板层及屋顶等部分全部在垂直方向断开，使各部分形成能自由沉降的独立单元。沉降缝可以兼作伸缩缝，但伸缩缝不可以代替沉降缝。

《建筑地基基础设计规范》GB 50007—2011规定，在满足使用和其他要求的前提下，建筑体型应力求简单。当建筑体型比较复杂时，宜根据其平面形状和高度差异情况，在适当部位用沉降缝将其划分成若干个刚度较好的单元。

沉降缝的宽度与地基情况和建筑物的高度有关，见表6-1。

沉降缝的宽度　　　　　　　　　　　　　　　　表6-1

地基性质	建筑物高度 H 或层数	缝宽(mm)
一般地基	$H<5m$	30
	$H=5\sim10m$	50
	$H=10\sim15m$	70
软弱地基	2～3层	50～80
	4～5层	80～120
	5层以上	≥120
湿陷性黄土地基		≥30～70

3. 防震缝

防震缝是为了防止建筑物各部分在地震时相互撞击引起破坏，按抗震要求而设置的垂直缝隙。

《建筑抗震设计标准（2024年版）》GB/T 50011—2010规定，多层砌体房屋设置防震缝的缝两侧均应设置墙体，缝宽应根据烈度和房屋高度确定，可采用70～100mm。

《建筑抗震设计标准（2024年版）》GB/T 50011—2010规定，钢筋混凝土房屋需要设置防震缝时，应符合下列规定：

（1）框架结构房屋的防震缝宽度，当高度不超过15m时，不应小于100mm；高度超过15m时，抗震设防烈度为6度、7度、8度和9度时，建筑物高度每增加5m、4m、3m和2m，宽度宜加宽20mm。

（2）框架—抗震墙结构房屋的防震缝宽度不应小于第（1）项规定数值的70%，抗震墙结构房屋的防震缝宽度不应小于第（1）项规定数值的50%，且均不宜小于100mm。

（3）防震缝两侧结构类型不同时，宜按需要较宽防震缝的结构类型和较低房屋高度确定缝宽。

一般情况下，设置防震缝时，基础不断开。当防震缝同时兼作伸缩缝和沉降缝时，宽度应符合防震缝的要求。在建筑方案选择时，尽量选用简单、规则的平面及立面形式，对建筑物抗震有利。

6.2 变形缝构造

为保证建筑物的安全与美观，提高建筑物的使用寿命和舒适度，变形缝内一般填充保温材料，外侧加盖变形缝盖板装置，并可根据工程需要加配阻火带和止水带。

变形缝盖板装置主要用于遮盖和装饰建筑变形缝，可以避免灰尘、水汽等杂物的侵入，搭配阻火带、止水带、保温材料等可以起到防火、防水、保温、隔热等作用。变形缝盖板装置可以自由伸展或沉降，防止建筑主体发生开裂和变形等问题。

变形缝盖板装置是由铝合金型材、铝合金板（或不锈钢板、铜板）、金属滑杆及橡胶嵌条等组成的集实用性和装饰性于一体的工业化产品，有多种型号和规格，可以根据工程需要选择。

变形缝内填充的保温材料可选用聚苯乙烯泡沫塑料板（EPS板）、岩棉、矿棉、超细玻璃棉等材料，其燃烧性能应符合现行规范的要求。

阻火带采用硅酸铝耐火纤维及不锈钢衬板加工而成，两侧应与主体结构固定。

1. 墙体变形缝构造

墙体变形缝分外墙变形缝和内墙变形缝。外墙变形缝要求保温、防水和立面美观，常用金属盖板进行盖缝处理，如图6-3所示。内墙变形缝主要应考虑室内环境的装饰协调，一般采用具有一定装饰效果的木条遮盖，也可采用金属板盖缝，但都要注意能适应不同的变形要求，如图6-4、图6-5所示。

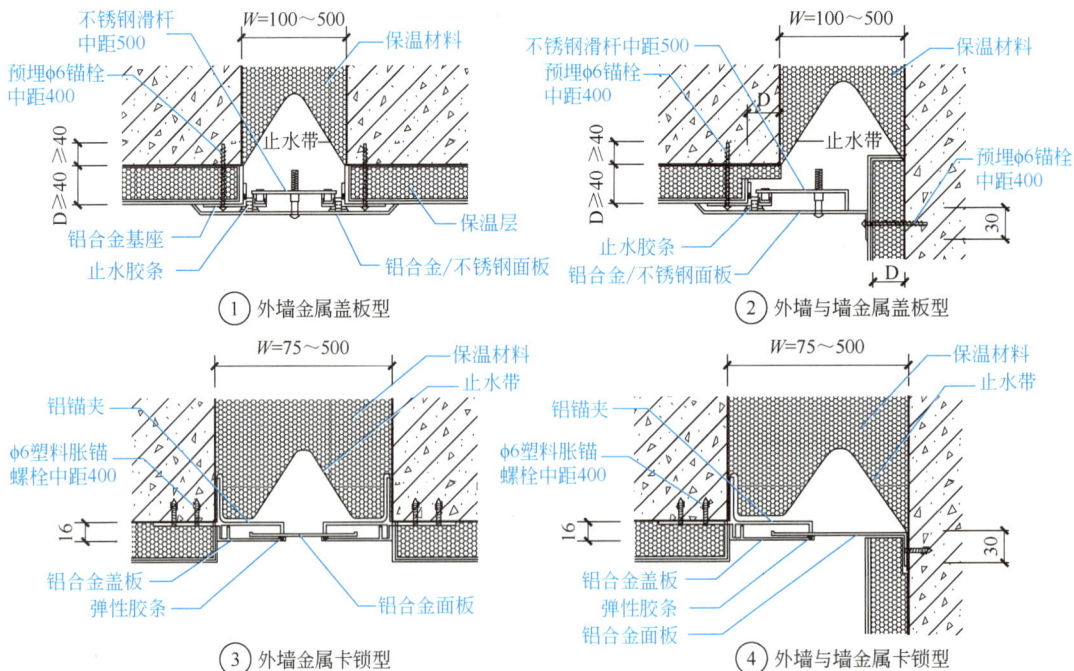

① 外墙金属盖板型

② 外墙与墙金属盖板型

③ 外墙金属卡锁型

④ 外墙与墙金属卡锁型

注：本详图适用于伸缩缝、沉降缝、防震缝。

图6-3 外墙变形缝构造

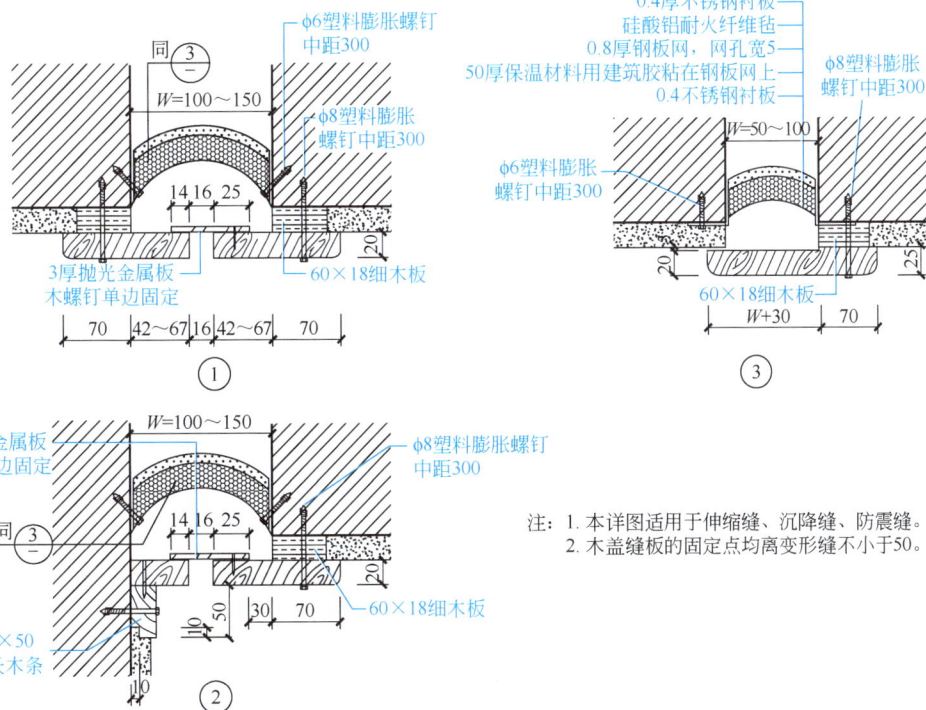

图 6-4　内墙木板变形缝构造

注：1. 本详图适用于伸缩缝、沉降缝、防震缝。
　　2. 木盖缝板的固定点均离变形缝不小于50。

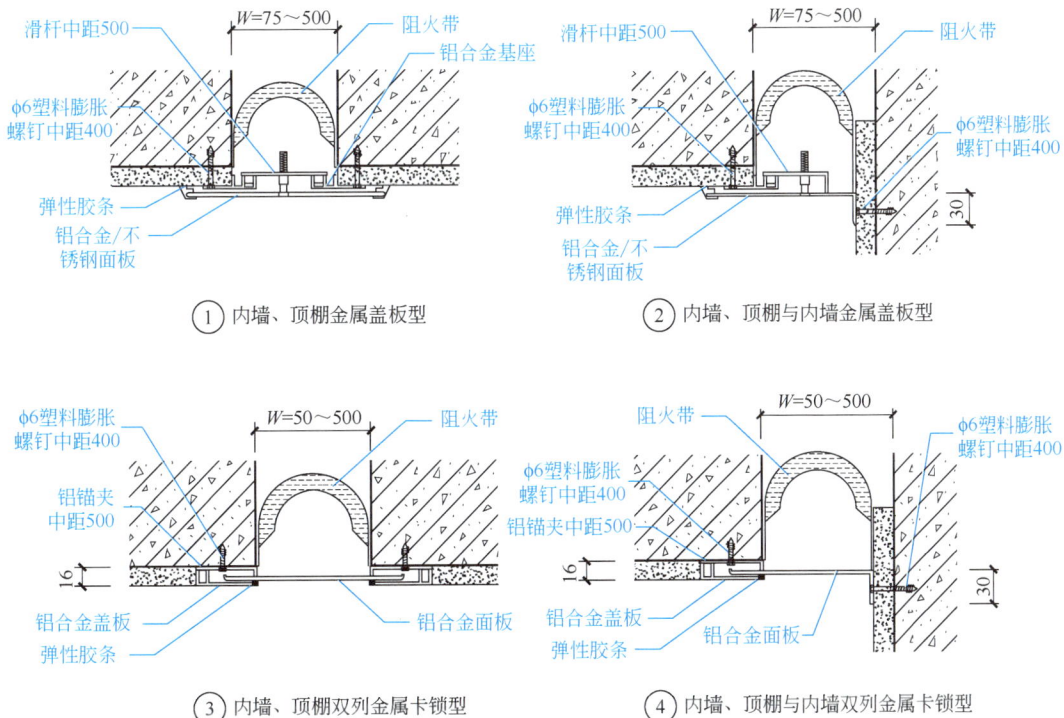

① 内墙、顶棚金属盖板型　　② 内墙、顶棚与内墙金属盖板型

③ 内墙、顶棚双列金属卡锁型　　④ 内墙、顶棚与内墙双列金属卡锁型

图 6-5　内墙、顶棚变形缝构造

2. 楼地面变形缝构造

楼地面变形缝的位置与缝宽应与墙体、屋顶变形缝一致，缝内常用可压缩变形的防火材料（如岩棉、金属等）做封缝处理，上面再铺橡胶、塑料地板、地砖或金属盖板等地面材料，以满足地面平整、光洁、防滑、防水及防尘等功能，如图6-6所示。

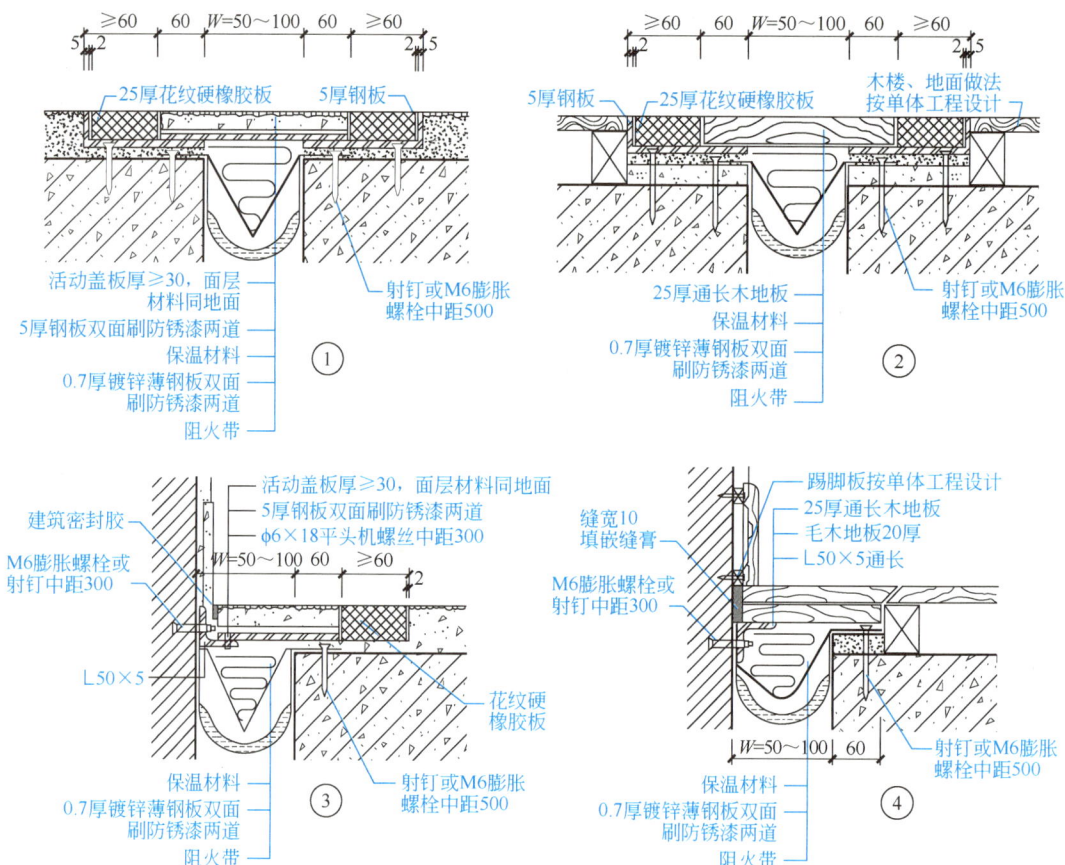

注：本详图适用于伸缩缝、沉降缝、防震缝。

图6-6　楼地面变形缝构造

3. 屋面变形缝构造

屋面变形缝的位置和缝宽与墙体、楼地面的变形缝一致。屋面变形缝一般设在两侧屋面标高相同处或两侧屋面高低错落处。屋面变形缝要注意做好防水和泛水处理，盖缝处应能自由变形而不造成渗漏。

屋面变形缝有高低变形缝和等高变形缝两种。等高变形缝又分为高出屋面等高变形缝和与屋面平齐等高变形缝，如图6-7所示。

屋面变形缝的防水和泛水构造，如图6-8所示。

（1）变形缝的泛水墙高度应防止雨水漫过，一般不小于250mm，泛水处的防水层下应增设附加层，附加层在平面和立面的铺设宽度不应小于250mm，防水层应铺贴至泛水墙的顶部，如图6-8（a）所示。

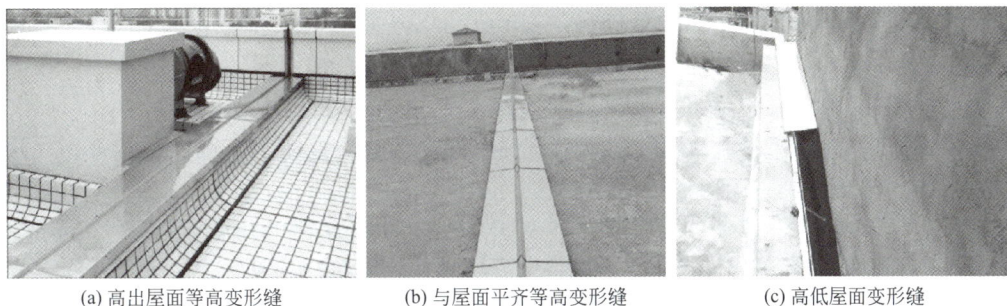

(a) 高出屋面等高变形缝 (b) 与屋面平齐等高变形缝 (c) 高低屋面变形缝

图 6-7 屋面变形缝

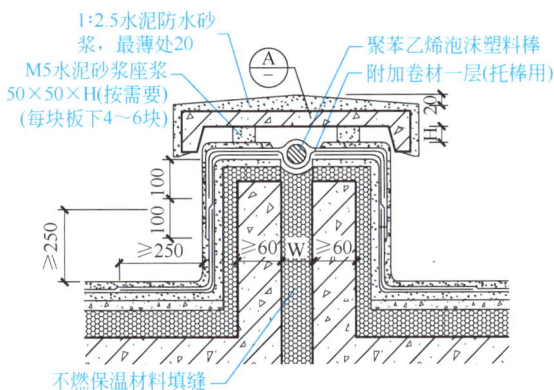

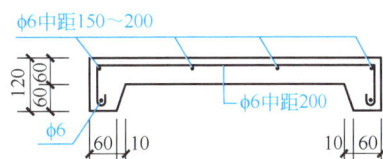

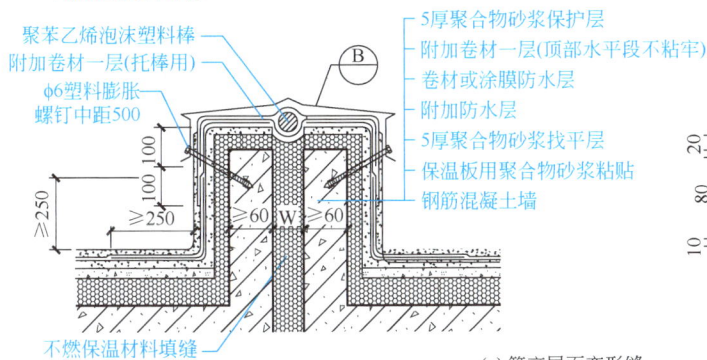

(a) 等高屋面变形缝

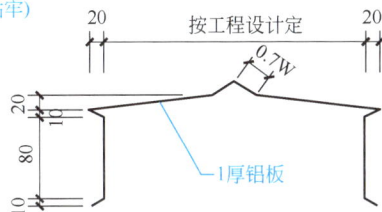

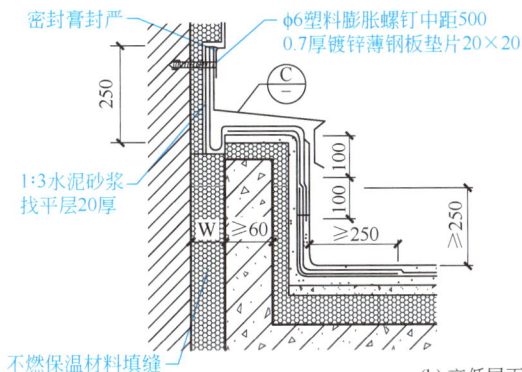

(b) 高低屋面变形缝

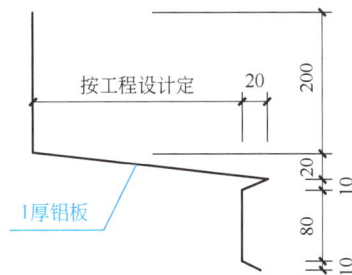

图 6-8 屋面变形缝构造

（2）变形缝内应预填不燃保温材料，在其上覆盖一层卷材，上放圆形的 PVC 或聚苯乙烯泡沫塑料棒作衬垫材料，再在其上干铺一层卷材封盖，如图 6-8（a）所示。

（3）等高变形缝顶部宜加扣混凝土或金属盖板，如图 6-8（a）所示。

（4）高低跨变形缝的附加层和防水层在高跨墙上的收头应固定牢固、密封严密，再在上部用固定牢固的金属盖板保护，如图 6-8（b）所示。

6.3 基础沉降缝构造

沉降缝的基础必须断开，并应避免因不均匀沉降引起的相互影响。其构造处理方案有双墙式基础、挑梁式基础、交叉式基础。

1. 双墙式基础

双墙偏心基础是将双墙下的基础大放脚断开留缝。这种做法施工简单、造价低，但是容易出现两墙之间间距较大或基础偏心受压的情况，有可能向中间倾斜，因此适用于基础荷载较小的建筑，如图 6-9 所示。

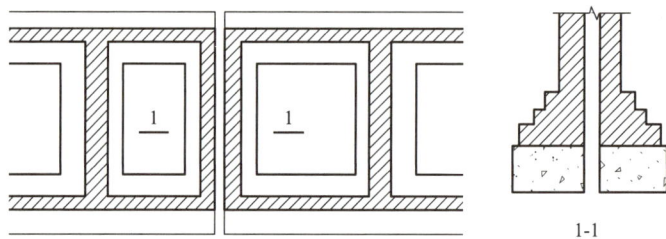

图 6-9　双墙式基础沉降缝

2. 挑梁式基础

当沉降缝两侧基础埋深相差较大或新建建筑与原有建筑相毗连时，可以采用挑梁式基础。将沉降缝一侧的墙和基础按一般构造做法处理，而另一侧采用挑梁支撑基础梁，基础梁上支撑轻质墙的做法，如图 6-10 所示。

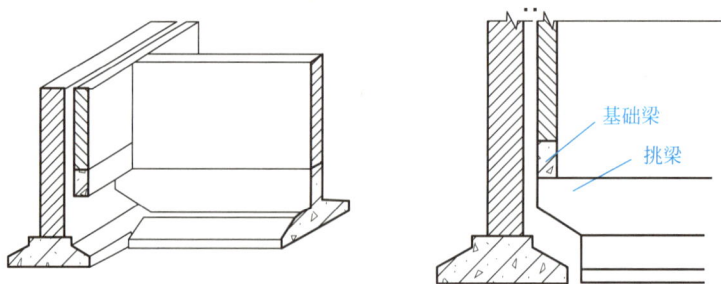

图 6-10　挑梁式基础沉降缝

3. 交叉式基础

交叉式基础是将沉降缝两侧的基础做成墙下独立基础交叉设置，在各自的基础上设置基础梁以支撑墙体，如图 6-11 所示。这种做法受力明确、效果较好，但施工难度大，造价偏高。

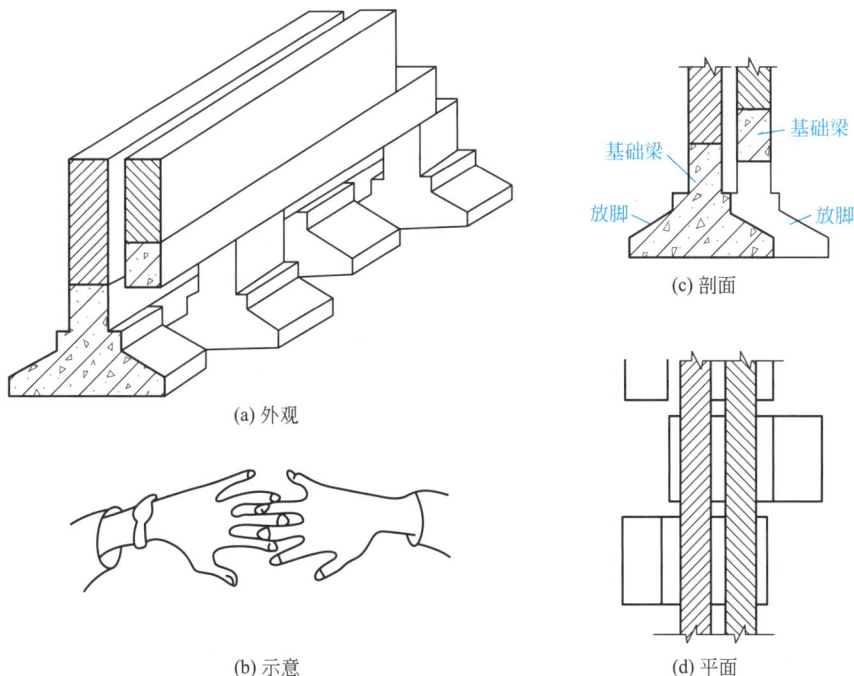

(a) 外观

(c) 剖面

(b) 示意

(d) 平面

图 6-11　交叉式基础沉降缝

任务实施

组织学生以小组为单位，分组讨论，完成"任务手册"中项目 2 的任务 6，进行自评、小组互评、教师点评，并总结学习内容。

技术攻关

随着我国经济的迅速发展，人民生活水平不断提高，同时对居住环境和住房质量也提出了新的要求。

建筑变形缝能够保证建筑的安全，但是变形缝处的施工是个难点。威海某建设公司承接的南海某工程，高层主体结构为框架—剪力墙结构，变形缝宽度为 100mm。变形缝两侧剪力墙的质量控制一直是一个难点，普遍无法保证剪力墙的构件尺寸、平整度、垂直度、混凝土密实度以及观感质量。变形缝处模板支设难度较大，拆除模板难度更大，易造成模板遗留在变形缝内。变形缝两侧混凝土不仅要同时浇筑，而且还要保证变形缝的伸缩功能和抗震功能，如图 6-12 所示。

针对以上问题，公司技术小组不惧困难、群策群力、顽强拼搏、锲而不舍地反复讨论、实践、改进、提高、优化，终于克服了变形缝两侧剪力墙模板整体同时支设的施工难点，变形缝处剪力墙表面光洁、无蜂窝、无麻面，经综合评定，感观完全达到了结构优良标准，实现了预定目标。

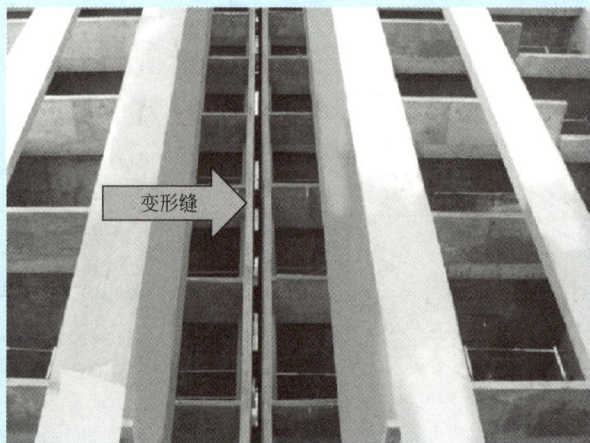

图 6-12　变形缝混凝土成型效果

　　建筑工程复杂多样，施工中会遇到很多技术难题，只要心系人民、心系工程质量、齐心协力、勇于担当、开拓创新，一定能攻克技术难题，保证工程质量，为人民创造幸福美满的生活。

项目 3

识读建筑施工图

任务7 识读建筑施工图首页图

思维导图

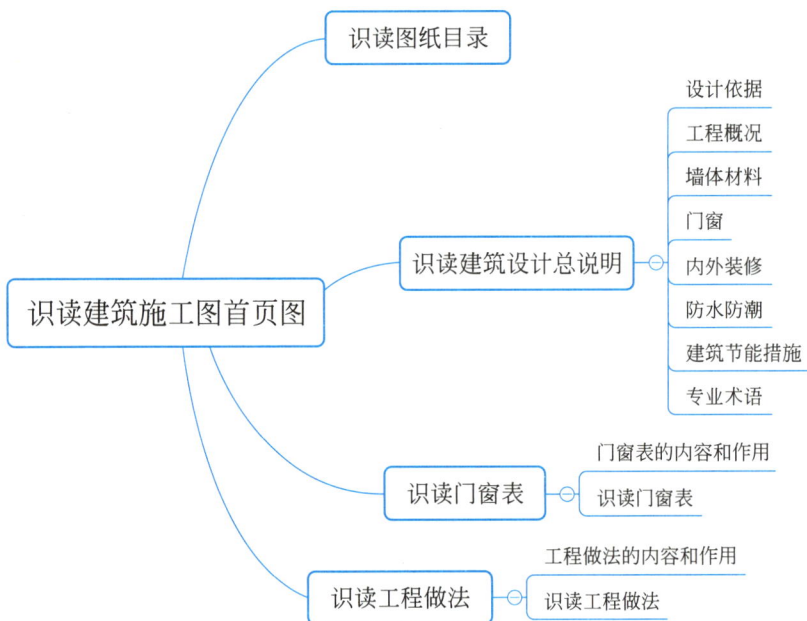

任务导入

图纸是工程界的语言，是通过各种图例、符号、线型等来表达设计人员的构思和意图的。那么图例、符号、线型等表达不清楚的构思和意图以及图纸中通用的内容，该如何表达清楚？一套施工图往往有几十张之多，如何方便查阅？这就是我们要学习的识读建筑施工图首页图。

知识准备

施工图首页图一般包括图纸目录、建筑设计总说明、门窗统计表、工程做法表等。

7.1 识读图纸目录

图纸目录在一套图纸的最前面，一般以表格的形式列出图纸的序号、图号、图纸名称、图幅、备注等项目，以方便查阅图纸。表 7-1 为××学校实训楼的建筑施工图目录。

××学校实训楼建筑图纸目录 表 7-1

××建筑设计有限公司				
建筑图纸资料目录		××学校实训楼	设计编号	
			专业 建筑	
			共 1 页 第 1 页	
			日期：	
序号	图号	名称	规格	备注
1	JS-01	总平面图	A2	
2	JS-02	建筑设计总说明	A2+1/2	
3	JS-03	门窗表 门窗详图 工程做法	A2	
4	JS-04	一层平面图	A2+1/2	
5	JS-05	二～五层平面图	A2+1/2	
6	JS-06	六层平面图	A2+1/2	
7	JS-07	屋顶平面图	A2+1/2	
8	JS-08	南立面图	A2+1/2	
9	JS-09	北立面图	A2+1/2	
10	JS-10	东立面图 西立面图	A2+1/2	
11	JS-11	1-1 剖面图	A2	
12	JS-12	楼梯详图	A2+1/4	
13	JS-13	墙身大样一 墙身大样二	A2	
14	JS-14	墙身大样三 墙身大样四	A2	

7.2 识读建筑设计总说明

建筑设计总说明是施工图的必要补充，主要是对图纸中未表达清楚和通用的内容用文字的形式加以详细说明，通常包括设计依据、工程概况、墙体材料、门窗、内外装修、防水防潮、节能措施及其他需要说明的事项。以任务手册××学校实训楼 JS-02 建筑设计总说明为例进行识读。

7.2.1 设计依据

由任务手册××学校实训楼 JS-02 知：本工程的设计依据主要有：（1）甲方提供的设计合同，工程资料和设计任务书；（2）政府相关部门的批文；（3）建筑标准图集和国家建筑规范。

7.2.2 工程概况

由任务手册××学校实训楼 JS-02 知：本工程的建设单位为××学校；项目名称为实训楼；建设地点在××市××路；主要用于教学和办公；基底面积 1172.80m²；建筑面积 6872.57m²；建筑高度 23.05m，地上六层，局部五层；框架结构；建筑工程等级二级；耐火等级二级；设计使用年限 50 年；抗震设防烈度为七度；相对标高起算点 66.35m。

7.2.3 墙体材料

本工程除特殊注明外，砌筑墙体以±0.000 为分界。

1. ±0.000 以下的墙体防水防潮要求较高，内外墙均为 240mm 厚烧结普通页岩砖。

2. ±0.000 以上的外墙采用 250mm 厚加气混凝土墙，墙与柱外皮平，外加 50mm 厚阻燃型聚苯保温板。

3. ±0.000 以上的内墙为 200mm 厚加气混凝土墙，轴线居中。

7.2.4 门窗

门窗是建筑工程一项不可或缺的项目。一般由甲方指定生产厂商和具体规格型号。

由任务手册××学校实训楼 JS-02 知：本工程的内外门窗均居墙中，净片玻璃门窗由甲方选厂制作安装。门窗立面分格尺寸为洞口尺寸，制作时要减去安装尺寸。

本工程说明中对各处玻璃和门的种类及参数指标都作了具体的规定。对于防火门重点指明相应的耐火极限。

7.2.5 内外装修

设计说明中对建筑物重点部位的装修做法和选用图集情况都做了具体规定。

外装修主要涉及外墙面。由任务手册××学校实训楼 JS-02 知：外墙面有面砖和涂料两种做法，都选自《工程做法》12J1 图集。规格及颜色见立面图。涉及明露金属构件的部位需要刷油漆。

内装修包括内墙面、楼梯栏杆扶手和卫生间等特殊部位的处理。由任务手册××学校实训楼 JS-02 知：本工程楼梯的栏杆扶手、踏步防滑条均选自《楼梯》12J8 图集的标准详图。为了墙体防潮，本工程所有卫生间、厕所、水箱间（除门洞外）楼板四周做高 120mm

的混凝土翻边，宽度同墙厚。

7.2.6　防水防潮

《建筑与市政工程防水通用规范》GB 55030—2022 中规定，平屋面的防水等级分三级，见表 7-2。

平屋面工程的防水等级
表 7-2

防水等级	防水做法	防水层	
		防水卷材	防水涂料
一级	不应少于 3 道	卷材防水层不应少于 1 道	
二级	不应少于 2 道	卷材防水层不应少于 1 道	
三级	不应少于 1 道	任选	

注：一道指具有单独防水能力的一道防水层次。

本工程屋面防水等级为一级，需 3 道改性沥青防水卷材。防水做法见《工程做法》12J1 图集"屋 105"，屋面保温为 80mm 厚阻燃挤塑聚苯板。

卫生间、厕所、浴室房间楼地面比其他房间楼地面低 20mm，地面向地漏设 0.5％的排水坡，地漏 1m 范围内找坡 1％，防水层为聚氨酯防水涂膜，墙身防潮层为聚氨酯防水涂膜。

7.2.7　建筑节能措施

能源是全球共同关注的焦点，是人类赖以生存和发展的基础。节约能源是全社会的共同责任。建筑节能对实现节能减排，贯彻可持续发展战略，实现人与自然和谐发展具有重要意义。

建筑节能是指在建筑材料生产、房屋建筑和构筑物施工及使用过程中，满足同等需要或达到相同目的的条件下，尽可能降低能耗。

随着科技的进步，建筑节能手段越来越先进。建筑节能技术有：墙体和屋面的保温、隔热技术；节能门窗的保温隔热和密闭技术等。

由任务手册××学校实训楼 JS-02 知：本工程外墙保温采用 50mm 厚阻燃挤塑聚苯板，250mm 厚加气混凝土砌块墙；屋面为 80mm 厚阻燃挤塑聚苯板。主入口玻璃幕墙采用低辐射玻璃，所有外门窗均采用隔热铝合金中空玻璃，气密性、水密性均达到国家标准。

7.2.8　专业术语

1. 基底面积：指建筑物接触地面的自然层建筑外墙或结构外围水平投影面积。

2. 建筑面积：指建筑每个自然层楼（地）面处外围护结构外表面所围空间的水平投影面积之和。

3. 地震烈度：指地震时某一地区的地面和各类建筑物遭受地震影响的强弱程度。

4. 抗震烈度：指建筑物在抗震设计时设定的可以承受的地震烈度。

5. 抗震设防烈度：按国家规定的权限批准作为一个地区抗震设防的地震烈度。

6. 建筑物体形系数：建筑物与室外大气接触的外表面积与其所包围的体积的比值。

7.3 识读门窗表

7.3.1 门窗表的内容和作用

门窗表是对建筑物所有门窗统计后列出的表格，以备施工、预算需要。门窗表主要反映门窗的类型、编号、数量、尺寸、所选标准图集，如有特殊要求，应在备注中加以说明。

7.3.2 识读门窗表

以任务手册××学校实训楼 JS-03 门窗表、门窗详图、工程做法为例进行识读。

识读门窗表要结合建筑设计总说明及《12J 系列建筑标准设计图集》中关于门窗的说明条款。门窗表见表 7-3。

门窗统计表　　　　　　　　　　表 7-3

类别	门窗编号	洞口尺寸(mm) 宽	高	一层	二层	三层	四层	五层	六层	屋顶	总计	门窗选用图集	备注
门	FHM-1	1200	1800	2	2	2	2	2	2	1	13	12J4-2-13 MFM07-1218	丙级防火门　由甲方向厂家统一订购
	FHM-2	1500	2100	—	—	—	—	—	—	1	1	12J4-2-13 MFM07-1219	甲级防火门　由甲方向厂家统一订购
	M-1	11900	3050	1	—	—	—	—	—	—	1		由甲方向厂家统一订购
	M-2	1000	2400	19	19	7	19	19	11	—	93	12J4-1-78 PM-1024	
	M-3	1000	2000	1	—	—	—	—	—	—	1	12J4-1-78 PM-1021	
	M-4	1500	2100	1	2	8	2	2	3	3	21	12J4-2-3 MFM01-1521	甲级防火门
	M-5	1200	2100	2	2	2	2	2		—	10	12J4-1-78 PM-1221	
	M-6	2500	2900	1	1	1	1	1	1		6	12J4-2-4 参 MFM01-2430	甲级防火门
	M-7	2500	2100	1	—	—	—	—	—	—	1	12J4-1-4 参 S80-PM-2421	

续表

类别	门窗编号	洞口尺寸（mm）		数量								门窗选用图集	备注
		宽	高	一层	二层	三层	四层	五层	六层	屋顶	总计		
窗	C-1	1800	2000	2	1	1	1	1	1	—	7	见详图	
	C-2	2400	2000	31	30	30	30	30	29	—	180	见详图	
	C-3	1500	2000	2	2	2	2	2	2	3	15	见详图	
	C-4	2400	1200	13	10	9	10	10	6	—	58	12J4-1-21 TC2-2112	
	C-5	1000	1500	—	1	1	1	1	1	1	6	12J4-1-21 TC2-1215	
	C-6	2400	1800	—	1	1	1	1	1	—	5	见详图	
	MQ-1	1500	16400			1					1		玻璃幕墙 由甲方向厂家统一订购
	MQ-2	2400	16400			1				—	1		
	MQ-3	11900	17150			1				—	1		

注：可开启的外窗均加纱扇；管道井的防火门下做 200mm 高砖门槛。

注：标准图选自《常用门窗》12J4-1，《专用门窗》12J4-2，门窗材质为隔热铝合金。

本工程中 FHM-1 和 FHM-2 为防火门。例如 FHM-1 参见图集 "12J4-2-13 MFM07-1218" 代表标准图集《专用门窗》12J4-2 第 13 页编号为 MFM07-1218 的详图，此门为管道井木质防火门。其余门编号从 M-1 至 M-7，共 7 种不同的尺寸规格。M-1 为甲方定制，M-4 是木质防火门，其他均为平开门。

本工程中包含 6 种窗户，分别为 C-1 至 C-6，其中 C-1、C-2、C-3、C-6 见本页图纸的详图。C-4 和 C-5 为标准图集《常用门窗》12J4-1 第 21 页编号为 TC2-2112 和 TC2-1225 的推拉窗详图。

7.4 识读工程做法

7.4.1 工程做法的内容和作用

工程做法一般以表格的形式对建筑各部位的构造、做法、层次、选材等加以详细地说明，若采用标准图集中的做法，应注明所采用标准图集的代号、做法编号等，是现场施工和备料、监理、决算的重要技术文件。

7.4.2　识读工程做法

以任务手册××学校实训楼 JS-03 门窗表、门窗详图、工程做法为例进行识读。

识读工程做法表也需要结合建筑设计说明及《12J 系列建筑标准设计图集》中的相关的说明条款。本工程的内装修工程做法见表 7-4。

内装修工程做法　　　　　　　　　　　　　　　　　　表 7-4

做法　部位 房间名称	地面	楼面	踢脚	内墙面	顶棚	备注
办公室 实训教室 走廊　楼梯间	地 201	楼 201	踢 3C （高 150）	白色涂料 内墙 1C 涂 304	棚 2A	地垫层厚 60mm 改为 40mm
厕所	地 201F	楼 201F	—	白色面砖 内墙 6C 涂 304	白色涂料 棚 13	—
电梯机房	—	楼 101	踢 1C （高 150）	白色涂料 内墙 1C 涂 304	白色涂料 顶 6 涂 305	—
水箱间	—	楼 101F	踢 1C （高 150）	白色涂料 内墙 1C 涂 304	白色涂料 顶 6 涂 305	—
管道井	地 101	楼 101	—	内墙 1C 涂 304	无面层 顶 6	—

本工程的工程做法选自《工程做法》12J1，装修的部位包括地面、楼面、踢脚、内墙面和顶棚。

任务实施

组织学生以小组为单位，分组讨论，完成"任务手册"中项目 3 的任务 7，进行自评、小组互评、教师点评，并总结学习内容。

任务8　识读建筑总平面图

学习目标

1. 学习总平面图的形成、作用、内容，能够理解并描述。
2. 学习总平面图的常用图例、比例、尺寸、标高、指北针等，能够正确识读。
3. 学习总平面图的识读方法，能够正确识读总平面图新建建筑物的定位、平面形状、场地地形、地貌等。
4. 在我国土地是非常宝贵的资源，合理利用土地、不浪费土地资源是我们义不容辞的责任。我们应遵守国家规范，尊重自然现状，依地势合理规划设计，提高土地利用率，减少浪费。

思维导图

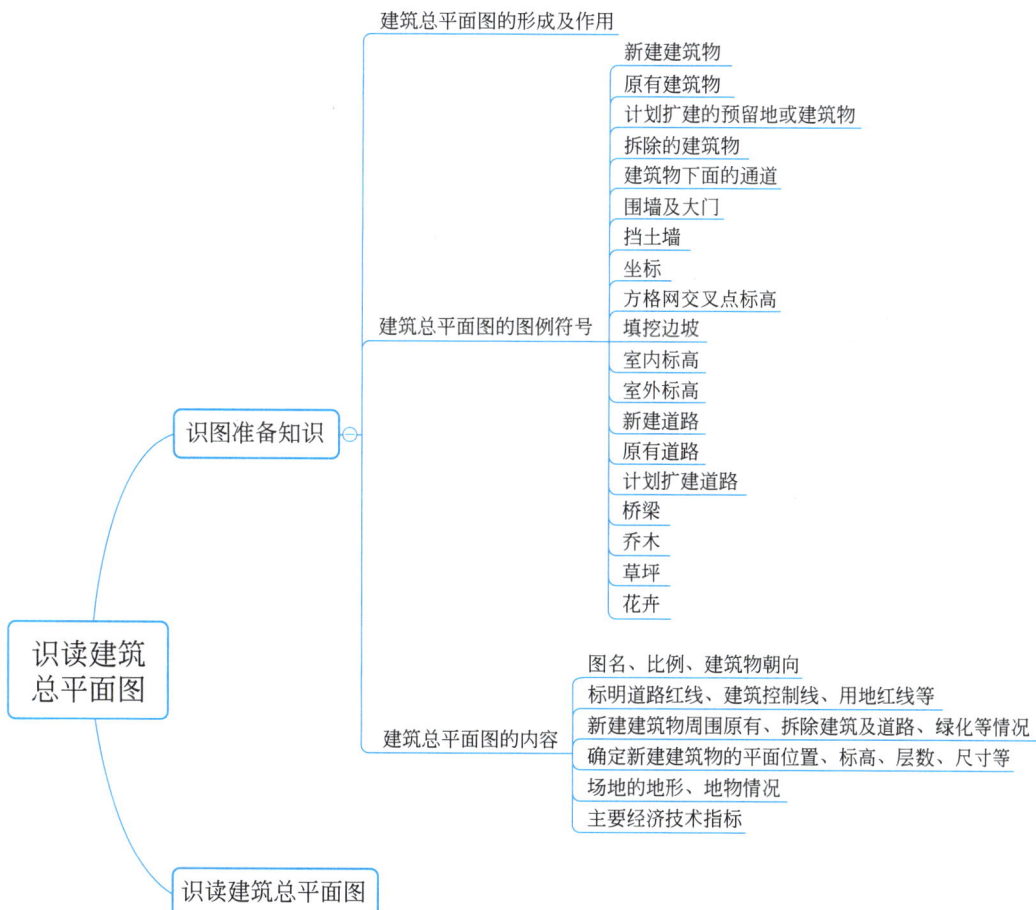

任务导入

观察如图 8-1 所示的建筑总平面效果图，请思考建筑总平面图是如何形成的？有什么作用？表达了哪些内容？如何识读？

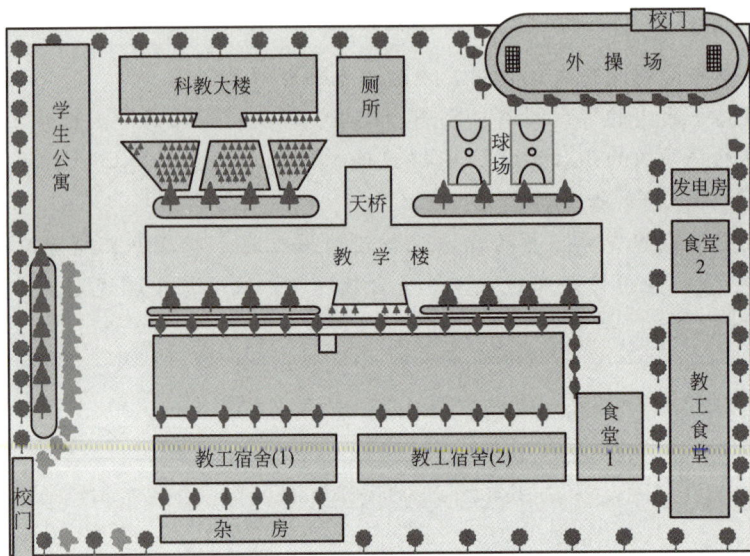

图 8-1   ××学校总平面效果图

知识准备

8.1   识图准备知识

8.1.1   建筑总平面图的形成及作用

8-1

识读建筑总平面图

将新建工程四周一定范围内的新建、拟建、原有和拆除的建筑物、构筑物连同其周围的地形、地物状况用水平投影方法和相应的图例所画出的工程图样，即为总平面图。主要表达新建建筑物的平面形状、所在位置、朝向和原有建筑物及周围地形、地物的关系，是新建建筑物施工定位、放线、土方施工及施工总平面布置的依据。

8.1.2   建筑总平面图的图例符号

总平面图的图例采用《总图制图标准》GB/T 50103—2010 规定的图例。常用的总图图例见表 8-1。

总平面图常用图例　　　　　　　　　　　表 8-1

序号	名称	图例	备注
1	新建建筑物	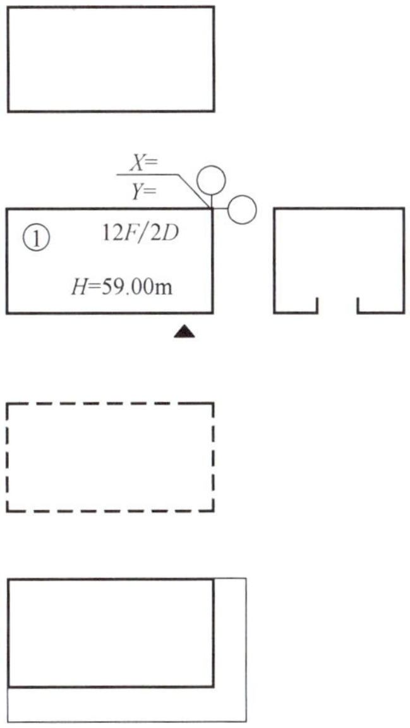 ① 12F/2D H=59.00m	1. 新建建筑物以粗实线表示与室外地坪相接处±0.000 外墙定位轮廓线； 2. 建筑物一般以±0.000 高度处的外墙定位轴线交叉点坐标定位。轴线用细实线表示，并标明轴线号； 3. 根据不同设计阶段标注建筑编号，地上、地下层数，建筑高度，建筑出入口位置(两种表示方法均可，但同一图纸采用一种表示方法)； 4. 地下建筑物以粗虚线表示其轮廓； 5. 建筑上部(±0.000 以上)外挑建筑用细实线表示； 6. 建筑物上部连廊用细虚线表示并标注位置
2	原有建筑物		用细实线表示
3	计划扩建的预留地或建筑物		用中粗虚线表示
4	拆除的建筑物	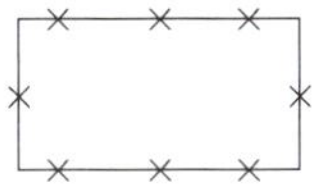	用细实线表示
5	建筑物下面的通道	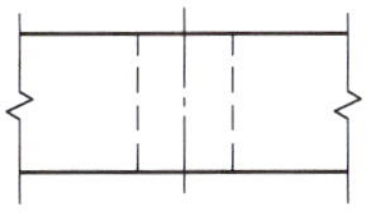	—
6	围墙及大门		—
7	挡土墙	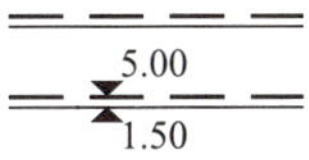 5.00 / 1.50	根据不同设计阶段的需要标注 墙顶标高／墙底标高
8	坐标	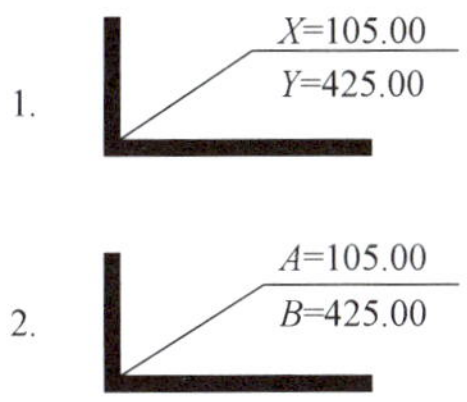 1. X=105.00 Y=425.00　2. A=105.00 B=425.00	1. 表示地形测量坐标系； 2. 表示自设坐标系。 坐标数字平行于建筑标注

续表

序号	名称	图例	备注
9	方格网交叉点标高	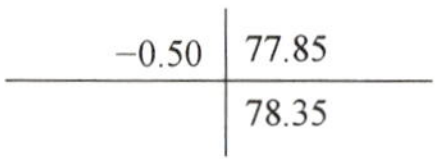 −0.50　77.85 78.35	"78.35"为原地面标高； "77.85"为设计标高； "−0.50"为施工高度； "−"表示挖方（"+"表示填方）
10	填挖边坡	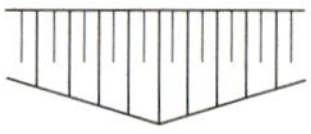	—
11	室内标高	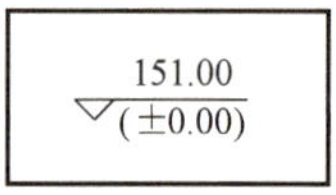 151.00 ▽ (±0.00)	数字平行于建筑物书写
12	室外标高	 ▼ 143.00	室外标高也可采用等高线
13	新建道路	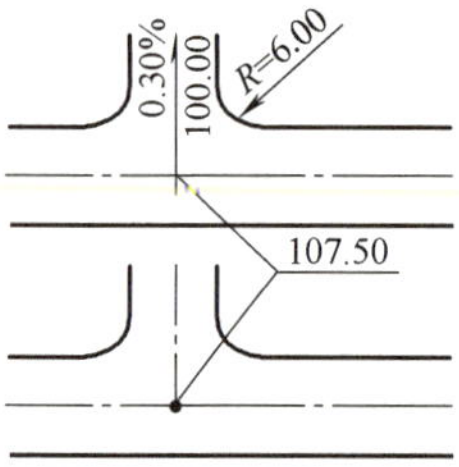 0.30%　100.00　R=6.00 107.50	"R=6.00"表示道路转弯半径；"107.50"为路面中心线设计标高,两种表示方式均可,同一张图纸上采用一种方式表示；"100.00"表示变坡点间距离；"0.30%"表示道路的坡度；"➤"表示坡向
14	原有道路		—
15	计划扩建道路		—
16	桥梁	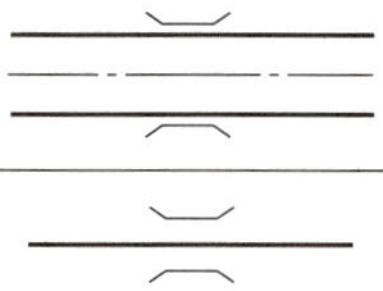	上图为公路桥,下图为铁路桥。 用于旱桥时应注明
17	常绿针叶乔木	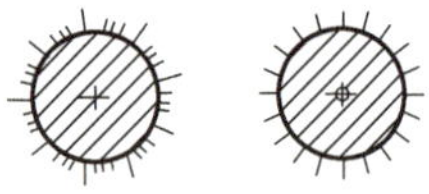	—
18	落叶针叶乔木	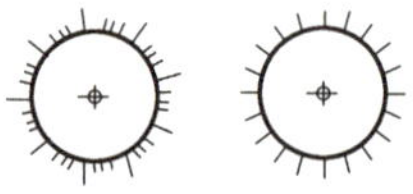	—
19	常绿阔叶乔木	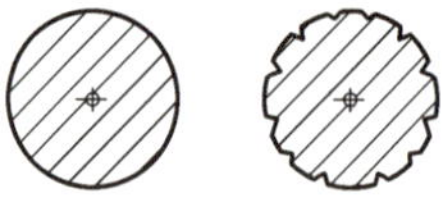	—
20	落叶阔叶乔木		—

续表

序号	名称	图例	备注
21	草坪	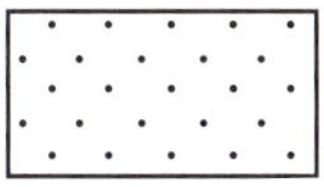 1. 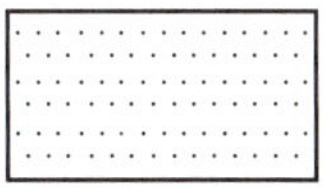 ［图例］ 2. ［图例］ 3. ［图例］ 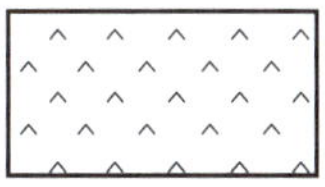	1. 草坪； 2. 自然草坪； 3. 人工草坪
22	花卉	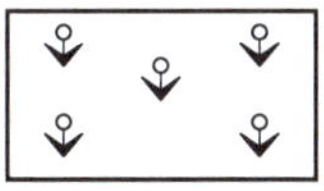 ［图例］	—

8.1.3 建筑总平面图的内容

1. 图名、比例、建筑物朝向

总平面图常采用 1∶500、1∶1000、1∶2000 等小比例绘制。

总平面图常采用指北针或风向频率玫瑰图来表示建筑物、构筑物的朝向和该地区的常年风向频率及风速。

2. 标明道路红线、建筑控制线、用地红线等（图 8-2）

道路红线：规划的城市道路（含居住区道路）用地的边界线。

建筑控制线（也称建筑红线）：规划行政主管部门在道路红线、建设用地边界内，另行划定的地面以上建（构）筑物主体不得超出的界线。

用地红线（也称用地范围线）：各类建设工程项目用地使用权属范围的边界线。

3. 新建建筑物周围原有、拆除建筑及道路、绿化等情况

总平面图中常以《总图制图标准》GB/T 50103—2010 规定的图例表示新建建筑物、原有建筑物、道路、绿化、围墙等，见表 8-1。

4. 确定新建建筑物的平面位置、标高、层数、尺寸等

（1）新建建筑物的定位

新建建筑物定位一般有三种方式：

一是根据原有建筑物或道路确定新建建筑物的位置；

二是利用测量坐标确定新建建筑物的位置；

三是利用施工坐标确定新建建筑物的位置。

测量坐标和施工坐标以细实线的网格表示，一般为 100m×100m 或 50m×50m 的方格网。测量坐标网绘制成交叉十字线，坐标代号一般为"X、Y"，X 为南北方向，Y 为东西方向。施工坐标网绘制成网格通线，坐标代号一般为"A、B"，A 为南北方向，B 为东西方向，选适当位置作坐标原点，如图 8-3 所示。

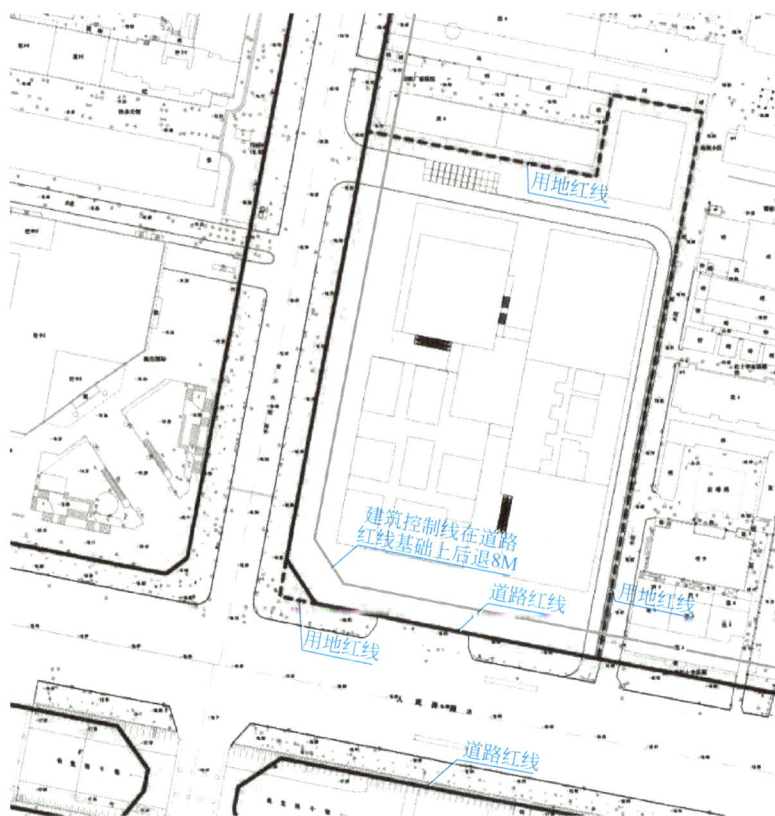

图 8-2 道路红线、建筑控制线、用地红线

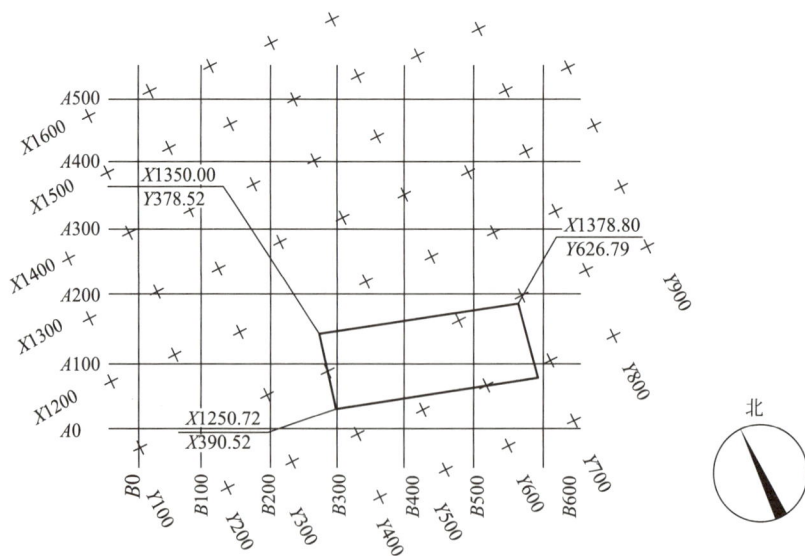

图 8-3 测量坐标网与施工坐标网

（2）注明新建建筑物室外地坪、首层室内地坪、道路的绝对标高

由此了解场地地形高低情况，土方填挖情况以及场地的排水方向等。

（3）注明新建建筑物的层数、长宽尺寸、建筑高度等

底层或多层建筑的层数一般用小黑点或数字表示，有几个小黑点就是几层；高层建筑可以用数字或数字加字母表示，如 2F。建筑高度用"H"表示，如图 8-4 所示。

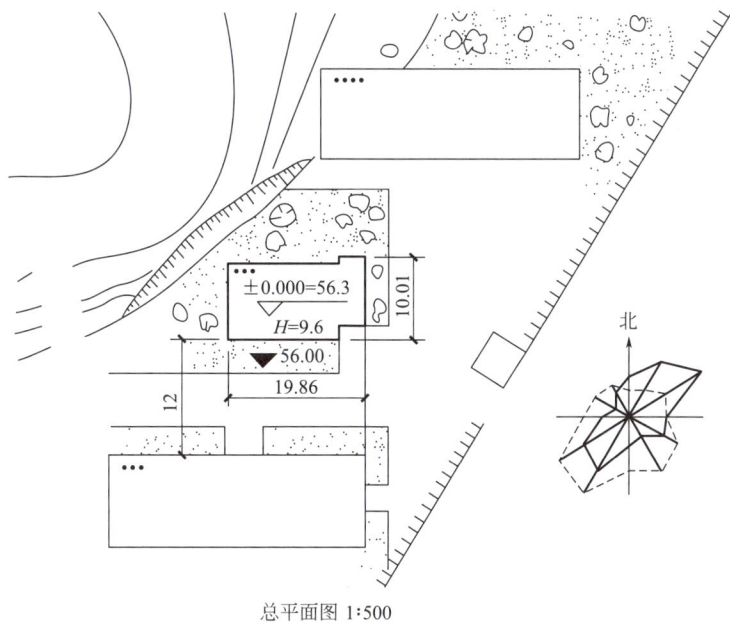

总平面图 1:500

图 8-4　建筑总平面图

《民用建筑通用规范》GB 55031—2022 中规定：平屋顶建筑高度应按室外设计地坪至建筑女儿墙顶点的高度计算，无女儿墙的建筑应按至其屋面檐口顶点的高度计算；坡屋顶建筑应分别计算檐口及屋脊高度，檐口高度应按室外设计地坪至屋面檐口或坡屋面最低点的高度计算，屋脊高度应按室外设计地坪至屋脊的高度计算。

5. 场地的地形、地物情况

建筑总平面图中常用等高线表示场地的地形高低起伏情况。等高线是一组高程相等的封闭曲线。等高线上标注的数字是绝对标高，单位为"m"，如图 8-5 所示。

6. 主要经济技术指标

主要经济技术指标一般包含建筑密度、容积率、绿地率和车位配比率等，以此了解场地的绿化和布置情况。

建筑密度：指项目用地范围内所有建筑的基底总面积与用地面积之比（％），它可以反映出一定用地范围内的空地率和建筑密集程度。

容积率：指用地范围内地面以上各类建筑的建筑面积总和与用地面积的比值（％）。容积率越小，居住密度越小，相对舒服，容积率越大则相反。

绿地率：指用地范围内各类绿地面积总和与用地面积的比值（％）。

车位配比率：指单位住宅小区内小区住宅总套数与设计布置停车位总数的比值。

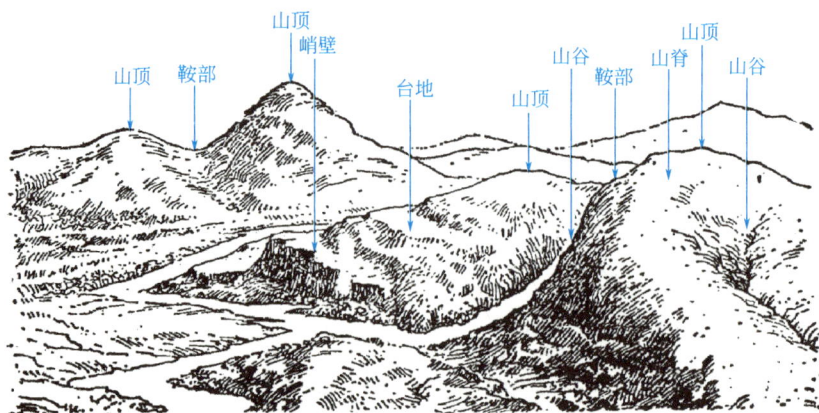

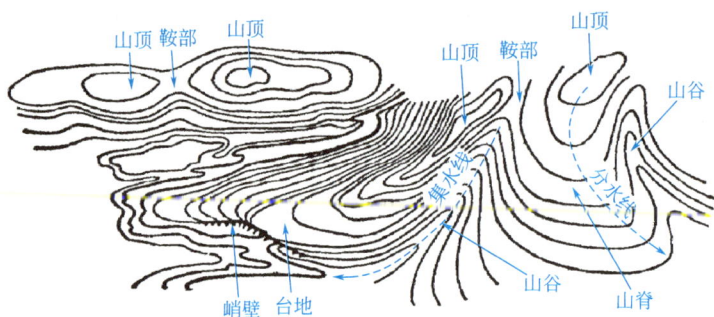

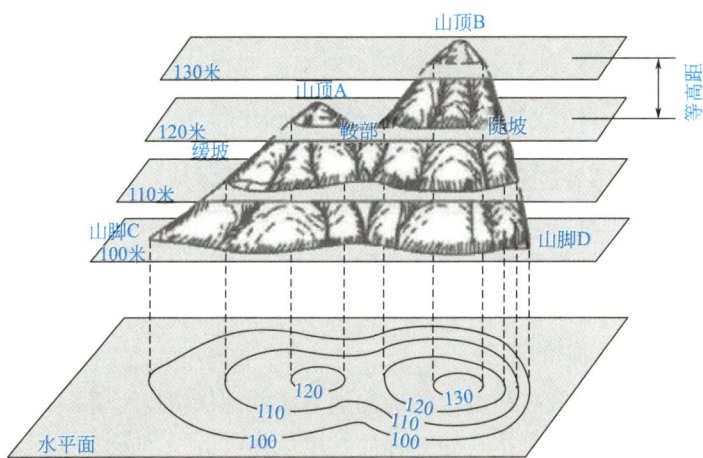

图 8-5　等高线

8.2　识读建筑总平面图

以任务手册××学校实训楼 JS-01 总平面图为例，说明总平面图的识读方法。

1. 看图名、比例、设计说明

该图图名为总平面图，比例 1∶1000，尺寸以"m"为单位。

2. 了解朝向及风向

由该图右上角的风向频率玫瑰图知，此图朝向为上北下南，左西右东。学校主大门方向朝南。该地区全年主导风向为东南风，夏季风向也以东南风为主。

3. 了解用地范围、地形地貌及周围环境情况

由图知，新建建筑物周围地形用标高表示，整个地形南低北高。新建建筑物西侧和南侧临街，北侧为原有建筑物，东侧为学校大门及广场。

4. 识读新建建筑物的位置、定位、尺寸、形状、层数、高度及标高等

由图知，新建建筑物坐落在学校西南角。此建筑根据原有建筑和围墙的距离定位，如新建建筑南墙面与围墙的距离是 8m，西墙面与围墙的距离是 5.37m，北墙面与 5 号楼南墙面的距离是 6m，与 3A 号楼南墙面的距离是 25m。此建筑总长为 $9.5+51.4=60.9$m；总宽为 $9.5+22.6=32.1$m。平面形状是 L 形。主体 6 层（6F），建筑高度 $H=23.5$m；局部 5 层（5F），建筑高度 $H=18.95$m。室内首层主要房间地面绝对标高 66.35m，相当于相对标高 ±0.000。

5. 了解新建建筑物周围的道路、绿化，水、暖、电的位置，管道布置走向

由图知，新建建筑物的西面和南面为城市道路，北侧为 3A 教学楼，东侧为学校大门和广场，整个地形南低北高。

任务实施

组织学生以小组为单位，分组讨论，完成"任务手册"中项目 3 的任务 8，进行自评、小组互评、教师点评，并总结学习内容。

民族自豪感

北京故宫位于北京市中心，旧称"明清皇宫紫禁城"，现为"北京故宫博物院"。故宫是世界上现存规模最大、最完整的古代皇家高级建筑群。

故宫宫殿沿着一条南北向中轴线排列，左右对称，南达永定门，北到鼓楼、钟楼，贯穿整个紫禁城如图 8-6 所示。故宫的建筑形式雄伟庄严，平面布局严谨、和谐，气魄宏伟，规划严整，处处体现着皇家宫殿的宏伟气派，是我国劳动人民的智慧，是东方建筑艺术的结晶。1987 年被联合国教科文组织评定为世界文化遗产。

北京故宫按照《周礼·考工记》帝都的规划原则规划设计整体布局。整体规划严整，主次分明，静闹分区，公私分开，用地合理。

故宫距今已有 600 余年历史，依然屹立。它严格的对称设计，体现了中国古代建筑追求平衡与和谐的审美观念；它的精妙设计和技术，展示了古人的智慧和对建筑艺术的追求；它精美的装饰细节，展示了中国古代建筑中对天人合一和人与自然融洽的追求。故宫建筑的布局、设计和装饰细节都充分展示了中国古代人民的智慧和才华。

古人的智慧激励我们不仅要学好专业知识，而且要广泛涉猎各种知识，才能够更好地传承和弘扬中华民族的千年智慧。

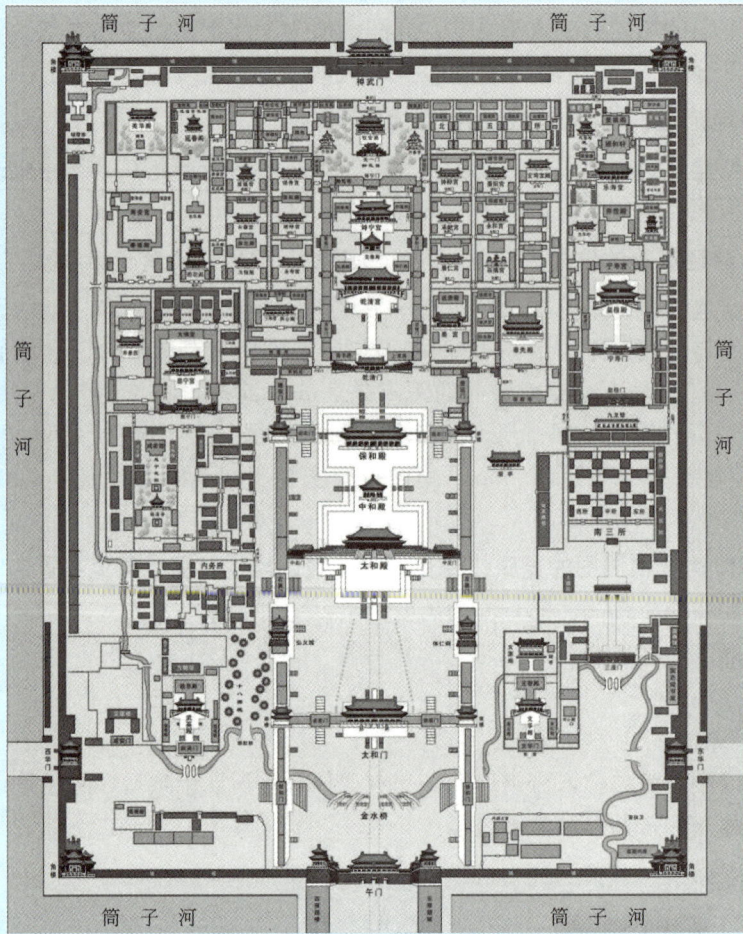

图 8-6　北京故宫平面布置图

任务9 识读建筑平面图

学习目标

1. 学习建筑平面图的形成、作用、内容，能够正确理解建筑平面图的形成、作用、图示内容。

2. 学习建筑平面图中图线、图例、尺寸、符号与表达方法，能够理解并识读建筑平面图。

3. 学习墙体构造知识，能够区分墙体的类型；能够分析墙体的细部构造，并能读懂墙体构造图。

4. 学习门窗构造知识，能够区分门窗的类型；能够分析门窗构造，并能读懂门窗构造图。

5. 学习屋顶构造知识，能够区分屋顶的类型；能够分析平屋顶的构造和防水做法，并能读懂屋顶构造图。

6. 建筑节能是我国可持续发展战略的重要组成部分。建筑节能部位包括门窗、屋顶和采暖制冷以及围护墙体等方面的节能要求，国家对建筑各部位的节能有严格的规范标准。

思维导图

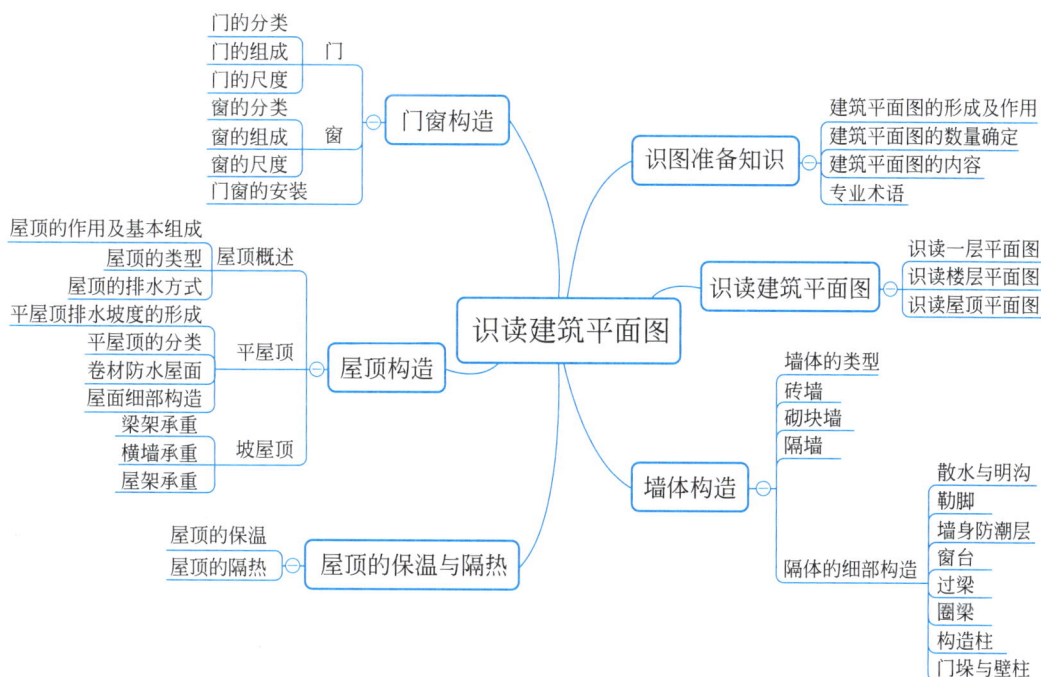

任务导入

请观察如图 9-1 所示的建筑平面图，思考建筑平面图是如何形成的？有什么作用？包括哪些内容？如何读懂建筑施工图？墙体、门窗等构配件有哪些构造要求？构造知识与图纸识读如何相结合？

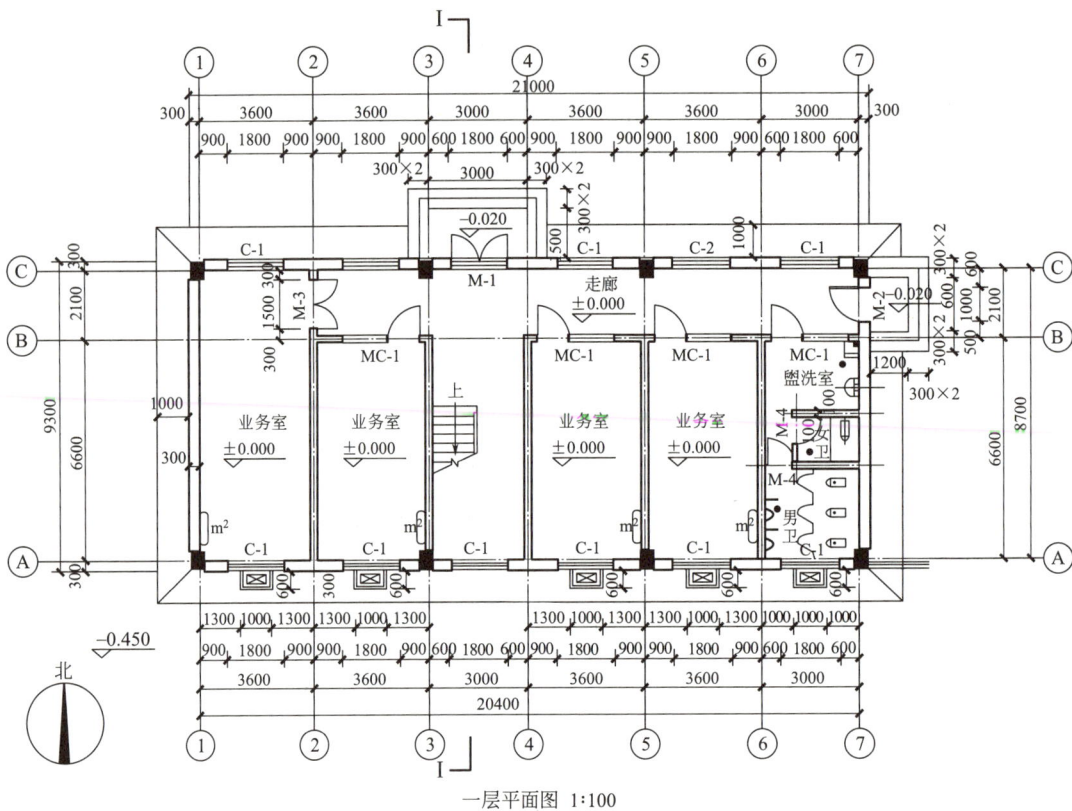

图 9-1　一层平面图

知识准备

9.1　识图准备知识

9.1.1　建筑平面图的形成及作用

假想用一个水平剖切面沿略高于窗台的位置剖切，移去剖切面以上的部分，将剖切面以下的部分向水平投影面做正投影图，所得到的正投影图称为建筑平面图。主要反映房屋的平面形状、大小和房间布

9-1

建筑平面图的形成

置，墙（或柱）的位置，门窗的位置、尺寸和开启方向等，是施工放线、砌墙、门窗安装、预留孔洞、室内装修及编制预算的重要依据。

9.1.2 建筑平面图的数量确定

一般来讲，房屋有几层就应画几个平面图，并在图的下方标注相应的图名，如底层平面图，二层平面图……顶层平面图，屋顶平面图。平面布局相同的楼层，它们可用一个平面图来表达，称为"标准层平面图"或"×～×层平面图"。

9.1.3 建筑平面图的内容

1. 图名、比例、朝向。
2. 建筑物的平面形状及房间布局，定位轴线及编号。
3. 建筑物房间的名称、形状、大小，墙、柱形状及位置，门窗的位置、尺寸及编号。
4. 建筑物的室内外地坪标高及内外尺寸。
5. 建筑物墙上的预留洞及室内设备。
6. 建筑物台阶、阳台、散水、雨篷、楼梯、烟道、通风道等的位置及尺寸。
7. 详图索引符号和标准图集索引符号，剖切符号及相关图例。
8. 屋顶平面图主要表示屋顶的平面布置，如屋顶的排水组织形式、屋顶檐口、屋面坡度、分水线、雨水口位置、出屋顶水箱间和楼梯间、上人孔及标准图集和索引符号等。

9.1.4 专业术语

1. 开间：房间两横向定位轴线之间的距离。
2. 进深：房间两纵向定位轴线之间的距离。
3. 柱距：骨架结构中相邻两横向轴线之间的距离。
4. 跨度：骨架结构中相邻两纵向轴线之间的距离。
5. 层高：建筑物各层之间以楼、地面面层（完成面）计算的垂直距离，顶层层高由该层楼面面层（完成面）至平屋面的结构面层或至坡顶的结构面层与外端外皮延长线的交点计算的垂直距离。
6. 净高：指楼面或地面至上部楼板底面或吊顶底面之间的垂直距离。

9.2　识读建筑平面图

以任务手册××学校实训楼 JS-04 一层平面图、JS-05、JS-06 楼层平面图、JS-07 屋顶平面图为例，说明平面图的识读方法。

9.2.1　识读一层平面图

1. 看图名、比例及文字说明

本图为一层平面图，比例为 1∶100，未注洞口高度为 2100mm、管道井门槛高度为 200mm 及各种设备预留洞口的位置和尺寸。

2. 了解建筑朝向、定位轴线及编号

由图中指北针知，建筑平面为上北下南、左西右东。横向定位轴线为①～⑪，纵向定位轴线为Ⓐ～Ⓖ。

3. 了解建筑物平面形状及房间的布置、用途及交通联系

建筑平面形状为 L 形，走廊两侧设有主要房间办公室，男女卫生间各一个；水平交通有走廊和门厅，垂直交通有两部楼梯及一部电梯；主要出入口位于西南角，有三级台阶，两个次要出入口位于建筑北侧，通过坡道进入建筑物。

4. 了解建筑的结构类型，墙体位置、厚度和材料以及门窗的布置、数量及型号

由图知，此建筑的结构类型为框架结构，墙体为填充墙，不承重。结合建筑设计总说明知，外墙厚 250mm，材料为加气混凝土砌块，定位除①轴、Ⓐ轴外，墙均与柱外皮平，外加 50mm 厚阻燃型聚苯板保温；内墙厚 200mm，材料为加气混凝土砌块，定位ⒷⒸ②③轴墙与柱外皮平，其余均为轴线居中。门外墙有 3 个，主入口为 M-1，次入口为 M-3、M-7；内部办公室及配电室的门为 M-2，共 18 个；厕所的门为 M-5，有 2 个；楼梯间的门分别为 M-4、M-6，各 1 个；管道井的门为 FHM-1，有 2 个。外墙窗分别为 2 个 C-1、31 个 C-2、2 个 C-3；内墙窗为 C-4，有 13 个，为高窗。另外内墙上还有预留洞。

5. 了解房间的开间、进深，总长、总宽及细部尺寸和室内外标高

由图尺寸知，建筑的总长、总宽，跨度和柱距，房间的开间和进深，门窗的大小和位置，构配件及设备的定型和定位尺寸等。值得注意的是，在平面图中所注尺寸均为未经装修的结构尺寸。

在建筑平面图中，尺寸标注一般分为外部尺寸和内部尺寸。

（1）外部尺寸，为便于读图和施工，一般在图形的下方和左侧分别注写三道尺寸线。

1）第一道尺寸：表示建筑物外轮廓的总尺寸，即从一端外墙边到另一端外墙边的总长和总宽尺寸，如图建筑的总长为 61m，总宽为 32.2m。

2）第二道尺寸：表示定位轴线之间的尺寸，即开间、进深及跨度、柱距尺寸。

由图知，跨度有 7.1m、2.7m、6.9m、7.2m；柱距有 4.8m、7.2m、10m、7.4m 及 5.4m。三跑式楼梯间的开间为 7.2m、进深为 6.9m；配电室的开间为 3.6m、进深为 6.9m。

3）第三道尺寸：表示门窗洞口、墙体等细部的定形、定位尺寸。如图下部尺寸中，C-2 的洞口宽度（即定形尺寸）为 2400mm，定位尺寸却有 1200mm、600mm 和 2000mm 三种。⑤～⑩轴窗间墙长度为 1200mm。

（2）内部尺寸：说明室内的门窗洞口、孔洞、墙厚和固定设备的大小与位置。

由图知，办公室门 M-2 的洞口宽度（即定形尺寸）为 1000mm，定位尺寸为 300mm。内纵墙上 C-4 的洞口宽度为 2400mm，定位尺寸分别为 1750mm 和 3750mm。靠墙管沟的宽度为 1000mm。ⓒ轴上的 SD-1 的定位尺寸为 500mm，DD-2 的定位尺寸为 500mm。

图中室外地坪标高为 -0.450m，主要房间室内地坪标高为 ±0.000，由此知室内外地坪高差为 450mm。楼梯间地面标高为 -0.300m，楼梯间和主要房间室内地面高差为 300mm。

6. 了解房间细部构造及设备配置情况

由图知，房间内沿外墙四周有靠墙管沟及检查活动盖板。配电室内设有地沟，宽 500mm，深 500mm，定位距墙边 400mm，做法见《附属建筑》12J10 14 页详图 1。厕所有无障碍厕所和蹲便，男厕还有小便器；厕所前室有墩布池和洗手盆。

7. 了解剖切位置及索引符号及其他细部

一层平面图中需要画出剖切位置及符号，如图中剖面剖切位置在⑧～⑨轴之间，编号为 1，投视方向向右。在建筑四周设有散水，建筑 L 形转角处设有变形缝。建筑主入口处设有台阶，台阶的踏步宽度为 350mm，台阶平台标高为 -0.020m，表示平台表面比室内低 20mm，框架柱的断面尺寸需结合结构施工图识读。

9.2.2 识读楼层平面图

楼层平面图的形成与一层平面图相同，在楼层平面图上，为了简化作图，已在一层平面图上表示过的室外内容，不再表示。如二层平面图上不画散水、明沟、台阶、室外坡道等。在二层平面图中有三处雨篷，其余楼层平面图不再表示。

对于楼层平面图的识读，重点应与一层平面图对照异同，如在平面布局、门窗开设、楼层标高、墙体厚度及位置、框架柱断面尺寸等方面是否有变化。

9.2.3 识读屋顶平面图

由屋顶平面图知，建筑为有组织女儿墙外排水，排水坡度为 2%，檐沟底部排水坡为 1%。五层屋顶结构标高为 17.950m，六层屋顶结构标高均为 21.550m。高出屋顶的双跑楼梯、水箱间、电梯机房的楼面标高为 21.600m。屋面变形缝、雨水管、屋面出入口的做法均见《平屋面》12J5-1，屋面上人梯做法见《楼梯》12J8。在建筑东南角设有装饰构架，做法见结构图。

9.3 墙体构造

墙体是建筑物的重要组成部分，起着承重、围护和分隔等作用，墙体还在建筑节能、环保等方面起着非常关键的作用。因此，合理选择墙体材料和构造做法是实现建筑安全、经济和节能、环保的重要保证。

9.3.1 墙体的类型

1. 按墙体所处的位置和方向分类

墙体按位置分内墙和外墙。

墙体按方向分横墙和纵墙。沿建筑物短方向布置的墙称为横墙；沿建筑物长方向布置的墙称为纵墙。

外横墙习惯称为山墙；外纵墙习惯称为檐墙；窗与窗或窗与门之间的墙称为窗间墙；窗洞口下部的墙称为窗下墙；屋顶上部的墙称为女儿墙，如图 9-2 所示。

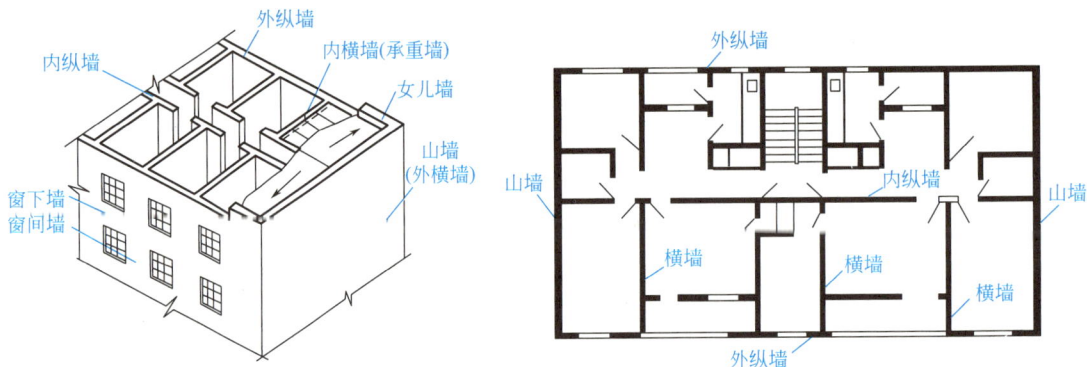

图 9-2 墙体的位置及类型

2. 按墙体受力情况分类

墙体按受力情况分承重墙和非承重墙。凡是直接承受屋顶、楼板传来的荷载的墙称为承重墙；凡不承受上部传来荷载的墙均是非承重墙。非承重墙又分为自承重墙、填充墙、隔墙和幕墙。

（1）自承重墙：不承受外来荷载，仅承受自身重量的墙体，多指砖、石等砌块墙。

（2）填充墙：框架、框剪结构或钢结构中用于围护或分隔的墙体。

（3）隔墙：指分隔建筑物内部空间的墙，一般要求轻、薄，有良好的隔声性能。

（4）幕墙：由金属构架与板材组成的不承担主体结构荷载与作用的建筑外围护结构，如玻璃幕墙、铝塑板幕墙等。

3. 按墙体构造方式分类

墙体按构造方式分实体墙、空体墙和组合墙。

（1）实体墙：由单一实心材料形成的实心墙体。如实心砌块墙、钢筋混凝土墙等。

（2）空体墙：由实心材料砌成的空心墙或由空心材料砌成的墙体，如图 9-3 所示。

（3）组合墙：指由两种或两种以上材料组合而成的复合墙体。按构造方式有内保温复合墙体、外保温复合墙体、夹心墙体等，如图 9-4 所示。复合墙具有良好保温隔热性能、节能环保、轻质高强等优点，对我国"双碳"目标的实现具有重要意义。

4. 按墙体材料分类

墙体按所用的材料不同可分为土墙、石墙、砖墙、砌块墙和混凝土墙等。

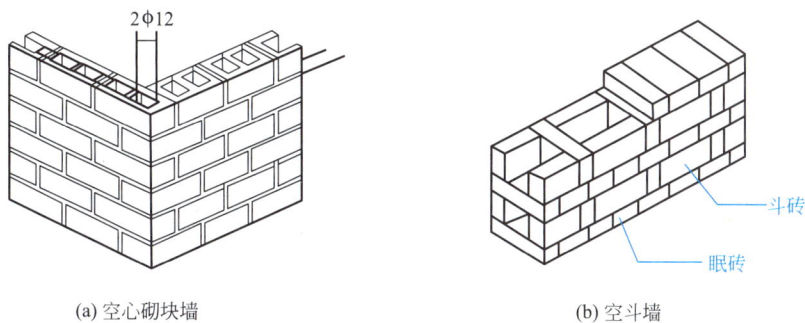

(a) 空心砌块墙　　　　　　　　　　　(b) 空斗墙

图 9-3　空体墙

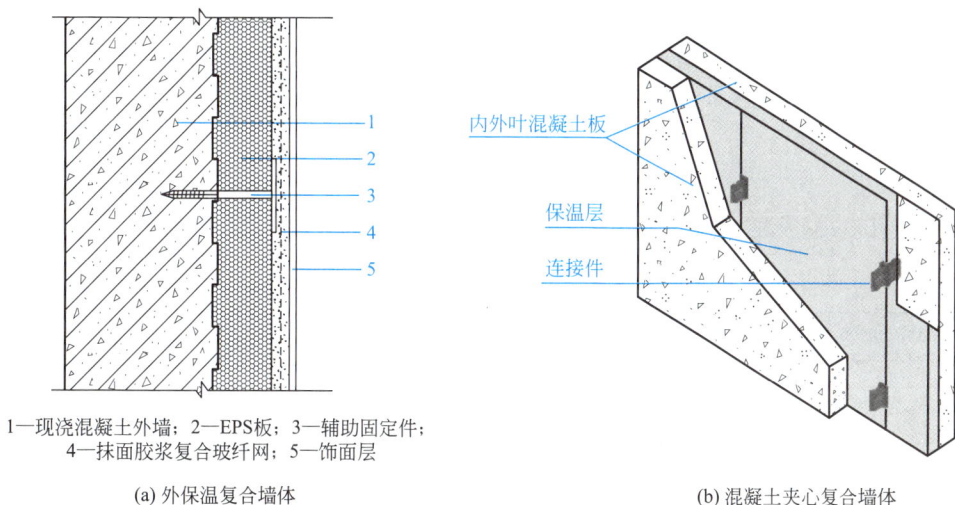

1—现浇混凝土外墙；2—EPS板；3—辅助固定件；
4—抹面胶浆复合玻纤网；5—饰面层

(a) 外保温复合墙体　　　　　　　　　　(b) 混凝土夹心复合墙体

图 9-4　组合墙

5. 按墙体施工方式分类

墙体按施工方式分为砌筑墙、板筑墙和板材墙。砌筑墙是用成块的材料通过组砌而成的墙体，如砖墙、砌块墙、石墙等；板筑墙是在现场支模和浇筑混凝土而成的墙体，如现浇钢筋混凝土墙等；板材墙是将工厂预制好的大、中型板材运至施工现场，用机械吊装拼接而成的墙体，如预制钢筋混凝土墙板、预制保温隔声复合板墙等。

9.3.2　砖墙

1. 砖墙材料

砖墙是用砖和砂浆按一定的方式组砌而成。砖墙的主要材料有砖和砂浆。

（1）砖

砖是传统的砌墙材料，砖的种类很多。

1）按材料不同分为灰砂砖、页岩砖、煤矸石砖、水泥砖和混凝土砖等。

2）按外形分为实心砖、多孔砖、空心砖，如图 9-5 所示。

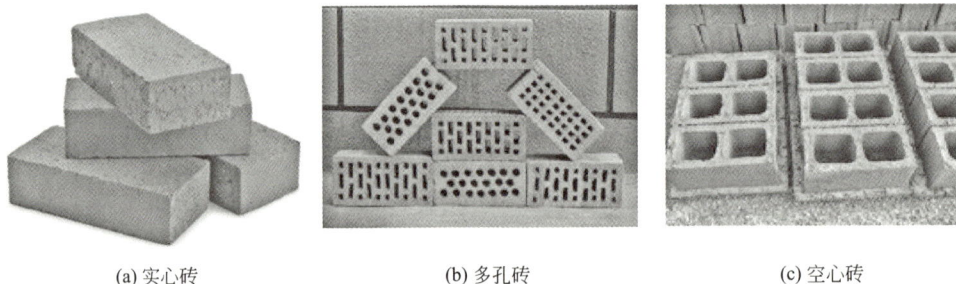

(a) 实心砖   (b) 多孔砖   (c) 空心砖

图 9-5 砖的种类

3）按加工工艺分为烧结砖和非烧结砖。烧结砖有烧结普通砖、烧结多孔砖、烧结空心砖；非烧结砖有蒸压灰砂砖、蒸压粉煤灰砖和混凝土实心砖等。

砖的强度等级用符号 MU 表示。烧结普通砖、烧结多孔砖、蒸压粉煤灰砖的强度等级为 MU30、MU25、MU20、MU15 和 MU10。蒸压灰砂砖强度等级为 MU25、MU20、MU15 和 MU10。

（2）砂浆

砂浆是砌块的胶凝材料。常用的砌筑砂浆有水泥砂浆、石灰砂浆和混合砂浆，见表 9-1。

砌筑砂浆   表 9-1

序号	砂浆种类	组成材料	特点	适用
1	水泥砂浆	水泥、砂、水按比例拌合而成	水硬性胶凝材料，强度高，保水性差	潮湿环境下，如地下室、基础等
2	石灰砂浆	石灰膏、砂、水按比例拌合而成	气硬性胶凝材料，强度较低	砌筑次要的、临时的、简易的地面以上砌体
3	混合砂浆	水泥、石灰膏、砂、水按比例拌合而成	强度较高，和易性、保水性好	砌筑地面以上砌体

砂浆强度等级用符号 M 表示。水泥砂浆的强度等级为 M5、M7.5、M10、M15、M20、M25、M30；混合砂浆的强度等级为 M5、M7.5、M10、M15。

2. 砖墙的厚度

标准砖 240mm×115mm×53mm（长×宽×厚）砌筑的墙体，常见厚度及名称见表 9-2。砖墙厚度组合，如图 9-6 所示。

砖墙厚度尺寸（单位：mm）   表 9-2

砖墙名称	半砖墙	3/4 砖墙	一砖墙	一砖半墙	两砖墙
习惯称呼	12 墙	18 墙	24 墙	37 墙	49 墙
图纸标注	120	180	240	370	490
实际尺寸	115	178	240	365	490

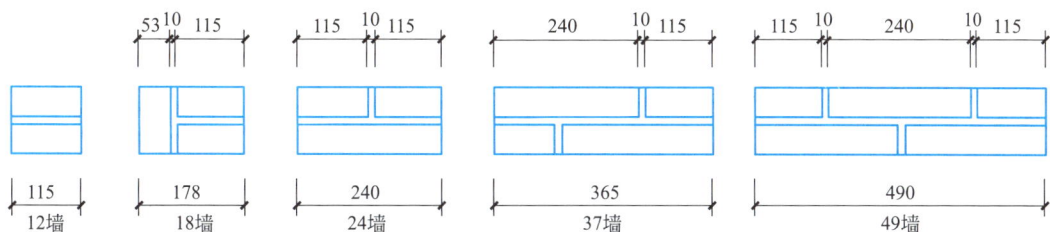

图 9-6 砖墙厚度组合

9.3.3 砌块墙

砌块墙指用砌块和砂浆砌筑成的墙体，可作工业与民用建筑的承重墙和围护墙。砌块是利用混凝土、工业废料（炉渣、粉煤灰等）或地方材料制成的人造块材，外形尺寸比砖大，可就地取材，砌筑速度快，保温性能好，节能环保，是一种新型绿色建筑材料。

砌块按产品规格分为小型砌块（块高为 115～380mm）、中型砌块（块高为 380～980mm）和大型砌块（块高＞980mm）。目前我国以采用中小型砌块为主。

砌块按外观形状分为实心砌块和空心砌块。

砌块按材料分为加气混凝土砌块、混凝土空心砌块、轻集料混凝土砌块等，如图 9-7 所示。

(a) 加气混凝土砌块　　　　(b) 混凝土小型空心砌块　　　(c) 轻集料混凝土复合自保温砌块

图 9-7 砌块的种类

砌块按用途分为承重砌块和非承重砌块。

砌块按生产工艺分为烧结砌块和蒸养蒸压砌块。

9.3.4 隔墙

隔墙是用来分隔建筑内部空间的非承重构件，要求质量轻、厚度薄，便于安装和拆卸，同时应满足隔声、防火、防水、防潮等性能，以满足建筑的使用功能。隔墙有块材隔墙、轻骨架隔墙和板材隔墙。

1. 块材隔墙

块材隔墙是用普通砖、空心砖及各种轻质砌块砌筑的墙，如图 9-8 所示。具有取材方便、造价低、隔声效果好的优点。为了减轻隔墙自重和节约用砖，常采用轻质砌块隔墙。目前常采用加气混凝土砌块、陶粒混凝土砌块等。

2. 轻骨架隔墙

轻骨架隔墙由骨架和板两部分组成，又称立筋式隔墙，是以木材、钢材或铝合金等构成骨架，把面板粘贴、镶嵌、钉在骨架上形成的隔墙，如图 9-9 所示。面板常用胶合板、石膏板、纤维板、铝塑板等。这类隔墙自重轻，厚度薄，便于拆装，可重复利用，有一定的隔声能力，一般可直接搁置在楼板上。隔墙与顶部、地面的连接，如图 9-10所示。

图 9-8　块材隔墙

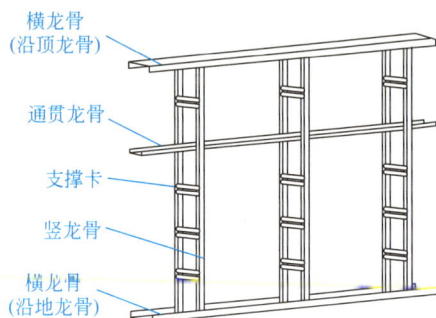

图 9-9　轻钢骨架隔墙组成

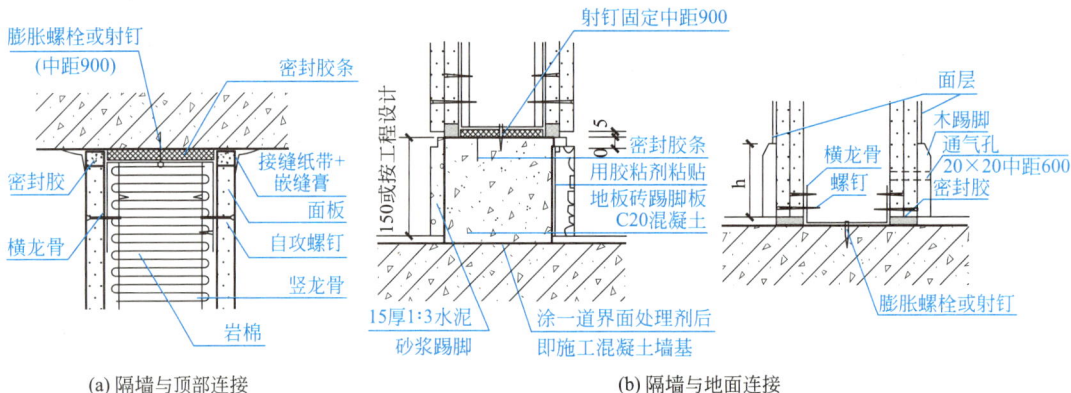

(a) 隔墙与顶部连接

(b) 隔墙与地面连接

图 9-10　轻钢骨架隔墙连接

3. 板材隔墙

板材隔墙是采用工厂生产的板材制品，用粘结材料拼合固定形成的隔墙。由于板材隔墙是用轻质材料制成的大型板材，施工中直接拼装而不依赖骨架，因此它具有自重轻、墙身薄，拆装方便、节能环保、施工速度快、工业化程度高的特点。常见的板材有 ALC 蒸压轻质混凝土板、轻质空心板、加气混凝土条板、石膏条板及各种复合板等，如图 9-11所示。

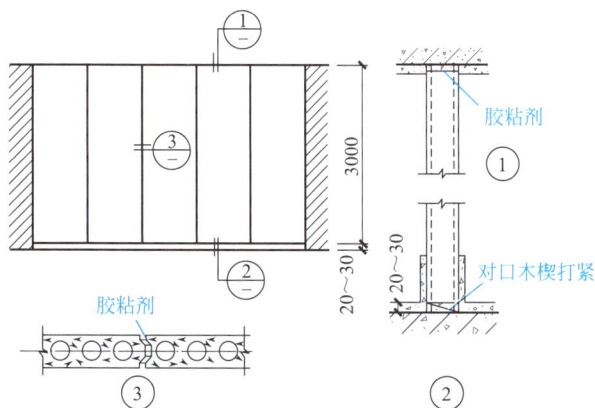

图 9-11　板材隔墙

9.3.5　墙体的细部构造

为保证墙体坚固、耐久、适用，应在墙体相应的位置做好构造处理。墙体的细部构造包括散水与明沟、勒脚、防潮层、窗台、过梁、圈梁、构造柱等。

1. 散水与明沟

（1）散水

散水是室外地面沿建筑物外墙四周设置的向外倾斜的排水坡。其作用是排除雨水，保护墙基。

散水的宽度一般宜为 600～1000mm。当采用无组织排水时，散水宽度可宽出檐口线 200～300mm，散水的坡度宜为 3%～5%。当散水采用混凝土时，每隔 6～10m 设置伸缩缝，缝宽 20mm；散水与外墙间宜设变形缝，缝宽 20mm，缝内填嵌缝膏。散水外缘高出室外地坪 20～50mm。散水常用材料为混凝土、块石等，如图 9-12 所示。

9-3

散水、明沟、勒脚

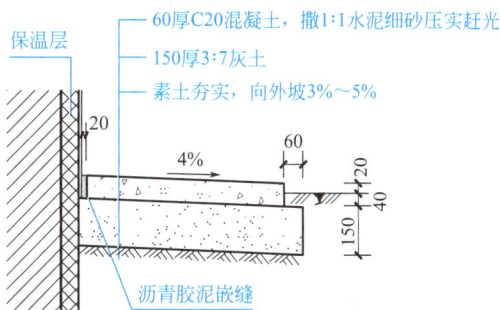

图 9-12　混凝土散水

（2）明沟

明沟是指在外墙四周或散水外缘设置的排水沟，如图 9-13 所示。其作用是将水有组织地导向集水井，排入排水系统。明沟材料为混凝土、砖等。明沟沟底有不小于 1% 的纵坡，以保证排水流畅。混凝土明沟隔一定长度应设置伸缩缝，间距不大于 10m，缝宽 20mm，缝内填嵌缝膏。明沟构造如图 9-14 所示。

图 9-13　明沟

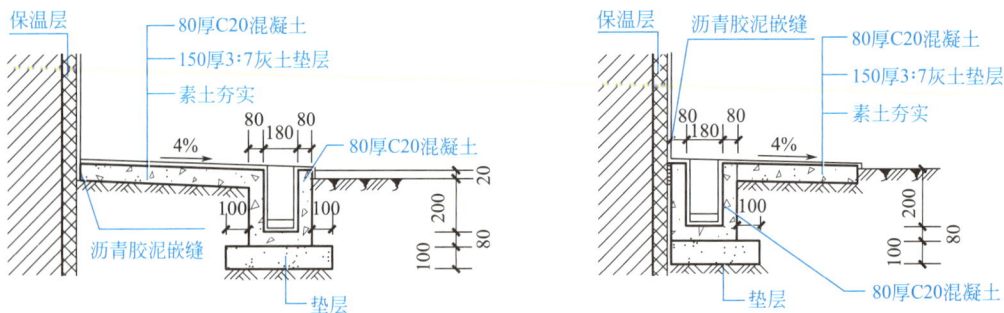

图 9-14　明沟构造

2. 勒脚

勒脚是建筑物外墙的墙脚，即建筑物的外墙与室外地面或散水接触部分。其作用是保护墙面，防止雨水的侵蚀，防止机械对墙身的损伤，从而保护墙面，保证室内干燥，提高建筑物的耐久性。常见勒脚有抹水泥砂浆、刷涂料；贴石材、面砖；毛石、条石砌筑等，如图 9-15 所示。

3. 墙身防潮层

防潮层的目的是防止土壤中的水分沿基础墙上升使建筑物墙身受潮，保持墙身和室内干燥，提高建筑物的耐久性，有水平防潮层和垂直防潮层两种。

（1）水平防潮层

建筑物一般在内、外墙，低于室内地坪 60mm 处连续交圈设置水平防潮层。做法一般有防水砂浆防潮层、混凝土防潮层、地圈梁代替防潮层等。

1）防水砂浆防潮层：是在防潮层位置抹 20mm 厚 1：2.5 水泥砂浆，内掺水泥量 3%～5% 的防水剂，不适用于持续振动的建筑，如图 9-16（a）所示。

2）细石钢筋混凝土防潮层：是在防潮层位置铺设 60mm 厚的 C20 混凝土，内配 3φ6 钢筋以抗裂，适用于抗震地区整体性要求较高的建筑，如图 9-16（b）所示。

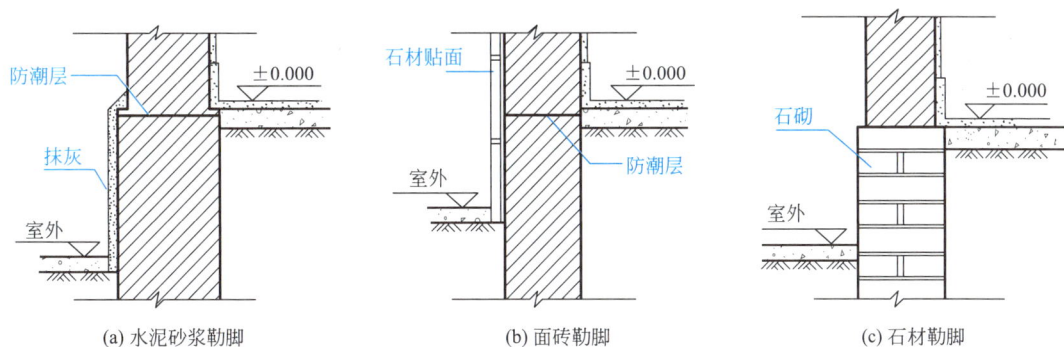

(a) 水泥砂浆勒脚　　　　　　(b) 面砖勒脚　　　　　　(c) 石材勒脚

图 9-15　勒脚

(a) 水泥砂浆防潮层

(b) 混凝土防潮层　　　　　　　　　　　　　　　　　(c) 地圈梁防潮层

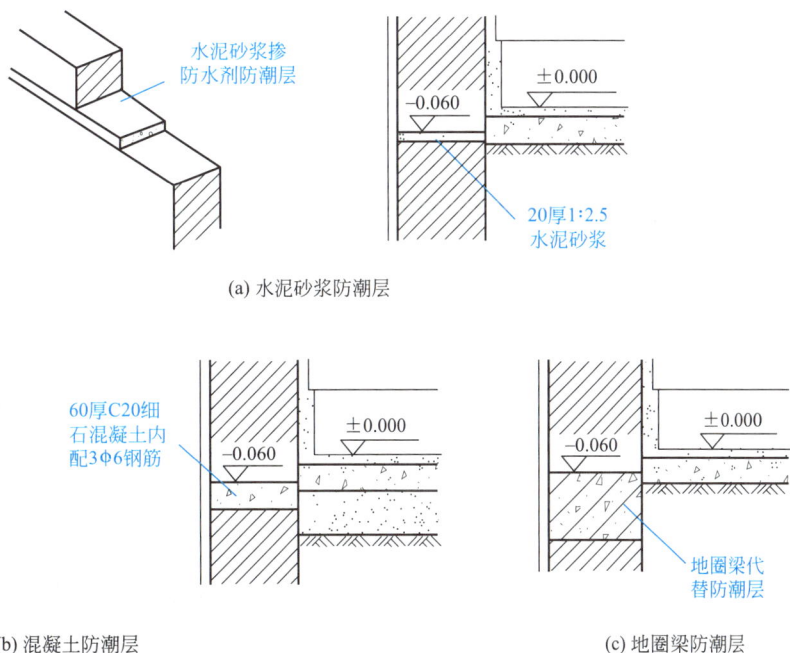

图 9-16　水平防潮层

3）地圈梁代替防潮层：适用于在防潮层位置设有地圈梁的工程，地圈梁尺寸由工程设计，如图 9-16（c）所示。

（2）垂直防潮层

当室内相邻地面有高差或室内地面低于室外地面时，除了要设置两道水平防潮层外，还应对两道水平防潮层之间靠土壤一侧的垂直墙面上做垂直防潮层，如图9-17所示。

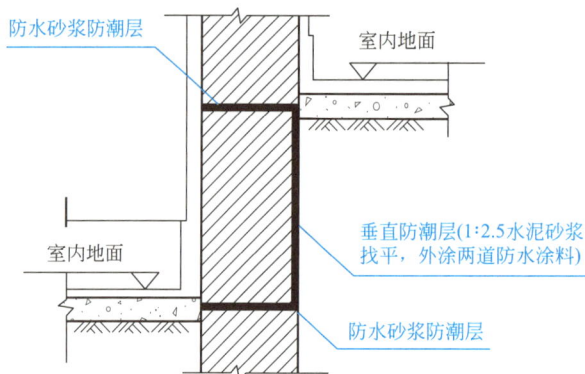

图9-17　垂直防潮层

4. 窗台

定义：窗台是位于窗洞口下部的墙体构造处理。

分类：以窗框为界，分内窗台和外窗台。

作用：外窗台主要是为了排除雨水，防止雨水沿窗缝渗入室内，同时避免雨水污染外墙面；内窗台主要是保护墙面并起室内装饰作用。

外窗台有悬挑和不悬挑两种。窗台处应设置排水板和滴水线等排水构造措施，排水坡度不应小于5%，防止雨水向室内渗入。悬挑窗台常用砖平砌或侧砌，或采用预制钢筋混凝土，其挑出尺寸应不小于60mm，且须设滴水线，深度与宽度不小于10mm×10mm，如图9-18所示。对于不悬挑的窗台，宜采用光洁度较好的外装修材料，如面砖、天然石材等，或者加金属板悬挑构件，以减轻对墙面的水迹污染，如图9-19所示。

内窗台板面宜高于外窗台，可用预制水磨石窗台板、大理石（花岗岩）以及木制窗台板等做法，如图9-20所示。

5. 过梁

定义：过梁指门窗洞口上部设置的横梁。

作用：主要是承受洞口上部砌体传来的荷载，并把荷载传给洞口两侧的墙体。

分类：按材料分类常用的有砖拱过梁、钢筋砖过梁和钢筋混凝土过梁。对有较大振动荷载或可能产生不均匀沉降的房屋，应采用钢筋混凝土过梁。

（1）砖拱过梁

砖拱过梁是将立砖和侧砖相间砌筑，砖缝上宽下窄，砖对称向两边倾斜而形成的，跨度一般不大于1.2m，有平拱和弧拱两种，如图9-21所示。

（2）钢筋砖过梁

钢筋砖过梁指在门窗洞口上部砂浆层内配置钢筋的平砌砖过梁，跨度一般不大于1.5m。砖砌过梁截面计算高度内的砂浆不宜低于M5，钢筋直径不应小于5mm，间距不

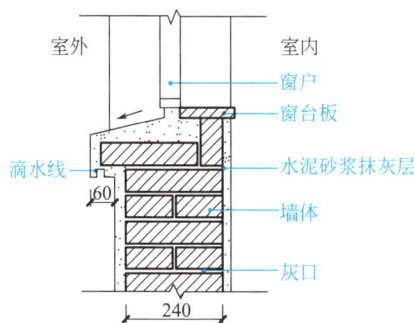

(a) 平砌悬挑窗台

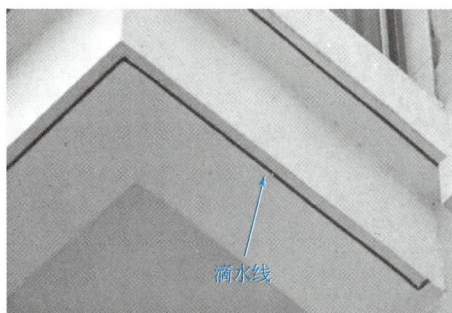

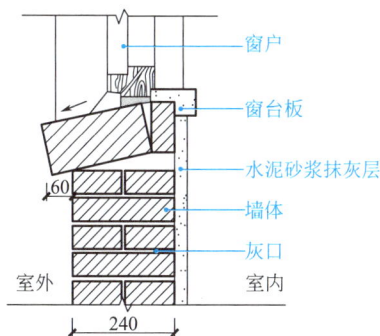

(b) 侧砌悬挑窗台

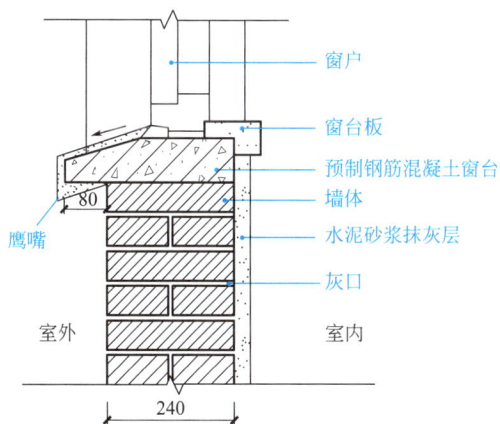

(c) 预制钢筋混凝土悬挑窗台

图9-18 悬挑窗台构造

宜大于120mm，钢筋伸入支座砌体内的长度不宜小于240mm，砂浆层的厚度不宜小于30mm，如图9-22所示。

（3）钢筋混凝土过梁

钢筋混凝土过梁是目前应用最广泛的一种过梁，有预制和现浇两种。预制钢筋混凝土过梁是事先预制好在现场安装，施工速度快，最为常用。现浇钢筋混凝土过梁是在现场支

图 9-19　不悬挑窗台

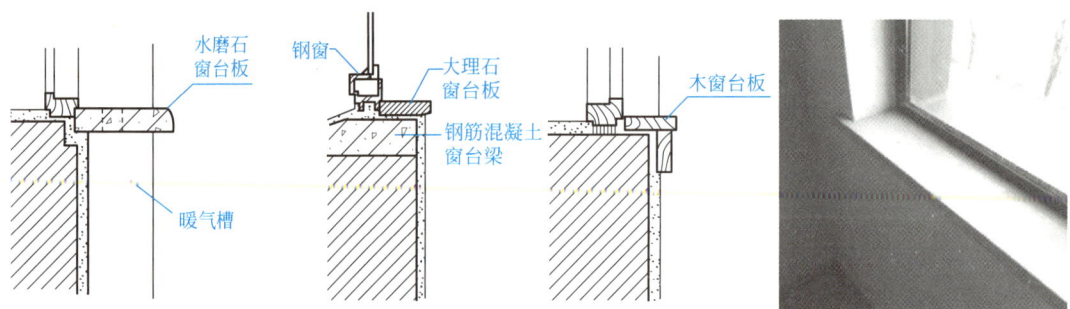

图 9-20　内窗台构造

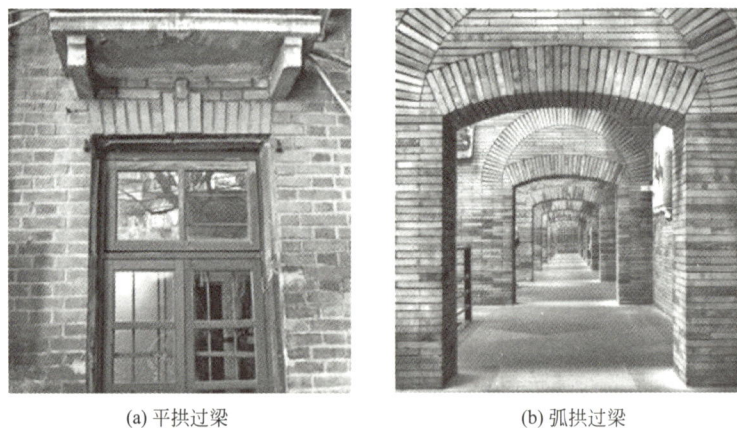

(a) 平拱过梁 　　　　　　　　　　(b) 弧拱过梁

图 9-21　砖拱过梁

模板，绑钢筋，浇筑混凝土的过梁，如图 9-23 所示。

　　构造要求：过梁宽度一般同墙厚，高度由计算确定，常用梁高有 120mm、180mm、240mm，两端支承在墙上的长度不小于 240mm，如图 9-24 所示。

　　钢筋混凝土过梁的断面形式有矩形和 L 形。当过梁与圈梁接近时，可将过梁与圈梁结合设计，同时浇筑，既有利于施工，又提高了建筑物的整体性。

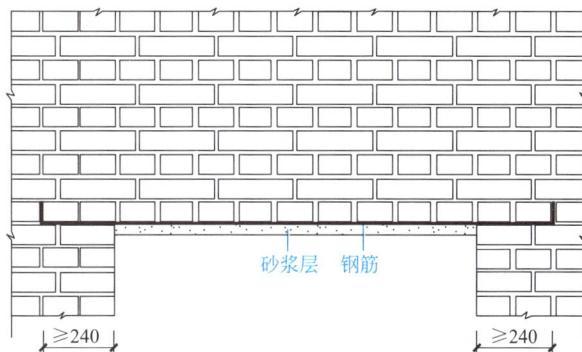

图 9-22　钢筋砖过梁

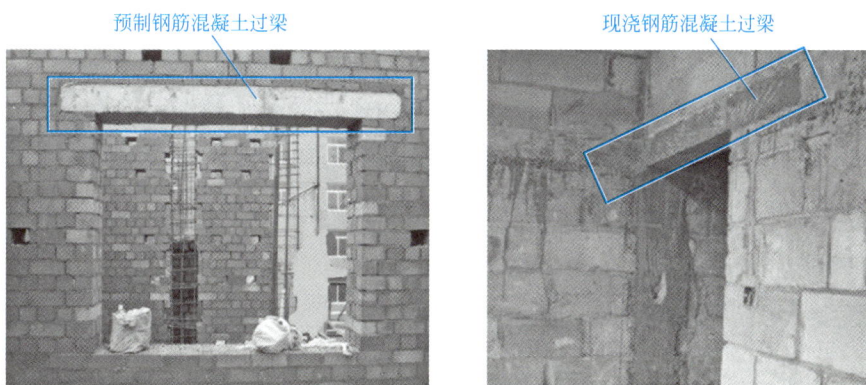

图 9-23　钢筋混凝土过梁

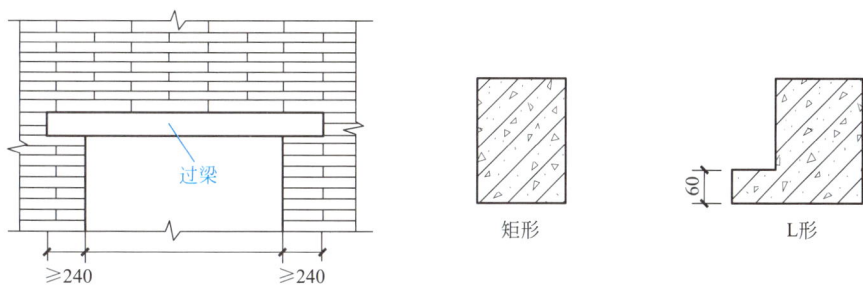

图 9-24　钢筋混凝土过梁支承及断面形式

6. 圈梁

定义：指在砌体墙内在同一水平面上沿水平方向连续设置并形成封闭的钢筋混凝土梁。

作用：提高建筑物的空间刚度及整体性、增强墙体的稳定性，减少由于地基不均匀沉降或较大振动荷载引起的墙体开裂，提高建筑物的抗震能力。

位置：建筑物的檐口、楼层、窗顶或基础顶面标高处。位于基础顶面处的圈梁称地圈梁；位于楼层及檐口处的圈梁称圈梁，如图 9-25 所示。

图 9-25　地圈梁与圈梁

构造要求：圈梁通常采用现浇钢筋混凝土圈梁，混凝土强度等级不低于 C25，宽度一般同墙厚，高度不应小于 120mm；纵向配筋不应少于 4φ10，箍筋间距不应大于 250mm。圈梁兼作过梁时，过梁部分的钢筋应按计算面积另行增配。

圈梁宜连续地设在同一水平面上，并形成封闭状；当圈梁被门窗洞口截断时，应在洞口上部增设相同截面的附加圈梁。附加圈梁与圈梁的搭接长度不应小于其中到中垂直距离的 2 倍，且不得小于 1m，如图 9-26 所示。

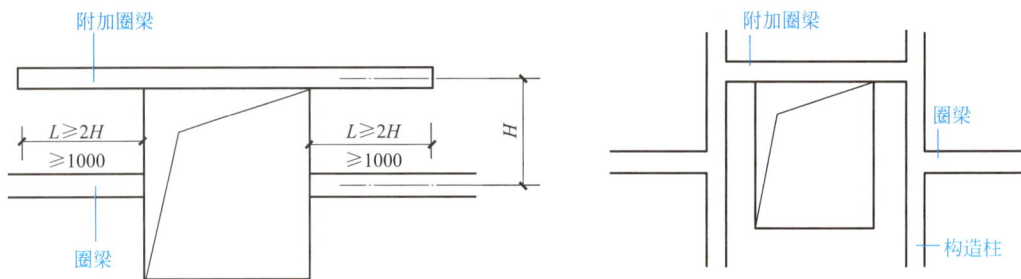

图 9-26　附加圈梁

7. 构造柱

定义：在墙体的规定部位，按构造配筋，并按先砌墙后浇筑混凝土柱的施工顺序制成的混凝土柱。

作用：与圈梁、板带等水平的钢筋混凝土构件组成空间骨架，对墙体形成约束，从而增强建筑物的整体刚度，显著提高墙体抵抗变形的能力，如图 9-27 所示。

位置：构造柱应设置在震害可能较重、连接构造薄弱和易于应力集中的部位，如房间四角、纵横墙交接处、楼梯间等。

构造要求：

（1）构造柱最小截面可为 180mm×240mm（墙厚 190mm 时为 180mm×190mm）；纵向钢筋宜采用 4φ12，箍筋可采用φ6，间距不宜大于 250mm，如图 9-28（a）所示。

（2）先砌墙后浇构造柱，构造柱与墙的连接处宜砌成马牙槎，进退 60mm，高 300mm。沿墙高每隔 500mm 设 2φ6 水平钢筋和φ4 分布短筋平面内点焊组成的拉结网片或φ4 点焊钢筋网片，每边伸入墙内不宜少于 1000mm，如图 9-28（b）所示。

图 9-27　构造柱与圈梁连接示意

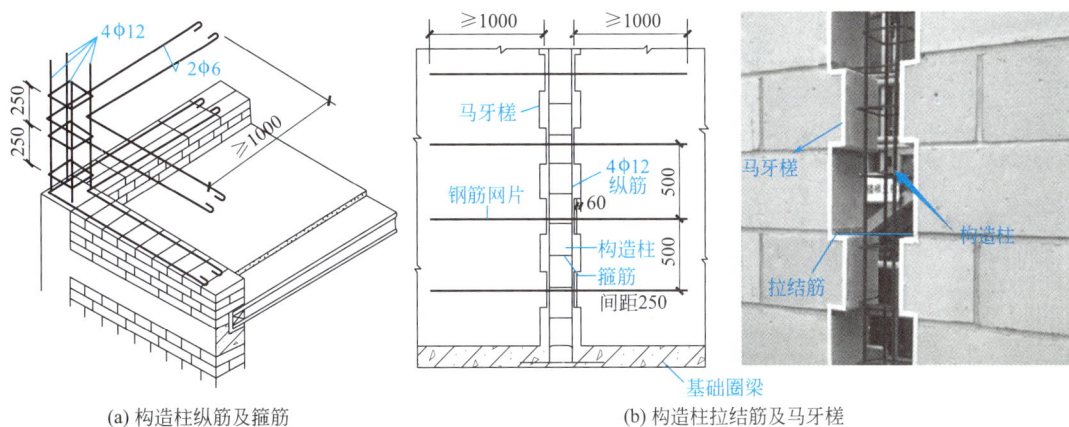

(a) 构造柱纵筋及箍筋　　　　　　(b) 构造柱拉结筋及马牙槎

图 9-28　构造柱构造

（3）构造柱下端可不单独设基础，但应伸入室外地面下 500mm 或锚入浅于 500mm 的地圈梁内。当基础梁距室外地面小于 500mm 时，也可伸入基础梁。根据工程需要，构造柱也可伸入混凝土基础。当构造柱起于楼面时，可锚于楼层梁或板中，如图 9-29 所示。

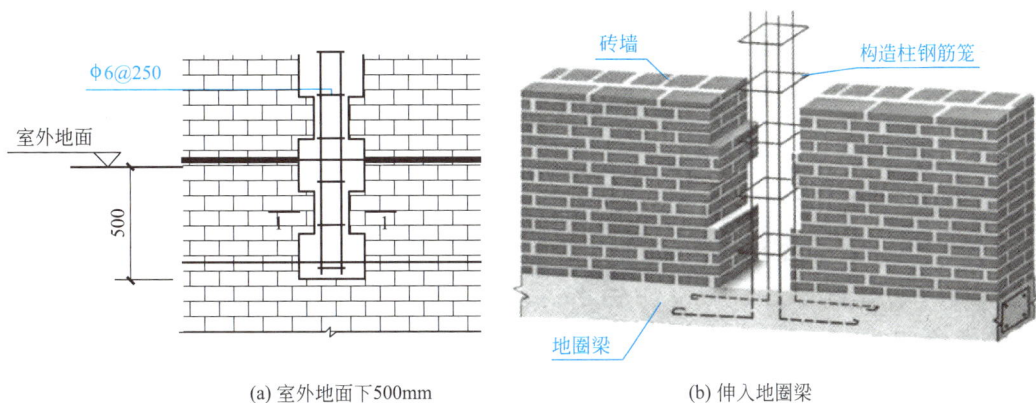

(a) 室外地面下500mm　　　　　　(b) 伸入地圈梁

图 9-29　构造柱根部锚固（一）

φ6@250

室外地面

≤500

室外地面

600

φ6@200
(4φ6)

300

150

基础梁或地框梁

(c) 伸入基础梁

1000　240　1000

纵筋

加密箍
φ6@100

l_{lE}

±0.000

基础圈梁(有或无)

拉结筋
φ6@500

l_{aE}

70

C30混凝土基础

(d) 伸入混凝土基础

φ6@250

楼面

600

φ6@200
(4φ6)

300

150

楼面梁或板

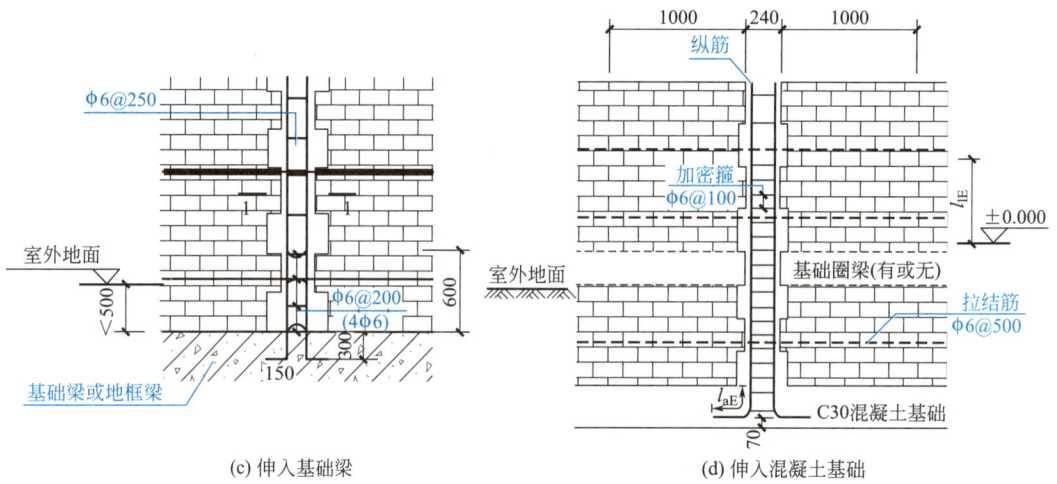

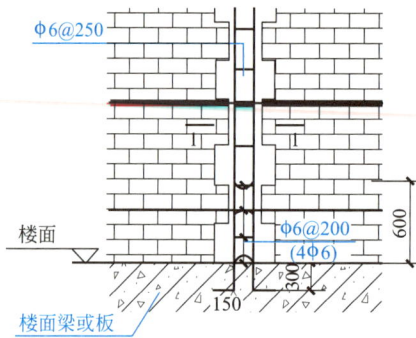

(e) 伸入楼层梁或板

图 9-29　构造柱根部锚固（二）

（4）构造柱顶部一般应伸入女儿墙与现浇钢筋混凝土压顶连接，没有女儿墙时，可与顶层圈梁或水平混凝土构件连接，如图 9-30 所示。

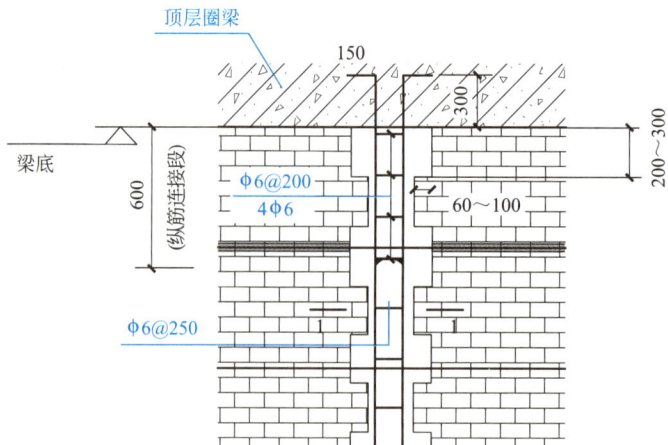

顶层圈梁

150

300

200～300

梁底

600

（纵筋连接段）

φ6@200
4φ6

60～100

φ6@250

图 9-30　构造柱顶部锚固

（5）构造柱在与圈梁连接处，构造柱纵筋应在圈梁纵筋内侧穿过，保证构造柱纵筋上下贯通。

8. 门垛与壁柱

（1）门垛（图9-31）

作用：便于门框的安装和保证墙体的稳定。

位置：在门靠墙的转角部位或丁字交接的一边设置门垛。

尺寸：一般长为120mm、240mm，厚度同墙厚。

（2）壁柱（图9-31）

作用：提高墙体的稳定性。

设置：墙体受集中荷载作用或墙体的长度和高度超过一定限度，影响墙体稳定性时设置。

尺寸：常为120mm×370mm，240mm×370mm，240mm×490mm等，壁柱与墙体一起砌筑。

图9-31　门垛与壁柱

9.4　门窗构造

门和窗是房屋建筑中非常重要的围护构件。门的主要作用是交通联系、紧急疏散，兼起通风采光的功能。窗的主要作用是通风、采光及观景眺望的功能。门窗在构造上要求满足保温、隔热、隔声、防水、防火、密闭等功能。门窗设计不仅影响建筑物的美观，而且建筑外门窗在建筑节能中起着尤为重要的作用。在选择门窗时，应考虑门窗的材质、气密性、水密性、保温隔热等性能，以满足节能减排的要求，助力"双碳"目标的实现。

9.4.1　门

1. 门的分类

（1）门按位置分为内门、外门。

（2）门按材质分为木门、铝合金门、塑钢门、玻璃门、铁艺门、钢筋混凝土门等。

（3）门按开启方式分为平开门、弹簧门、推拉门、折叠门、转门、卷帘门、升降门等，如图 9-32 所示。

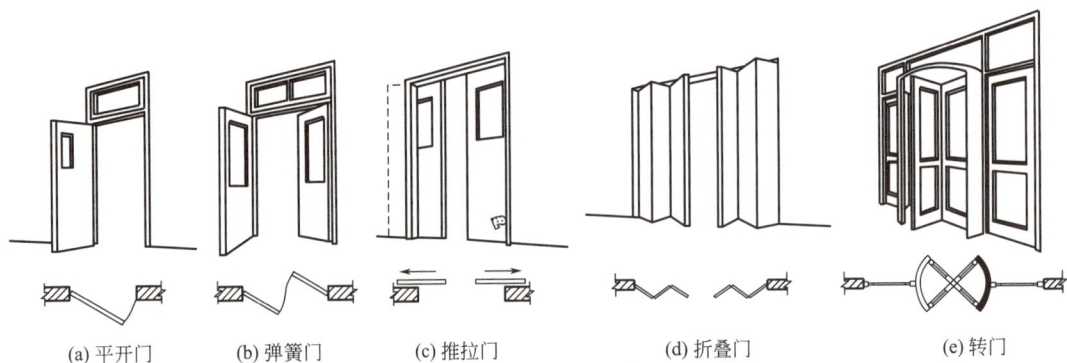

| (a) 平开门 | (b) 弹簧门 | (c) 推拉门 | (d) 折叠门 | (e) 转门 |

图 9-32　门的种类

2. 门的组成

门一般由门框、门扇、五金件等组成，如图 9-33 所示。五金件一般由铰链、插销、门锁、拉手和门吸等组成。

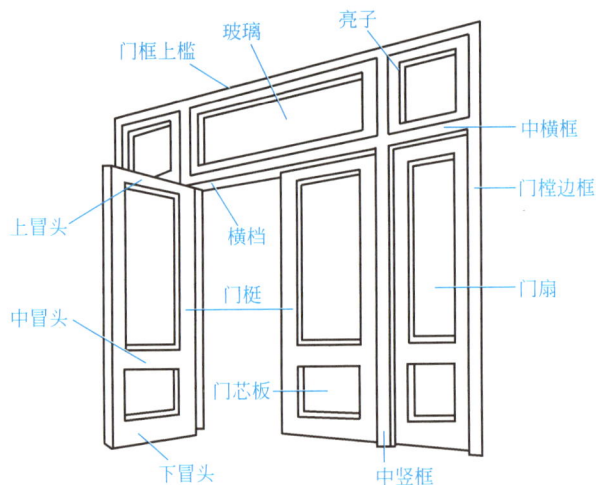

图 9-33　门的组成

3. 门的尺度

门的尺度指门洞口的宽和高，应考虑交通疏散、家具器械的搬运以及建筑物的比例关系，还要考虑节能减排的要求，并应符合《建筑模数协调标准》GB/T 50002—2013 的规定。

门的宽度：民用建筑单扇门一般宽为 700～1000mm，双扇门宽为 1200～1800mm，辅助房间如浴室、厕所、储藏室的门一般宽为 700～800mm。

门的高度：民用建筑门的高度一般不宜小于 2100mm，门上方设有亮子时，高度一般为 2400～3000mm，不同功能建筑的门可按需要适当提高。

9.4.2　窗

1. 窗的分类

（1）窗按材料分为木窗、钢窗、塑钢窗、隔热铝合金窗、铝木复合窗等。

（2）窗按开启方式分为固定窗、平开窗、悬窗、立转窗、推拉窗、百叶窗等，如图 9-34 所示。

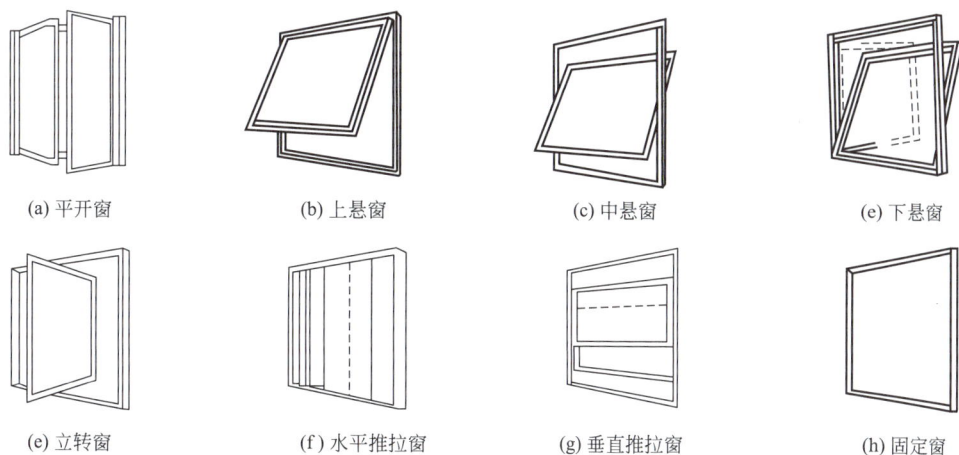

(a) 平开窗　　　(b) 上悬窗　　　(c) 中悬窗　　　(e) 下悬窗

(e) 立转窗　　　(f) 水平推拉窗　　　(g) 垂直推拉窗　　　(h) 固定窗

图 9-34　窗的分类

2. 窗的组成

窗一般有窗框、窗扇和五金零件组成，如图 9-35 所示。

3. 窗的尺度

窗的尺度指窗洞口的宽和高，应考虑采光、通风、建筑美观及节能减排的需求，并应符合《建筑模数协调标准》GB/T 50002—2013 的规定。

民用建筑窗洞口的宽和高一般为 600～2100mm，不同功能建筑的窗洞口可按需要适当提高。

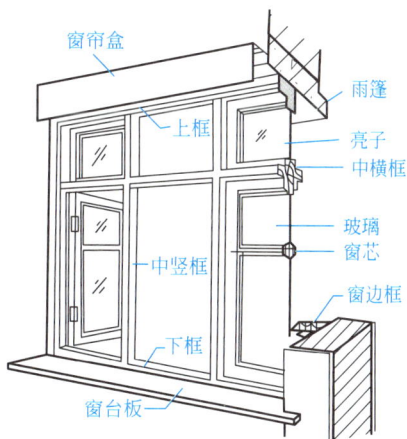

图 9-35　窗的组成

9.4.3　门窗的安装

门窗应与墙体连接牢固，门窗安装有立口和塞口两种。

立口：先将门窗框立起来，临时固定，待其周边墙身全部完成后，再撤去临时支撑。

塞口：在砌墙时预先按门窗尺寸留好洞口，然后将门窗框塞入洞口固定的方法。这种方法在门窗制作安装时应先核对建筑门窗洞口尺寸，门窗框与墙体间的缝隙应做保温。

门窗框在墙洞口中的位置有三种：门窗框与墙内平、门窗框与墙外平和门窗框居中。

9.5　屋顶构造

9.5.1　屋顶概述

屋顶是建筑物最上层的围护和承重结构，对房屋起着水平支撑作用，也是节能减排措施的重要部位。屋顶应满足坚固、防水排水、保温隔热、抵御侵蚀等使用要求，同时应做到自重轻、构造简单、施工方便、造价经济。

1. 屋顶的作用及基本组成

（1）作用：承重作用、围护作用、美观作用。

（2）基本组成：由屋面、承重结构层和顶棚三部分组成。

屋面是屋顶的面层，应满足防水、保温、隔热、抵御自然界侵蚀等功能。

承重结构层指屋面结构板，承受屋面、顶棚及自重荷载。

顶棚是结构层底面的装饰层，根据房间需要可以直接抹灰，也可以吊顶。

2. 屋顶的类型

屋顶的色彩和造型对建筑艺术和风格有着十分重要的影响。屋顶按屋面坡度及结构选型的不同，可分为平屋顶、坡屋顶及曲面屋顶。

（1）平屋顶

平屋顶一般指屋面排水坡度小于或等于10%的屋顶，常用坡度为2%～3%。其主要特点是屋面坡度小，上部可做成露台、屋顶花园等供人使用，构造简单，施工方便，造价经济，应用广泛，如图9-36所示。

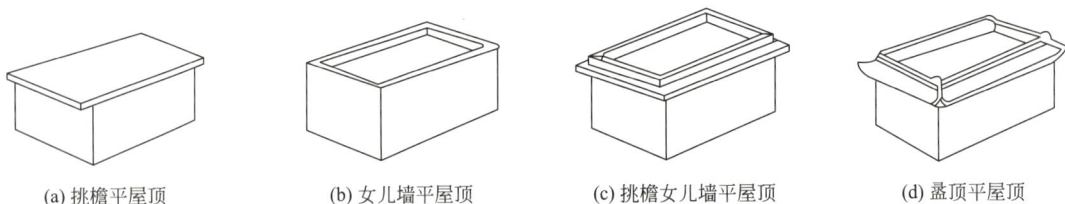

(a) 挑檐平屋顶　　(b) 女儿墙平屋顶　　(c) 挑檐女儿墙平屋顶　　(d) 盝顶平屋顶

图9-36　平屋顶

（2）坡屋顶

坡屋顶是指屋面坡度大于10%的屋顶。坡屋顶在我国有着悠久的历史，造型美观，在民用建筑中广泛采用，如图9-37所示。

（3）曲面屋顶

曲面屋顶的承重结构多为空间结构，如薄壳结构、悬索结构、索膜结构、网架结构和网壳结构等。这类屋顶的内力分布合理，节约材料，屋顶形状变化多样，造型优美，常用于大跨度、大空间和造型特殊的大型建筑，如图9-38所示。

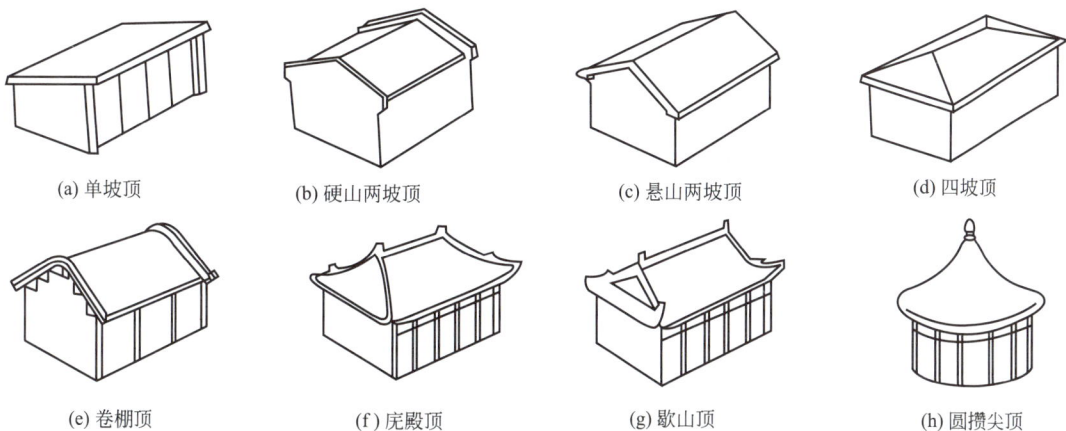

(a) 单坡顶   (b) 硬山两坡顶   (c) 悬山两坡顶   (d) 四坡顶

(e) 卷棚顶   (f) 庑殿顶   (g) 歇山顶   (h) 圆攒尖顶

图 9-37　坡屋顶

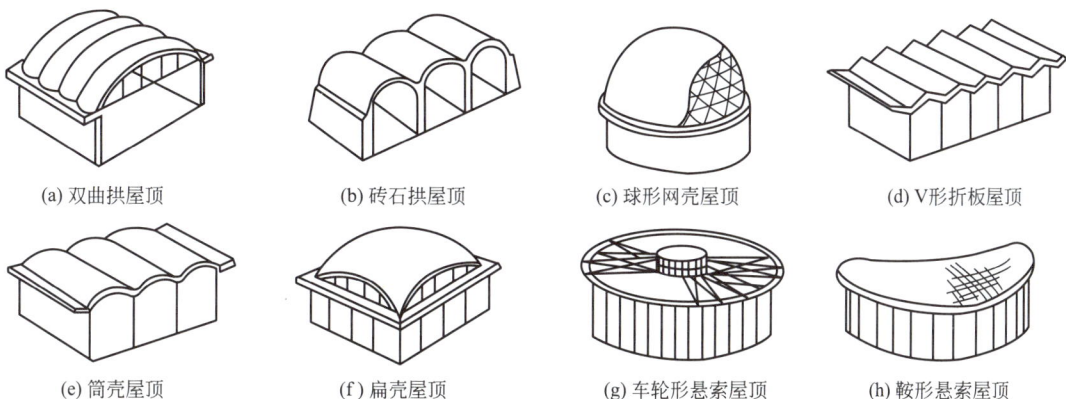

(a) 双曲拱屋顶   (b) 砖石拱屋顶   (c) 球形网壳屋顶   (d) V形折板屋顶

(e) 筒壳屋顶   (f) 扁壳屋顶   (g) 车轮形悬索屋顶   (h) 鞍形悬索屋顶

图 9-38　曲面屋顶

3. 屋顶排水方式

屋顶排水方式分无组织排水和有组织排水两大类。

（1）无组织排水（又称自由落水）：指屋面雨水自由地从檐口（挑檐）滴落至室外地面，如图 9-39 所示。适用于低层建筑或檐高不大于 10m 的建筑。

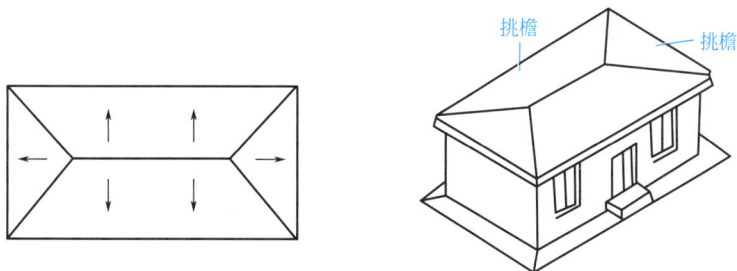

图 9-39　无组织排水

（2）有组织排水：指屋面雨水汇集于檐沟或天沟，将雨水顺着檐沟坡度集中到雨水口，经雨水管排到室外地面或室内地下的排水管网。有组织排水分为外排水和内排水两种方式。

1）外排水即雨水管设在室外的一种排水方式。一般有檐沟外排水、女儿墙外排水和女儿墙檐沟外排水，如图 9-40 所示。

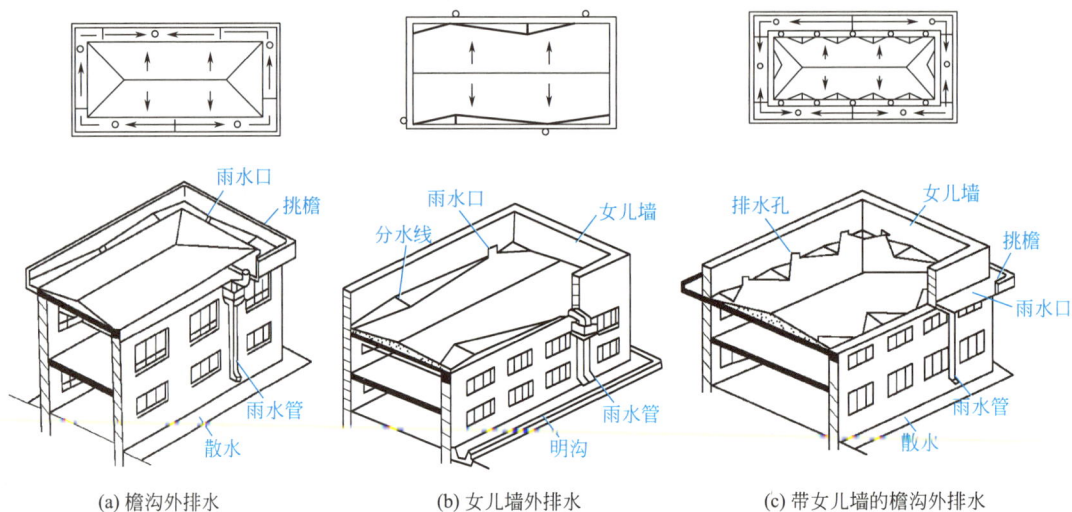

(a) 檐沟外排水　　(b) 女儿墙外排水　　(c) 带女儿墙的檐沟外排水

图 9-40　有组织外排水

2）内排水即雨水管设在室内的一种排水方式。一般见于多跨房屋、高层建筑以及有特殊需要的建筑，如图 9-41 所示。

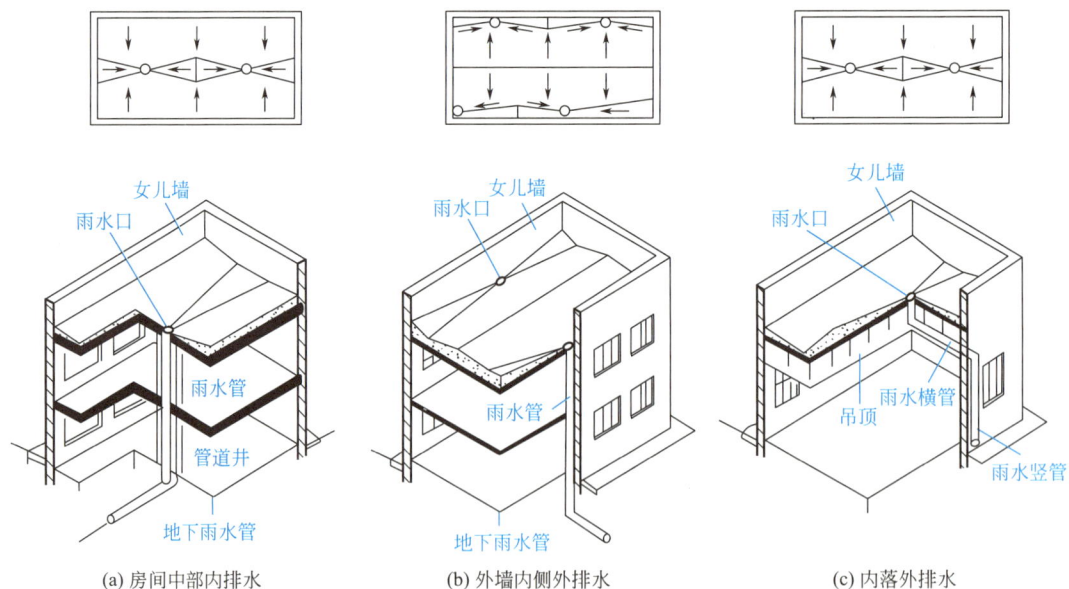

(a) 房间中部内排水　　(b) 外墙内侧外排水　　(c) 内落外排水

图 9-41　有组织内排水

9.5.2 平屋顶

1. 平屋顶排水坡度的形成

屋顶排水是否通畅，取决于屋顶的排水坡度。平屋顶排水坡度的形成方式主要有材料找坡和结构找坡两种，如图 9-42 所示。

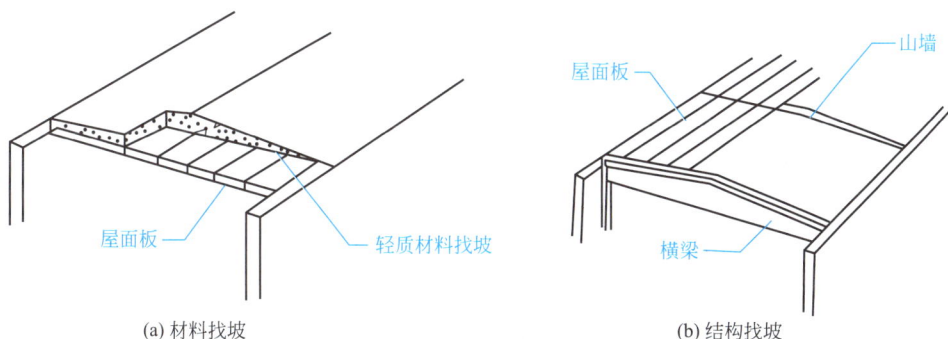

(a) 材料找坡　　　　　　　　　　(b) 结构找坡

图 9-42　平屋顶排水坡度形成

（1）材料找坡

材料找坡是在水平屋面板上面铺设轻质材料形成一定的坡度。找坡材料宜采用质量轻、吸水率低和有一定强度的材料，坡度不应小于 2%。当屋顶设置保温层时，可用保温层兼作找坡层。

（2）结构找坡

结构找坡是将屋面板铺设在顶部倾斜的梁、墙或屋架上形成的排水坡度。坡度不应小于 3%。结构找坡构造简单、降低成本，减轻了屋面荷载，但顶棚倾斜、空间不规整。

2. 平屋顶的分类

平屋顶按用途分为上人屋面和不上人屋面。上人屋面可做成屋顶花园、屋顶游泳池、休息平台、运动场等，可以充分利用空间，节约土地，达到特殊的效果。

平屋顶按防水材料分为卷材防水和涂膜防水，如图 9-43 所示。

(a) 卷材防水　　　　　　　　　　(b) 涂膜防水

图 9-43　平屋顶防水

3. 卷材防水屋面

卷材防水屋面指以不同的施工工艺用胶结材料粘结防水卷材在屋面上起到防水作用的屋面。卷材防水屋面能适应一定程度的结构振动和胀缩变形。常用卷材有高聚物改性沥青防水卷材和合成高分子防水卷材。

卷材防水屋面根据保温层的位置分正置式卷材屋面和倒置式卷材屋面。构造层次如图 9-44 所示。倒置式屋面坡度宜为 3%。

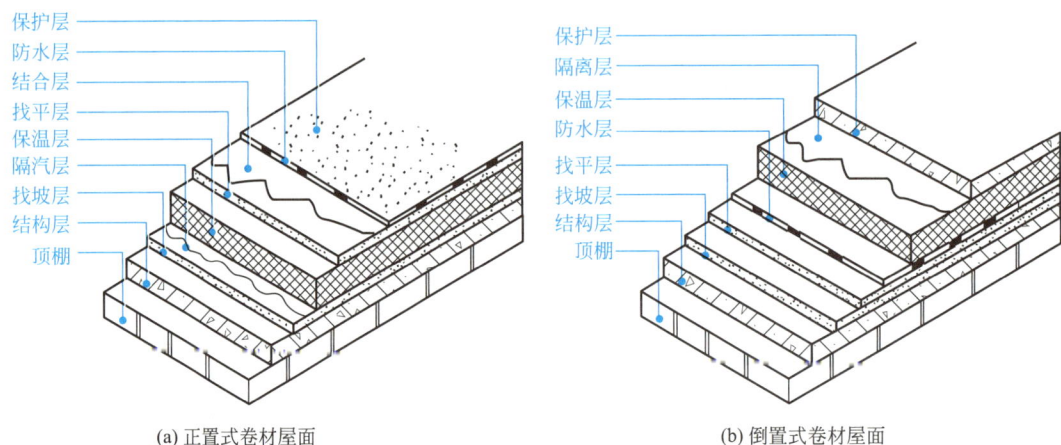

(a) 正置式卷材屋面   (b) 倒置式卷材屋面

图 9-44　卷材屋面构造层次

（1）结构层：指现浇或预制钢筋混凝土屋面板。

（2）找坡层：找坡材料采用质量轻且吸水率低的材料，坡度按工程设计，最薄处不小于 20mm，也可用保温材料找坡，但成本较高。

（3）隔汽层：常年湿度很大的房间或严寒、寒冷地区有冷凝水的建筑物，应在结构层上、保温层下设置隔汽层，以防水蒸气渗透至保温层内影响保温效果。隔汽层应沿周边墙面向上连续铺设，高出保温层上表面不得小于 150mm。隔汽层应选用气密性、水密性好的材料。

（4）保温层：是为了减少屋面热交换作用而设置的构造层。为保证房间内的温度满足使用要求以及建筑节能的需要，保温层宜选用吸水率低、密度和导热系数小，并有一定强度的保温材料，厚度应根据所在地区现行建筑节能设计标准，经计算确定。

（5）找平层：找平层作为防水层的基层应坚实、平整，以防止卷材空鼓、断裂。找平层应留设分格缝，缝宽宜为 5～20mm，纵横缝的间距不宜大于 6m。

转角处的找平层均应做成圆弧形，且应整齐平顺。圆弧半径，高聚物改性沥青防水卷材为 50mm，合成高分子防水卷材为 20mm。

（6）结合层：是为了使防水层与基层粘结牢固。结合层使用的材料应根据防水卷材材质的不同来选择。

（7）防水层：能够隔绝水而不使水向建筑物内部渗透的构造层。

（8）隔离层：是为了消除相邻两种材料之间粘结力、机械咬合力等不利影响而设的构造层。块体材料、水泥砂浆、细石混凝土保护层与卷材、涂膜防水层之间，应设置隔离层。常用隔离层材料有塑料膜、土工布、卷材、低强度等级砂浆等。

（9）保护层：对防水层或保温层起防护作用的构造层。上人屋面保护层可采用块体材料、细石混凝土等材料；不上人屋面保护层可采用浅色涂料、铝箔、矿物粒料、水泥砂浆等材料。

为防止块体材料、细石混凝土、水泥砂浆等保护层开裂，可采取设置隔离层、分格缝等措施。分格缝宽度宜为 10～20mm，并应用密封材料嵌填，如图 9-45 所示。细石混凝土内配 $\phi 4@100$ 双向钢筋网片。

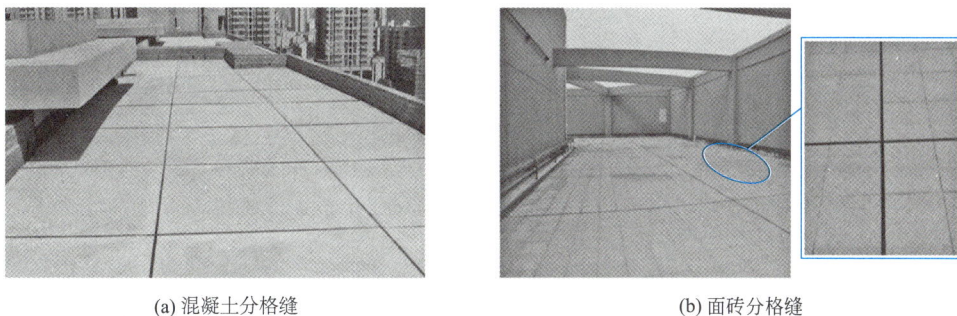

<table>
<tr><td>(a) 混凝土分格缝</td><td>(b) 面砖分格缝</td></tr>
</table>

图 9-45　屋面保护层分格缝

块体材料、水泥砂浆、细石混凝土保护层与女儿墙或山墙之间，应预留宽度为 30mm 的缝隙，缝内宜填塞聚苯乙烯泡沫塑料，并应用密封材料嵌填。

4. 屋面细部构造

屋面细部构造包括泛水、檐口、檐沟和天沟、雨水口、变形缝、伸出屋面管道、屋面出入口等部位。这些部位是防水的薄弱部位，须作特殊防水处理。

（1）泛水构造

泛水是指屋面防水层与突出结构之间的防水构造。如突出屋面的女儿墙、楼梯间、变形缝、上人孔等处的墙面与屋面的防水构造，如图 9-46 所示。

泛水构造要点：

1）泛水处的防水层下应增设附加层，附加层在平面和立面的铺设宽度均不应小于250mm，如图 9-47 所示。

图 9-46　女儿墙泛水

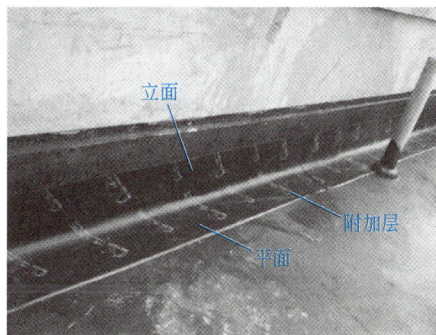

图 9-47　泛水附加层

2）做好泛水上口的卷材收头及盖缝处理，防止卷材滑落或漏水。低女儿墙泛水处的防水层可直接铺贴至压顶下，卷材收头应用金属压条钉压固定，如图 9-48（a）所示。高女儿墙泛水处的防水层泛水高度不应小于 250mm，防水层收头同低女儿墙泛水收头构造，泛水上部的墙体应作防水处理，如图 9-48（b）所示。

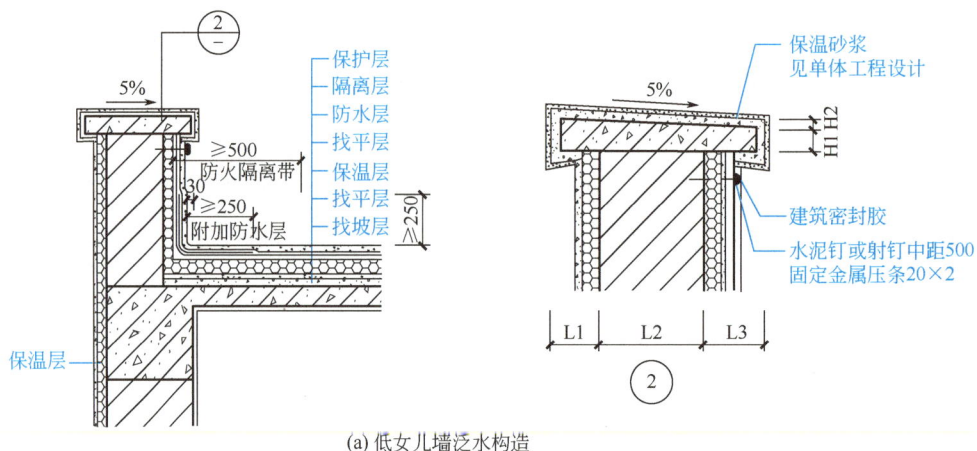

(a) 低女儿墙泛水构造

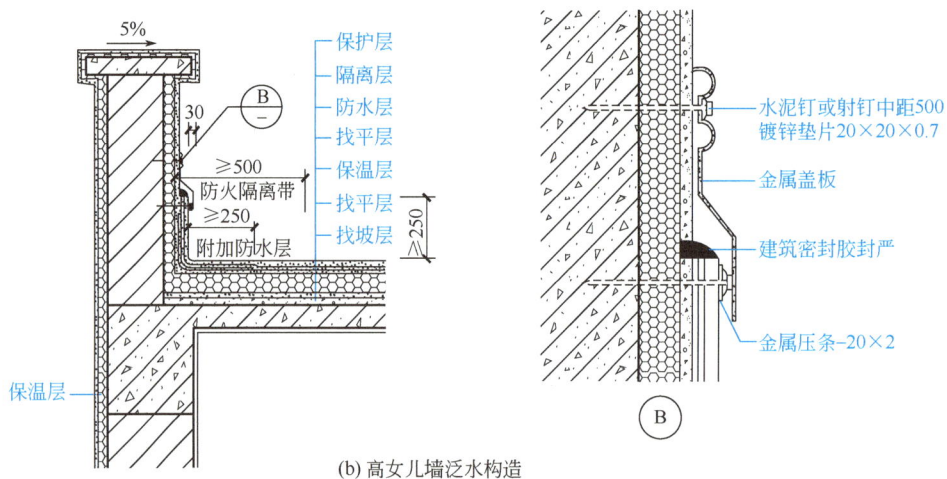

(b) 高女儿墙泛水构造

图 9-48　泛水收头构造

（2）檐口、檐沟构造

1）无组织排水檐口

无组织排水檐口卷材防水材料在檐口端部的收头固定及檐口端部的滴水处理，如图 9-49所示。

高跨屋面为无组织排水时，其低跨屋面受水冲刷的部位应加铺一层卷材，并应设 40～50mm 厚、300～500mm 宽的 C20 细石混凝土保护层。

2）有组织排水檐沟

檐沟是在挑檐或女儿墙处设置汇集雨水的集水沟，并将雨水导向雨水口的做法，如图 9-50 所示。

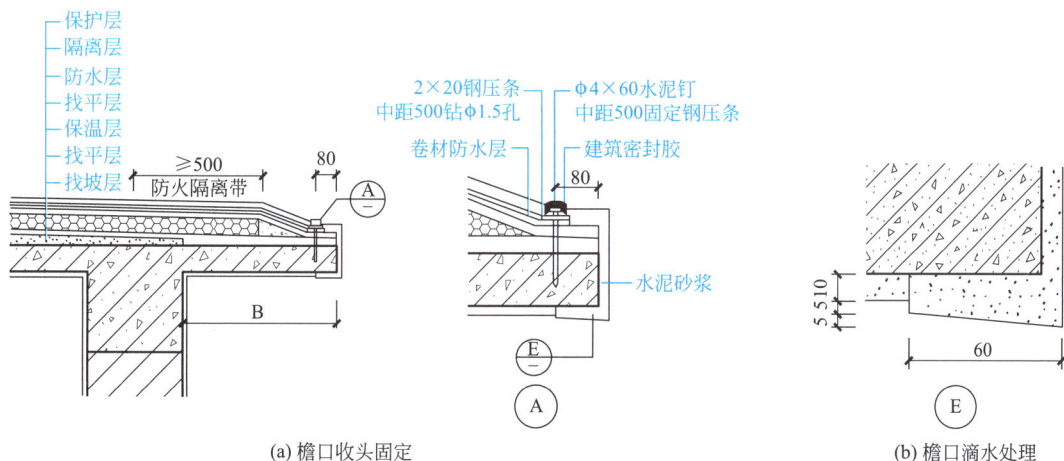

（a）檐口收头固定　　　　　　　　　　（b）檐口滴水处理

图 9-49　无组织排水檐口构造

檐沟的构造要点：

① 钢筋混凝土檐沟的净宽不应小于 300mm，分水线处最小深度不应小于 100mm，沟内纵向坡度不应小于 1‰，沟底水落差不得超过 200mm。

② 卷材在挑檐檐沟处的收头处理及檐沟板底部的滴水处理，如图 9-51 所示。

③ 高跨屋面为有组织排水时，雨水管下应加设水簸箕，如图 9-52 所示。

3）雨水口构造

屋顶雨水口是汇集屋面雨水并排入雨

图 9-50　挑檐檐沟

水管的落水口，有女儿墙雨水口和挑檐雨水口两种，如图 9-53 所示。雨水口周围直径 500mm 范围内排水坡度不应小于 5‰，防水层下应增设涂膜附加层，防水层和附加层伸入雨水口杯内不应小于 50mm，并应粘结牢固，如图 9-53（b）所示。

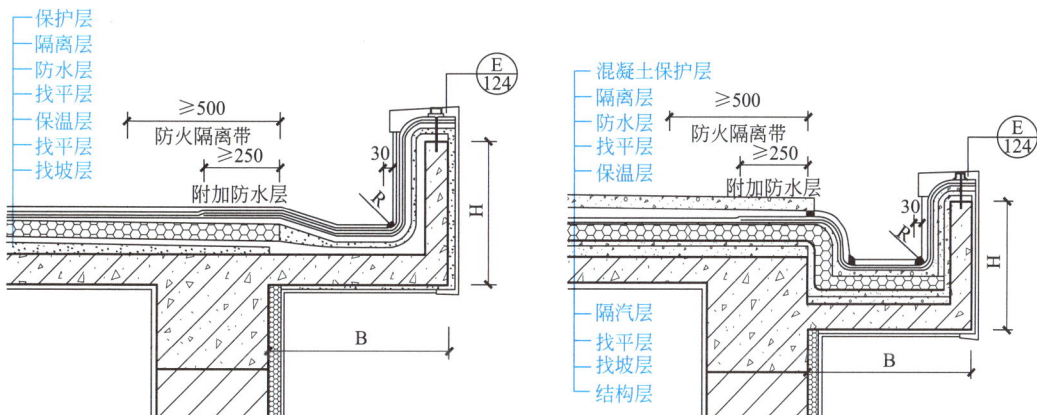

图 9-51　有组织排水挑檐檐沟构造（一）

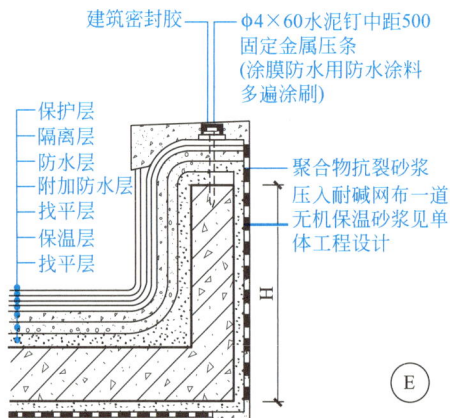

图 9-51 有组织排水挑檐檐沟构造（二）

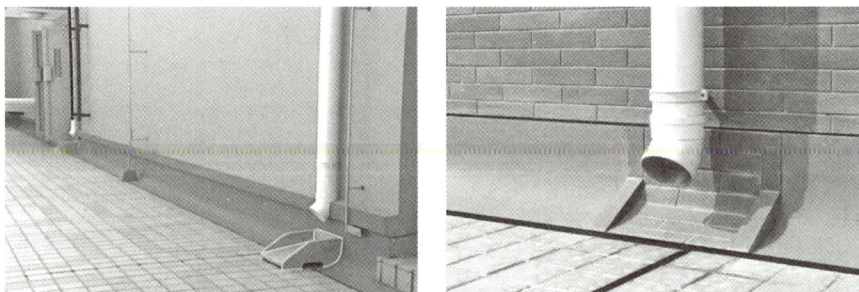

图 9-52 水簸箕

(a) 女儿墙雨水口

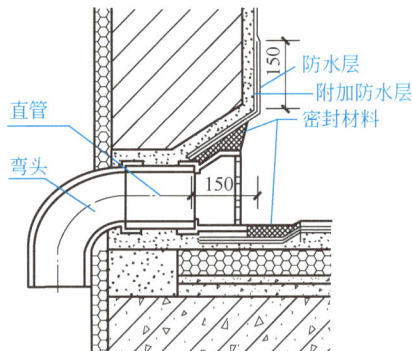

(b) 挑檐雨水口

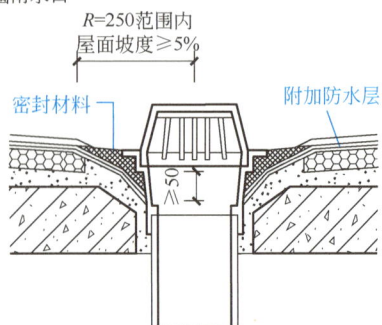

图 9-53 雨水口构造

9.5.3　坡屋顶

坡屋顶是我国常见的屋顶形式，造型丰富多彩，形式多种多样，赋予建筑以灵动秀美之感，如图 9-54 所示。

图 9-54　坡屋面效果

坡屋顶的承重结构形式有梁架承重、横墙承重、屋架承重和钢筋混凝土梁板承重等形式。

1. 梁架承重

梁架承重结构是我国古代建筑屋顶传统的结构形式，也称为木构架。梁架结构由柱、梁组成，在梁架之间搁置檩条将梁架联系成一个完整的骨架承重体系，如图 9-55 所示。建筑物的全部荷载由檩条、梁、柱承担，墙体只起围护和分隔作用，因此这种结构具有框架结构的力学性能，整体性好，抗震性能好，但木材消耗量大，耐火性和耐久性较差。

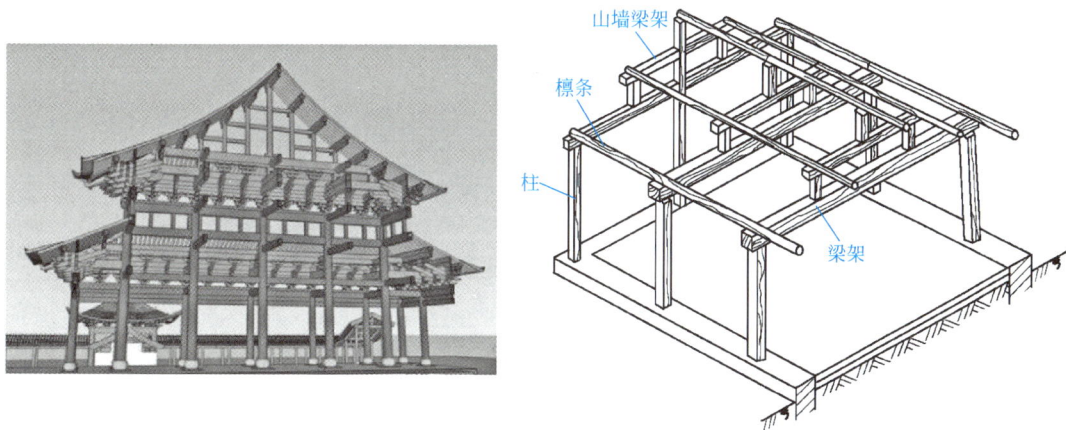

图 9-55　梁架承重

2. 横墙承重

当横墙间距较小时，可将横墙上部砌成三角形直接搁置檩条，承受屋面荷载，这种承重结构称为横墙承重，又称硬山搁檩，如图 9-56 所示。

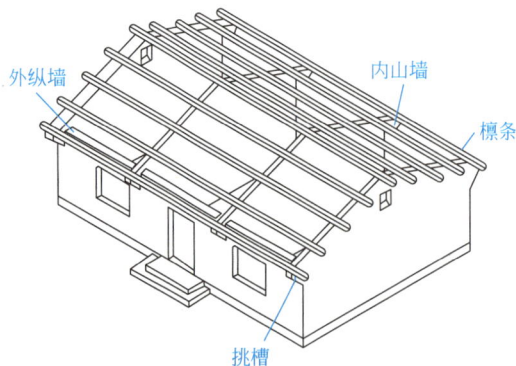

图 9-56 横墙承重

檩条可采用木檩条、钢筋混凝土檩条和钢檩条。在檩条下，应预先设置木垫块或混凝土垫块，以使荷载分布均匀。采用木檩条时，需在其端头做防腐处理。横墙承重一般适用于开间较小的房间，如住宅、宿舍、旅馆等建筑。

3. 屋架承重

当建筑的跨度、高度、内部空间都较大时，可采用屋架承重结构。屋架依据跨度可采用木屋架、钢筋混凝土屋架和钢屋架，构造形式有三角形、梯形、矩形、多边形等，实际生活中多采用三角形，如图 9-57所示。屋架承重适用于需要较大空间的民用建筑或厂房等工业建筑。

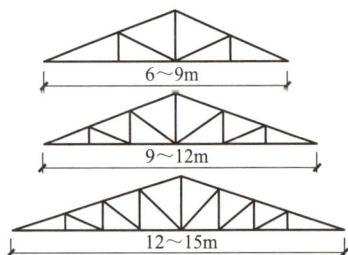

(a) 三角形桁架式屋架

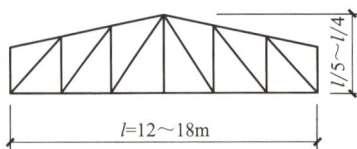

(b) 梯形桁架式屋架

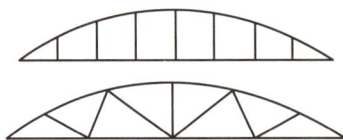

(c) 拱形桁架式屋架

(d) 折线形桁架式屋架

图 9-57 常用屋架形式

4. 钢筋混凝土梁板承重

钢筋混凝土梁板承重结构是现代坡屋顶建筑最常用的承重类型，可预制，可现浇。由于混凝土的可塑性，能塑造各种形式的坡屋顶，广泛用于住宅、别墅、仿古风景园林类建筑中。

9.6 屋顶的保温与隔热

能源是人类社会赖以生存和发展的重要物质基础。人类在开发和利用能源的同时，应采取相应措施，节约能源。建筑能耗的40％是通过屋顶和围护墙体损失的，做好屋顶的保温与隔热是建筑节能的关键环节。在建筑中合理地采用保温隔热材料，既可提高建筑物的保温隔热效果，降低采暖、空调能源损失，又能极大地改善使用者的生活、工作环境。

1. 屋顶的保温

（1）屋顶的保温材料

保温材料应具有吸水率低、密度和导热系数小，并有一定的强度的特点，常用保温材料见表9-3。

常用保温材料 表 9-3

类型	保温材料
板状保温材料	聚苯乙烯泡沫塑料,硬质聚氨酯泡沫塑料,膨胀珍珠岩制品,泡沫玻璃制品,加气混凝土砌块,泡沫混凝土砌块
纤维状保温材料	玻璃棉制品,岩棉、矿渣棉制品
整体保温材料	喷涂硬泡聚氨酯,现浇泡沫混凝土

（2）保温层的位置

1）平屋顶保温层位置

平屋顶保温层位置根据保温层与防水层所处的位置不同，分为正置式屋面保温和倒置式屋面保温两种。

① 正置式屋面保温：将保温层设在结构层之上，防水层之下形成封闭的保温层，又称正铺法，如图9-58（a）所示。

② 倒置式屋面保温：将保温层设在防水层之上，保护层之下，形成敞露的保温层，又称倒铺法，如图9-58（b）所示。

2）坡屋顶保温层位置

坡屋顶的保温根据保温层所处位置，有屋面层保温和顶棚保温两种做法。

① 屋面层保温：将保温层设置在屋面板之上或挂瓦条之间，如图9-59所示。

② 顶棚保温：通常在吊顶龙骨上铺板，板上设保温层，可以起到保温和隔热的双重效果。

2. 屋顶的隔热

屋顶隔热的基本原理，就是减少直接作用于屋顶表面的太阳辐射热。主要构造做法有

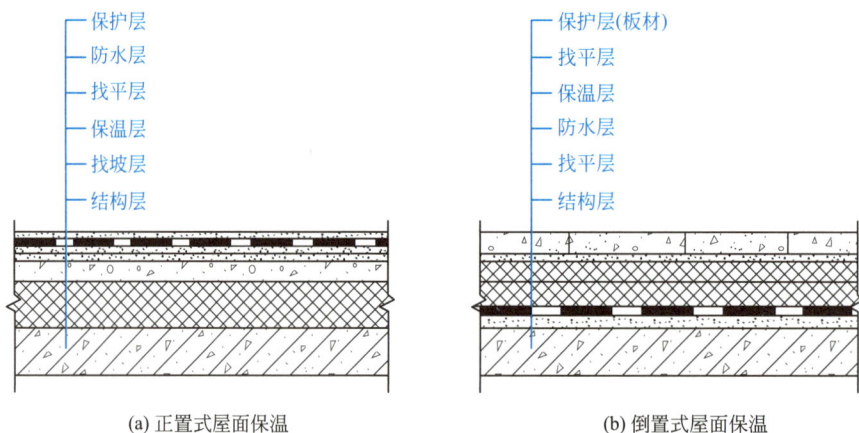

(a) 正置式屋面保温　　　　　　　　　　(b) 倒置式屋面保温

图 9-58　平屋顶保温构造

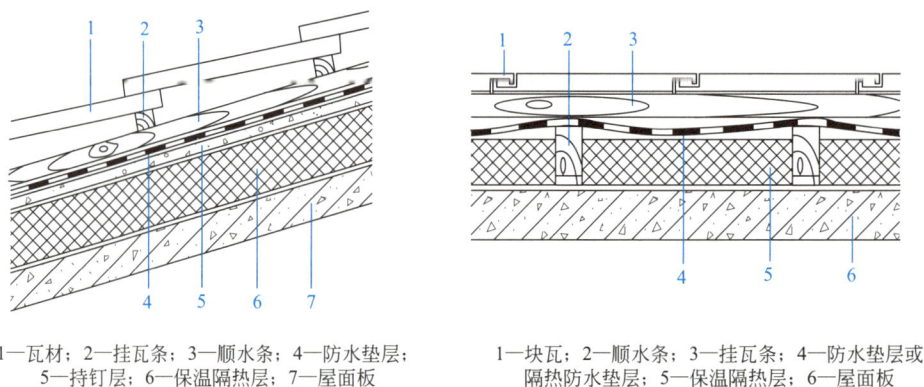

1—瓦材；2—挂瓦条；3—顺水条；4—防水垫层；　　　1—块瓦；2—顺水条；3—挂瓦条；4—防水垫层或
5—持钉层；6—保温隔热层；7—屋面板　　　　　　隔热防水垫层；5—保温隔热层；6—屋面板

图 9-59　坡屋顶保温构造

通风隔热、蓄水隔热、种植隔热、反射隔热等。

（1）平屋顶的隔热

1）通风隔热屋面

在屋顶中设置通风间层，利用风压和热压作用把间层中的热空气不断带走，来减少传到室内的热量，从而达到隔热降温的目的。一般有架空通风隔热屋面和顶棚通风隔热屋面两种做法，如图 9-60 所示。

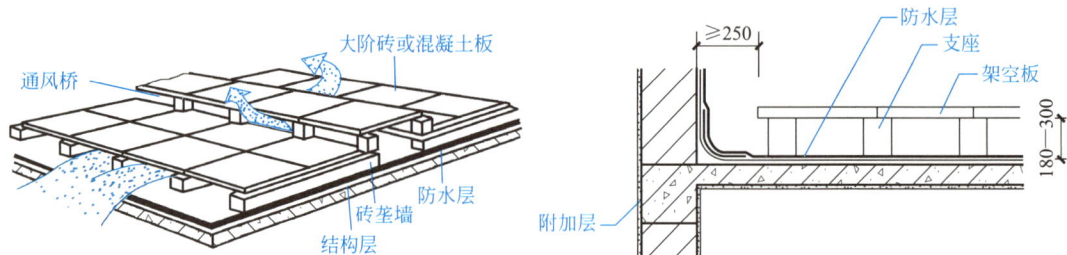

图 9-60　架空通风屋面

2）蓄水隔热屋面

蓄水隔热屋面是利用平屋顶所蓄积的水层吸热蒸发，带走热量来达到屋顶隔热降温的目的，如图 9-61 所示。

3）种植隔热屋面

在屋顶上种植植被，利用植被遮挡阳光及植被的光合作用，吸收热量，从而达到降温隔热的目的，如图 9-62 所示。

图 9-61　蓄水隔热屋面

图 9-62　种植隔热屋面

4）反射隔热屋面

在屋面上涂刷浅色涂料、铺浅色砾石或铝箔隔热膜等，利用材料的颜色和光滑度对热辐射的反射作用，将一部分热量反射回去，从而达到降温的目的。

（2）坡屋顶的隔热

炎热地区在坡屋顶中设进气口和排气口，利用屋顶内外的热压差和迎风面的压力差，组织空气对流，形成屋顶内的自然通风，以减少坡屋顶传入室内的辐射热，从而达到隔热降温的目的。进气口一般设在檐墙上、屋檐部位或室内顶棚上；出气口最好设在屋脊处，以增大高差，有利于加速空气流通，如图 9-63 所示。

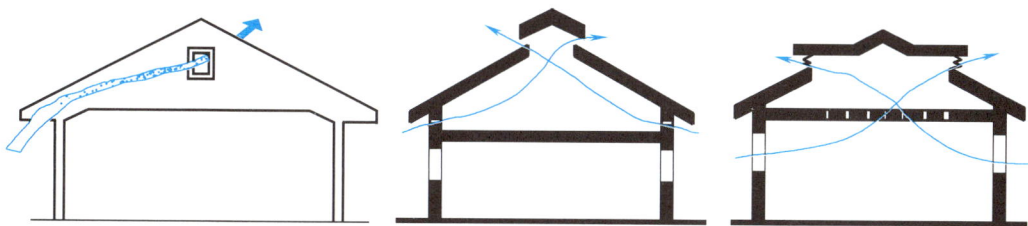

图 9-63　坡屋顶隔热

任务实施

组织学生以小组为单位，分组讨论，完成"任务手册"中项目 3 的任务 9，进行自评、小组互评、教师点评，并总结学习内容。

节能减排

有"冰菱花"之称的北京冬奥会冰球训练场馆——五棵松冰上运动中心，不仅有超高颜值，还实现了超低能耗，是北京市超低能耗建筑示范项目，如图9-64所示。

对于冬奥会场馆的建设工作，要突出科技、智慧、绿色、节俭、特色，注重运用先进科技手段，严格落实节能环保要求，保护生态环境和文物古迹，展示中国风格。

五棵松冰上运动中心作为冬奥会冰球训练场馆，在设计、建设中遵循了这一指导思想。"冰菱花"的格栅幕墙形成了多层次的空间效果，而且通过优化它的热工性能，不仅满足美的感受，而且能遮阳、节能。场馆合理利用透光幕墙、天窗、下沉广场等自然采光，并通过在屋面敷设光伏发电组件及采用LED灯具照明等措施减少耗电量。空调机组和新风机组设置全热回收装置，能有效通过排风对引进室内的新风进行预冷预热，节约空调能耗。

超低能耗建筑适应建筑向绿色低碳建筑发展的趋势，超低能耗建筑技术能够节约能源，减少污染物排放，推进建筑行业绿色低碳转型，助力碳达峰、碳中和"双碳"目标的实现。建筑行业向绿色低碳转型，离不开科技攻关，离不开开拓创新。

图9-64　五棵松冰上运动中心

任务 10 识读建筑立面图

学习目标

1. 学习建筑立面图的形成、作用、命名，能够根据不同的命名方式，给建筑立面图命名。

2. 学习建筑立面图的图示内容及识读方法，能够识读建筑立面图。

3. 学习墙面装修后，能够区分生活中建筑物墙面的装修类型；能够读懂墙面装修构造图。

4. 建筑立面的艺术处理效果，在色泽、材料、造型上尽量与周围环境相协调，既能给人以美的享受，又能环保、节能，实现建筑与自然和谐共生。

思维导图

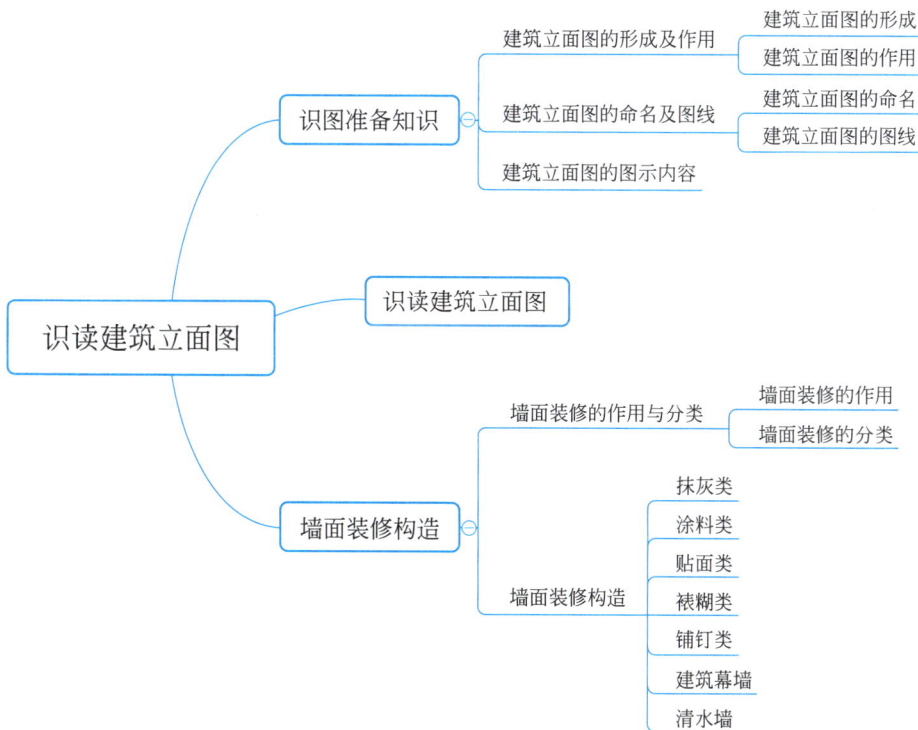

任务导入

观察如图 10-1 所示的建筑立面图，请思考建筑立面图是如何形成的？有什么作用？包括哪些内容？如何识读？墙面装修有哪些材料及构造知识？图纸和构造知识如何结合进行施工？

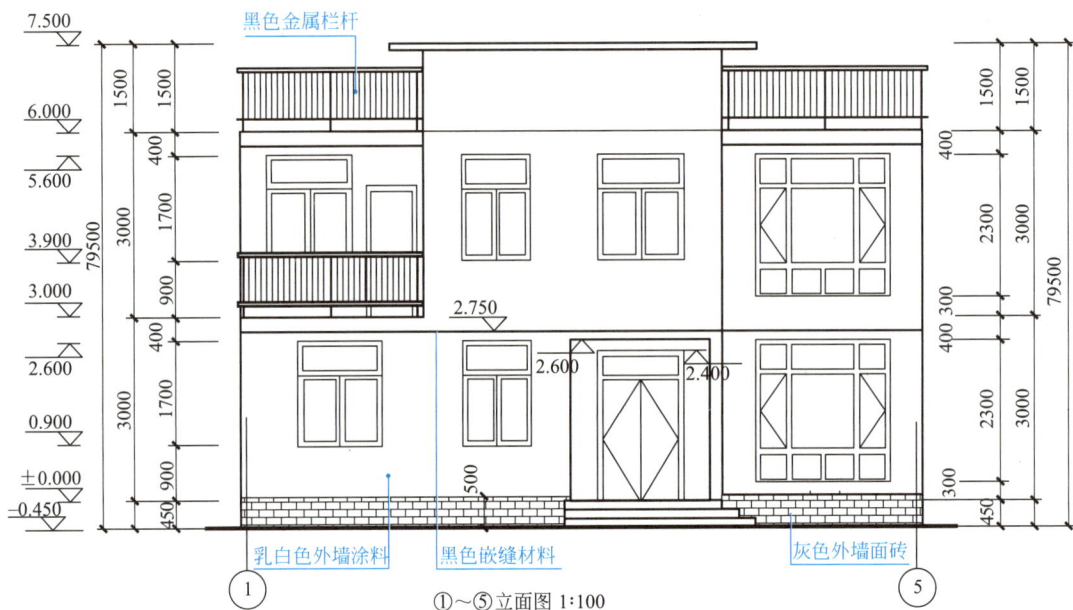

图 10-1　立面图

知识准备

10.1　识图准备知识

10.1.1　建筑立面图的形成及作用

1. 建筑立面图的形成

在与建筑物外立面平行的投影面上所作的正投影图，称为建筑立面图，简称立面图，如图 10-2 所示。

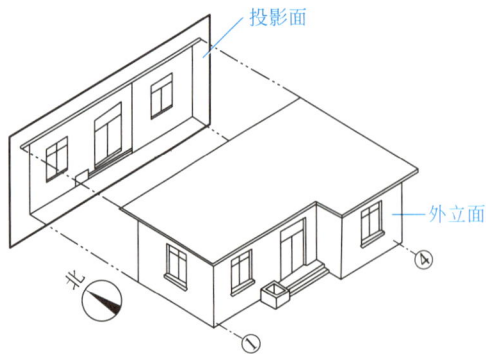

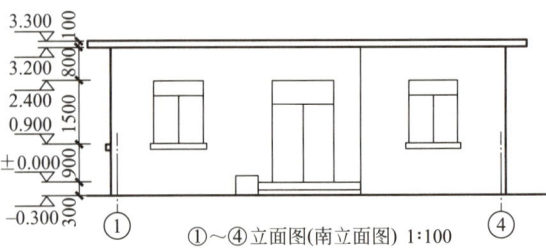

10-1

立面识图准备知识

图 10-2　建筑立面图的形成

2. 建筑立面图的作用

主要反映建筑物的外形轮廓、门窗式样、高度、外墙装修材料、颜色及做法等，是建筑物外墙面装修的主要依据。

10.1.2 建筑立面图的命名及图线

1. 建筑立面图的命名

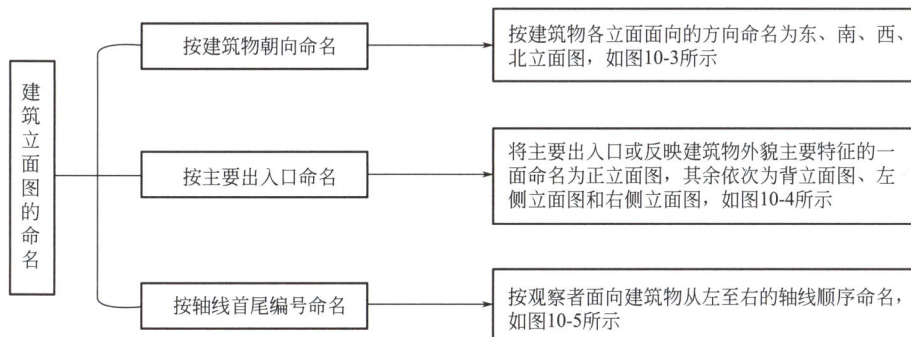

施工图中这三种命名方式都可使用，但每套施工图只能采用其中的一种方式命名。

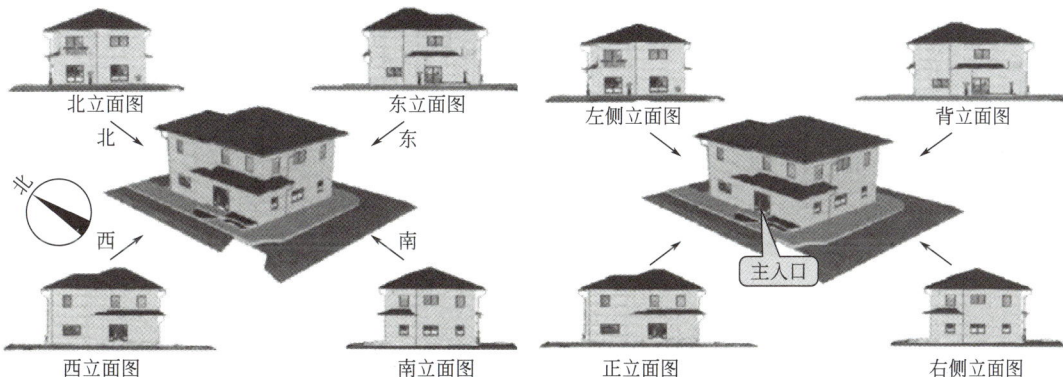

图 10-3 按建筑物朝向命名

图 10-4 按主要出入口命名

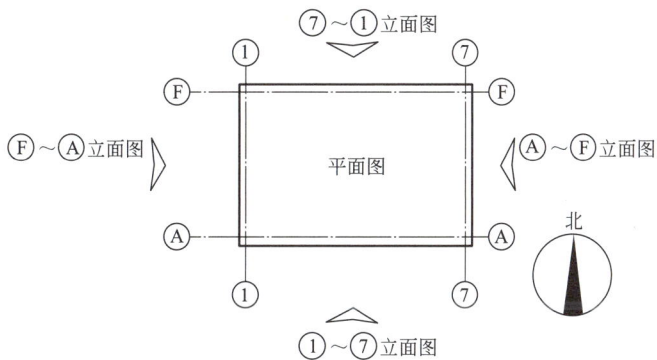

图 10-5 按轴线首尾编号命名

2. 建筑立面图的图线

为使立面图主次分明、清楚美观，通常采用不同粗细的线型来表示建筑物的各部分，加强表达效果。

（1）特粗实线（线宽 1.4b）：室外地坪线。

（2）粗实线（线宽 b）：建筑物的最外轮廓线及较大凹凸部分。

（3）中实线（线宽 0.5b）：较小凹凸部位，如门窗洞口、挑檐、阳台、雨篷、台阶、外凸于墙面的柱子等的轮廓线。

（4）细实线（线宽 0.25b）：其余部分均为细部，如墙面分隔线、门窗分隔线、装修分界线、雨水管等。

10.1.3　建筑立面图的图示内容

1. 比例：常用 1：50、1：100、1：200 的比例绘制，通常采用与建筑平面图相同的比例。

2. 定位轴线和编号：一般只标注两端的定位轴线及编号。

3. 建筑物外轮廓及主要建筑构造部件的位置和外形，如室内外地坪、台阶、勒脚、窗、窗台、阳台、雨篷、檐口、屋顶、雨水管、女儿墙、栏杆等。

4. 尺寸标注及标高

立面中的尺寸表示建筑物高度方向的尺寸，以外部三道尺寸线和标高来表示。

（1）尺寸

一般用三道尺寸线表示。第一道也就是最外侧一道为建筑物总高；第二道为建筑层高；第三道是细部尺寸，反映门窗洞口、窗台、窗顶的高度。

（2）标高

一般要注写室外地坪、室内地面、楼层、屋顶、门窗洞口的上下口、雨篷、女儿墙压顶、檐口等的标高。

5. 外墙面装修

一般用引出线说明外墙面的装修部位、采用的材料做法和颜色。

6. 表示门窗分格线，索引符号等内容。

10.2　识读建筑立面图

以任务手册××学校实训楼 JS-08 南立面图为例，说明立面图的识读方法。

1. 看图名、比例

该图名称为南立面，比例为 1：100。对照一层平面图，明确此立面图表达建筑物南侧Ⓐ轴Ⓒ轴及弧形墙处墙体的外立面。

2. 分析立面图外形轮廓，了解建筑物的外貌形状

该立面图外形轮廓为矩形，有 2 处玻璃幕墙，六层屋顶局部有 2 处突出。整个南立面按左右平齐、上下对齐的方式布置矩形窗洞。楼层位置处以横向线条分隔，与玻璃幕墙的纵横向分隔相呼应。框架柱突出外墙面形成竖向线条。

3. 了解立面图上的建筑构造部件的形状及位置

南立面图靠近①轴处有三级台阶、挡墙和入口，入口上方有雨篷，雨篷上方是弧形玻璃幕墙。对照平面图知，入口为门 M-1，雨篷为不锈钢钢化玻璃雨篷，上方弧形玻璃幕墙为 MQ-3。南立面①轴左侧二层挑出，靠近⑪轴处有上悬窗，对照平面图知，①轴左侧挑出幕墙 MQ-1，靠近⑪轴处的上悬窗是挑出Ⓐ轴的幕墙 MQ-2 上的可开启窗扇。南立面③轴和⑪轴间有矩形窗洞，对照平面图知窗洞为 C-2；对照门窗统计表阅读知，C-2 为隔热铝合金推拉窗。该立面图顶层有突出屋顶的女儿墙，厚度、材料可参照墙身详图。南立面③轴和⑪轴间有 7 个框架柱凸出墙面，对照结构施工图 GS-04 框架柱配筋平面图知，框架柱的编号分别为 KZ1、KZ6、KZ5，立面图中有 3 根雨落管。六层屋顶局部有 2 处突出，对照屋顶平面图知，靠近①轴处屋顶局部突出为水箱间和电梯机房，靠近⑪轴处为钢结构装饰构架；水箱间和电梯机房处有 3 个门，3 个雨篷和 1 个窗洞；对照平面图知，门的编号分别为 M-4 和 FHM-2，窗的编号为 C-3。

4. 识读尺寸标注，包括外部三道尺寸线及标高

由南立面图右侧三道尺寸线知，建筑物总高 23.05m；室内外高差为 0.45m；1~5 层层高为 3.6m，顶层层高为 3.55m；女儿墙高为 1.05m；窗台高为 900mm，窗洞高为 2000mm，1~5 层窗顶高为 700mm，顶层窗顶高为 650mm。由标高知，室外地坪标高为－0.450m，室内地坪标高为±0.000，二层楼面建筑标高为 3.600m，三层楼面建筑标高为 7.200m……屋顶结构标高为 21.550m，女儿墙顶标高为 22.600m，弧形玻璃幕墙处女儿墙顶标高为 22.100m。

5. 了解建筑物立面的外装修做法，包括装修部位、材料及颜色

由南立面知，勒脚为深灰色花岗岩；楼层处水平分格线及顶层挑檐为 200mm 宽的深灰色高级外墙真石漆；幕墙 MQ-2 的边框为白色真石漆；其余部分墙面均为米黄色高级外墙真石漆。

6. 识读索引符号及其部位

南立面有 3 个索引符号，$\frac{1}{13}$ $\frac{2}{13}$ $\frac{3}{14}$ 表明墙身详图的剖切位置、投影方向、详图编号和详图所在的图纸编号。$\frac{1}{13}$ 墙身详图的剖切位置通过主入口 M-1、玻璃幕墙 MQ3，从室外地坪至女儿墙顶剖切开向左投影，详图编号为 1，详图画在建筑施工图的第 13 页上。

10.3　墙面装修构造

10.3.1　墙面装修的作用与分类

1. 墙面装修的作用

（1）保护墙体，使墙体免受伤害，延长墙体使用年限。

（2）提高墙体的保温、隔热、隔声、防渗透的能力。

（3）改善环境卫生，调节室内光线。

（4）提高建筑艺术效果，美化环境。

2. 墙面装修的分类

（1）按所处的部位不同，分为外墙面装修和内墙面装修。

（2）按材料和施工方式不同，分为抹灰类、涂料类、贴面类、裱糊类、铺钉类、幕墙类、清水墙。

10.3.2 墙面装修构造

10-2

墙面装修

1. 抹灰类

抹灰类墙面材料来源广泛、施工方便、造价经济，通过施工工艺的改变可以获得多种装饰效果，因此在建筑墙面装修中应用广泛。根据材料和施工工艺不同，分为一般抹灰和装饰抹灰。

一般抹灰是指用水泥砂浆、水泥石灰砂浆、水泥粉煤灰砂浆、聚合物水泥砂浆和石膏砂浆等作为饰面层的装修做法。为保证抹灰质量，做到表面光滑、洁净、颜色均匀、无抹纹，抹灰层不空鼓、脱落，施工时应分层操作，一般分底层、中间层、面层三层，如图 10-6 所示。底层起与墙体粘结牢固和初步找平的作用；中间层起进一步找平作用；面层抹灰起装饰作用。

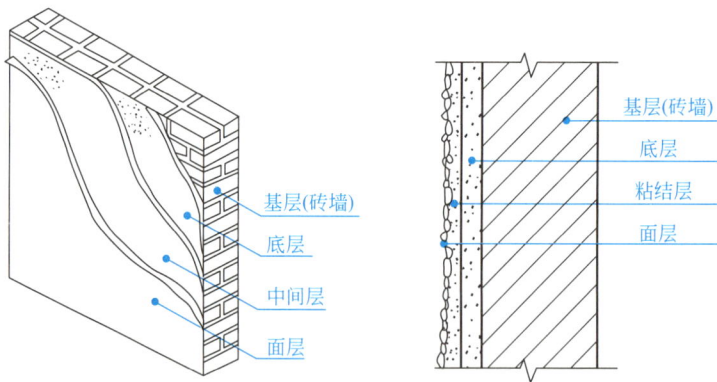

基层(砖墙)
底层
中间层
面层

基层(砖墙)
底层
粘结层
面层

图 10-6　墙面抹灰构造层次

装饰抹灰通过工艺、材料等方面的改良，让抹灰更具有装饰效果。常见的有水刷石、干粘石、斩假石、拉毛灰等，如图 10-7 所示。

对于易被碰撞，室内墙面、柱面和门洞口的阳角应采用不低于 M20 水泥砂浆做护角，其高度不应低于 2m，每侧宽度不应小于 50mm，如图 10-8 所示。现在家庭装修中，为了防止墙角磕碰、保护家人安全，尤其是儿童的安全以及增加室内装饰效果，常购买成品护角。成品护角常用材质有金属、木质、橡胶、PVC 塑料、亚克力、有机玻璃等，可以根据家庭需要及装修风格选用，如图 10-9 所示。

(a) 水刷石墙面　　　　　　　　　　　　(b) 拉毛灰

图 10-7　装饰抹灰墙面效果图

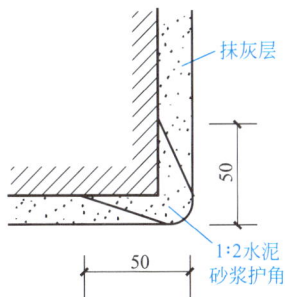

抹灰层

50

1:2水泥
砂浆护角

50

图 10-8　阳角护角　　　　　　　　　　图 10-9　成品护角装饰效果

2. 涂料类

涂料类墙面指将各种涂料涂刷于基层表面，形成完整牢固的保护膜的装修做法。具有造价低、装饰性好、施工简便、更新方便等特点，广泛应用于室内外墙面装修。建筑涂料的品种很多，用于外墙面的涂料，应具有良好的耐久、耐冻、耐污染性能；内墙涂料除满足装饰和环保外，还需有一定的强度和耐擦洗性能。随着科技的进步与发展，新型绿色、环保、节能的墙面装修涂料越来越多，装饰效果及安全性也越来越好。涂料装修效果如图 10-10 所示。

(a) 真石漆效果图　　　　　　　　　　　(b) 乳胶漆效果图

图 10-10　外墙涂料装修效果图

涂料类装修按施涂方法分为刷涂（用毛刷蘸浆）、滚涂（用滚子滚压）和喷涂（用喷浆机喷涂）等，如图 10-11 所示。

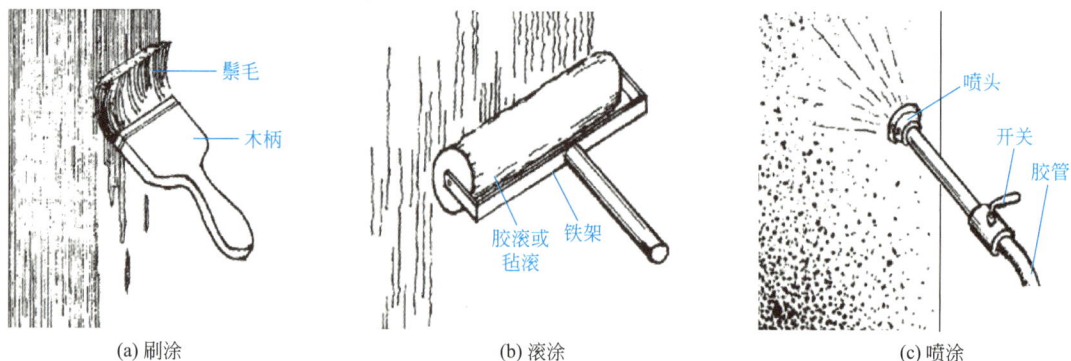

(a) 刷涂 　　　　　(b) 滚涂 　　　　　(c) 喷涂

图 10-11　涂料类装修

3. 贴面类

贴面类墙面指采用天然或人造板材、块材，通过直接粘贴于基层或勾挂施工镶贴到墙柱面的装修做法。具有装饰效果好、色泽稳定、易清洗、防水等优点，室内、室外均可使用。常用的贴面材料包括陶瓷制品、天然石板和人造石板等。根据施工方法和构造特点不同，分为直接镶贴和贴挂类两类。

（1）直接镶贴

直接镶贴构造简单，由底层砂浆、粘结层砂浆和块状贴面材料面层组成。常见的直接镶贴饰面材料有陶瓷制品，如面砖、瓷砖、陶瓷锦砖等尺寸较小的贴面材料，如图 10-12 所示。

陶瓷锦砖俗称马赛克，有陶瓷锦砖和玻璃锦砖之分。根据花色品种，可拼成各种花纹图案，如图 10-13 所示。

图 10-12　面砖墙面效果图

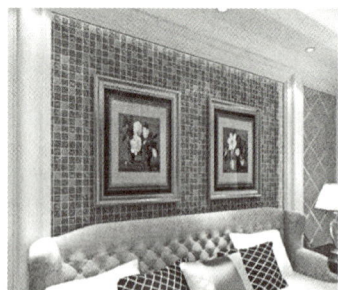

图 10-13　陶瓷锦砖墙面效果图

（2）贴挂类

板材色彩丰富、光洁华丽、装饰效果好，有很高的观赏效果，给人以高贵典雅、凝重肃穆的感觉。常见的贴挂类饰面材料有天然石材（如花岗石、大理石等）和人造石材（如人造花岗石、人造大理石等），如图 10-14 所示。

贴挂类饰面装修通常有湿挂法和干挂法两种方法。

图 10-14　石材墙面效果图

　　湿挂法是在建筑结构墙体上固定竖向钢筋，在竖向钢筋上绑扎横向钢筋，从而构成纵横布置的钢筋网，在钢筋网上绑扎石材或是采用金属锚固件钩挂石材，最后在石材背面与墙体形成的空腔内灌注水泥砂浆，如图 10-15 所示。

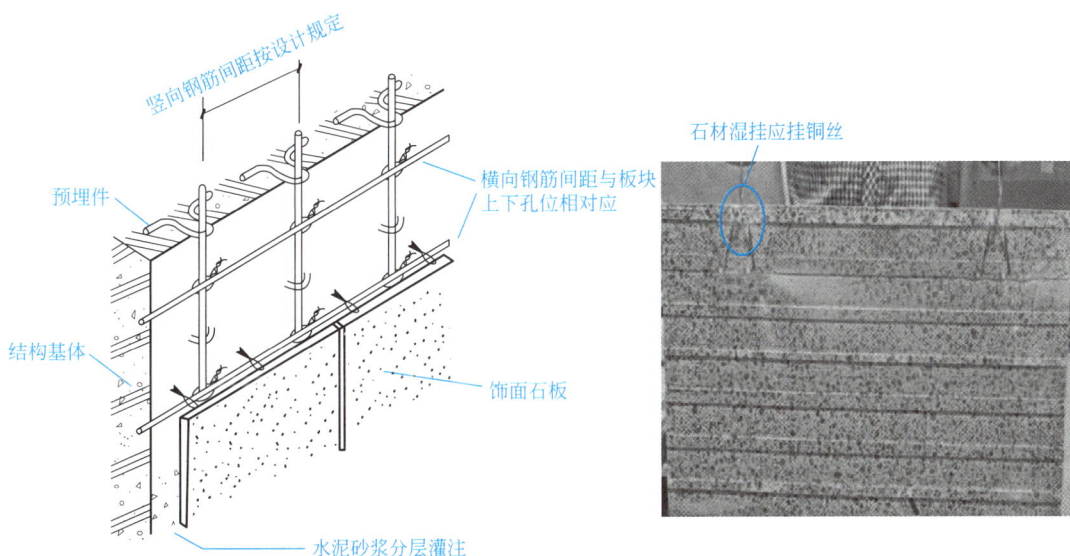

图 10-15　石材湿挂法

　　石材干挂法又名空挂法，是用金属挂件将石材直接吊挂于墙体或空挂于钢架上，不需再灌浆粘贴。常用的做法是根据设计要求，安装石材干挂的支撑体系金属龙骨与墙体固定，将加工好的石材，用专用的悬挂件和角码等固定在支撑体系上，以确保石材的稳定性和安全性。安装过程中需要注意石材的位置和间距，以保证整体效果的美观和均衡，如图 10-16 所示。

4. 裱糊类

　　裱糊类墙面常用于建筑内墙面装修，是将卷材类软质饰面装饰材料用胶粘贴到平整基层上的装修做法。具有装饰效果好、施工简捷、效率高、更换方便等优点。裱糊类墙面常用的有墙纸、墙布、锦缎、皮革、薄木等，如图 10-17 所示。

图 10-16 石材干挂法

图 10-17 裱糊类墙面装修效果图

5. 铺钉类

铺钉类墙面是把各种天然或人造薄板铺钉在墙面上的装修做法。由骨架和面板两部分组成。在施工时在墙面上固定骨架，然后在骨架上铺钉装饰面板。铺钉类墙面包括木质、金属、玻璃及其他板材饰面装饰，如图 10-18 所示。

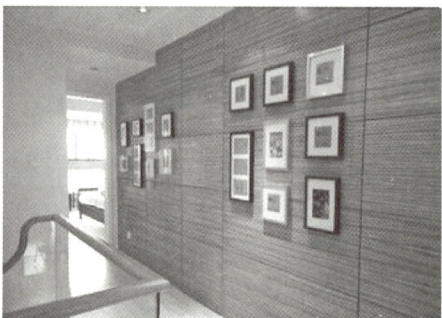

图 10-18 铺钉类墙面装修

6. 建筑幕墙

建筑幕墙是指不承担主体结构荷载与作用的建筑外围护结构，由支承框架与面板组成。根据面板材料不同分为玻璃幕墙、金属幕墙、石材幕墙及其他板材幕墙等，如图 10-19 所示。

(a) 铝合金幕墙

(b) 石材幕墙

图 10-19　建筑幕墙

按框体结构形式，幕墙可分为明框幕墙、隐框幕墙、点式幕墙、全玻璃幕墙等。

明框幕墙指金属框架构件显露在外表面的幕墙，如图 10-20 所示。明框玻璃幕墙是最传统的形式，应用最广泛，工作性能可靠。相对于隐框玻璃幕墙，更易满足施工技术水平要求。

隐框幕墙指金属框架隐藏在面板之下的幕墙，如图 10-21 所示，又可分为全隐框幕墙和半隐框幕墙。

图 10-20　明框幕墙

图 10-21　隐框幕墙

点式幕墙是直接通过点支撑和连接件将面板与金属框架连接在一起，既美观又方便安装，如图 10-22 所示。

全玻璃幕墙是指由玻璃肋和玻璃面板构成的玻璃幕墙。这种幕墙系统没有传统的金属框架，而是通过玻璃肋来支撑和固定面板。全玻璃幕墙是随着玻璃生产技术的提高和产品的多样化而诞生的，它为建筑师创造奇特、透明、晶莹的建筑提供了条件，设计允许更大的视野和透明度，如图 10-23 所示。

7. 清水墙

清水墙指墙面不作覆盖性装饰面层，只在原结构砖墙或混凝土墙的表面进行勾缝或模纹处理，利用墙体材料的质感和颜色取得装饰效果的一种装饰方法。主要有清水砖墙和清水混凝土墙，如图 10-24 所示。

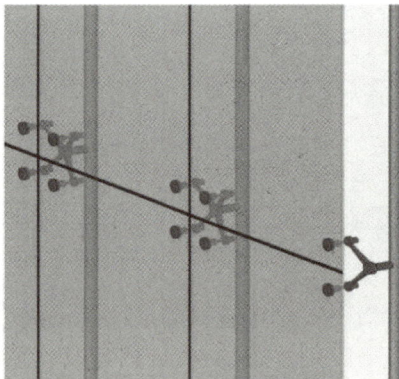

图 10-22　点式幕墙

图 10-23　全玻璃幕墙

(a) 清水砖墙

(b) 清水混凝土墙

图 10-24　清水墙效果图

任务实施

　　组织学生以小组为单位，分组讨论，完成"任务手册"中项目 3 的任务 10，进行自评、小组互评、教师点评，并总结学习内容。

建筑与自然

　　建筑与人们生活息息相关，建筑立面的艺术处理与城市环境、节能减排关系密切。建筑是人类文明的重要标志，也是人类生活的重要场所；建筑也是环境的一部分，它与周围的城市环境和自然生态有着相互影响、相互依存的关系。在建筑设计时，要考虑到建筑与环境之间的关系，优化建筑来更好地适应城市环境和自然生态，实现建筑与环境的和谐共生。

　　中国大运河被列为世界文化遗产，是中华文明精神标识之一。扬州中国大运河博物馆整体采用巨型船只造型，就像一只即将扬帆起航的船只停靠在岸边，如图 10-25所示。这座博物馆位于江苏省扬州市广陵区三湾湿地公园附近，紧邻大运河河道，与周围环境形成了馆、塔、园、河、桥浑然一体的天然图画。整体设计为传统与现代相结合的新唐风设计风格，融入了节能、环保、可持续发展的绿色建筑理念，使得历史文化与现代文明交相辉映。这座巨型的航船向人们展现着大运河的历史概况、现今状态与未来发展。

环境是人类赖以生存的条件，建筑设计师们在让人们享受建筑美的同时，还考虑建筑与自然的和谐，考虑保护环境的重要性，这种追求卓越和完美的工匠精神，是建筑人的最高境界。

图 10-25 中国大运河博物馆

任务 11　识读建筑剖面图

学习目标

1. 学习建筑剖面图的形成及作用，能够理解并描述。
2. 掌握剖面图中表达的内容及图例、符号及识读方法，能够准确识读建筑剖面图。
3. 学习楼板类型，能够区分楼板的类型。
4. 通过建筑剖面图的识读，学生明白看问题不能只看表面，要透过现象看本质，要独立分析问题，要实事求是，通过不断学习和积累，提高自己认识问题和分析问题的能力。

思维导图

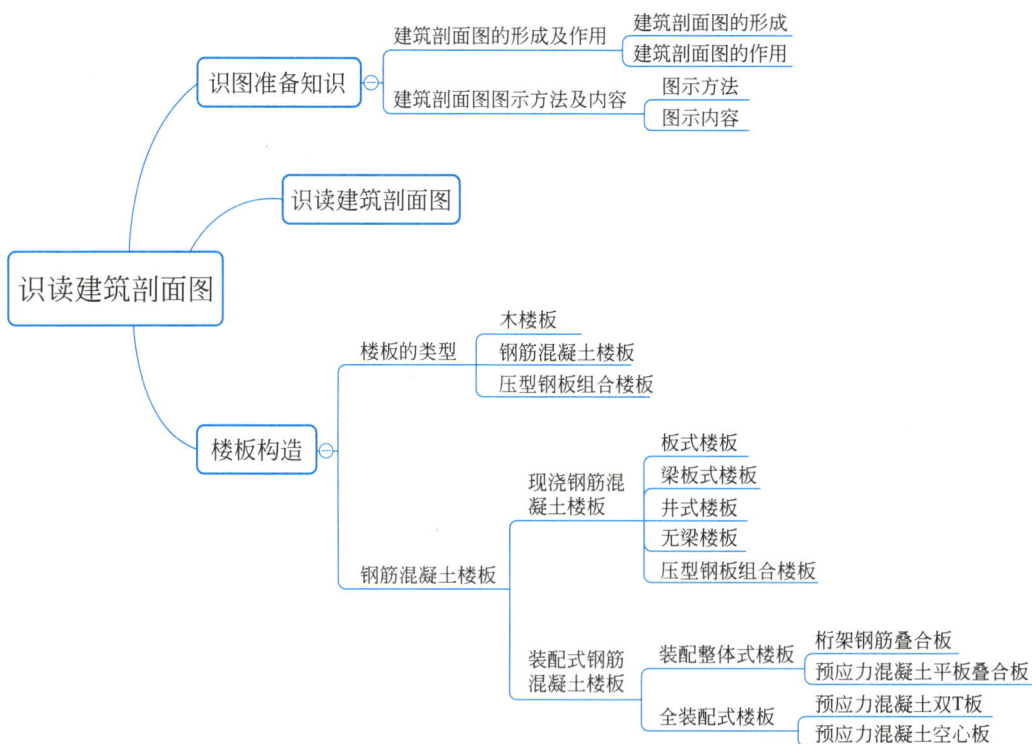

任务导入

观察如图 11-1 所示的建筑剖面图，请思考建筑剖面图是如何形成的？有什么作用？包括哪些内容？如何识读？构造知识与剖面图识读如何相结合？

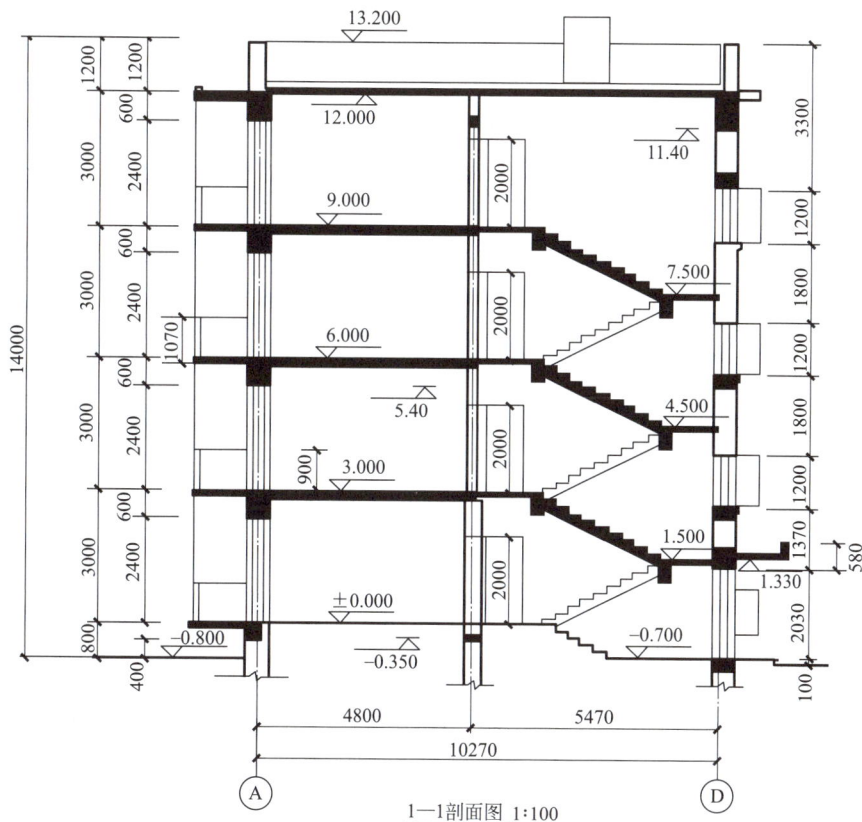

图 11-1 剖面图

知识准备

11.1 识图准备知识

11.1.1 建筑剖面图的形成及作用

1. 建筑剖面图的形成

假想用一个或多个铅垂剖切面将建筑物剖开，移去剖切面与观察者之间的部分，对剩余部分所作的正投影图，称为建筑剖面图，简称剖面图，如图 11-2 所示。

剖面图的剖切位置一般选择在建筑物内部结构和构造比较复杂或有代表性的部位，并应通过门窗洞口、楼梯间所在位置，如图 11-1 所示。剖切位置应在一层建筑平面图中用剖切符号标注，剖面图的图名应与平面图中的剖切符号编号一致，以利于对照阅读，如图 11-2 所示。剖面图的数量是根据房屋的复杂程度和施工的实际需要而决定的。

11-1

建筑剖面图的形成及作用

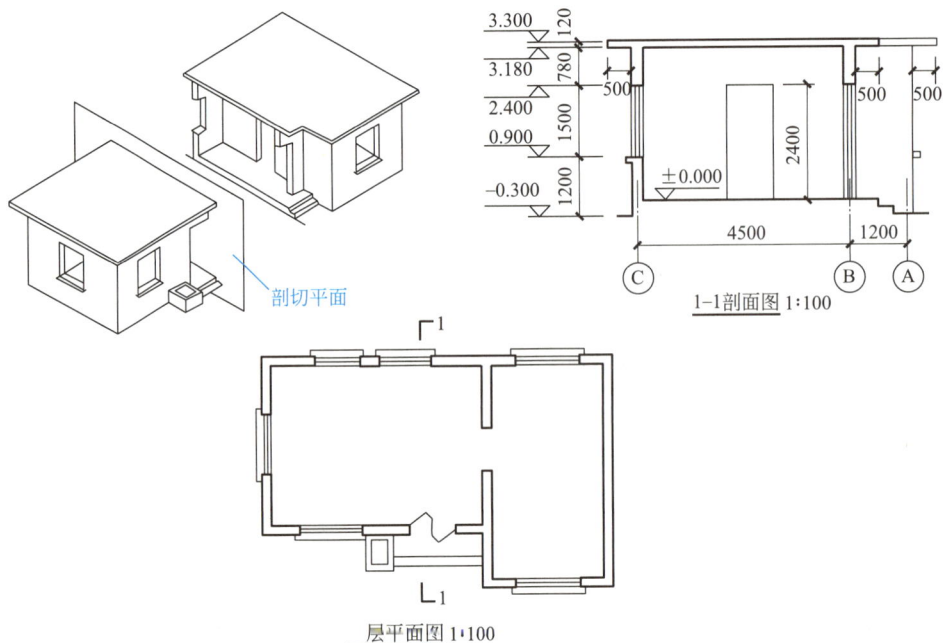

图 11-2　建筑剖面图的形成

2. 建筑剖面图的作用

建筑剖面图用以表达建筑的结构形式、内部构造、分层情况、楼地面、屋顶的构造及相关尺寸、标高等。

11.1.2　建筑剖面图图示方法及内容

1. 图示方法

建筑剖面图的比例一般与平面图、立面图的比例一致，便于对照阅读。剖面图中一般不画材料图例，被剖切到的墙体、梁、板等轮廓线用粗实线表示，没有剖切到但可见部分用细实线表示，被剖切到的钢筋混凝土梁、板等可涂黑表示。

2. 图示内容

（1）表示被剖切到的墙、柱及其定位轴线的编号。

（2）表示室内底层地面、各层楼面、顶棚、屋顶、门窗、过梁、楼梯、阳台、雨篷、踢脚、室外地坪、散水及室内外装修等被剖切到和可见的内容。

（3）标注尺寸和标高。

1）尺寸

高度方向一般标注三道尺寸线，最外一道标注建筑总高度；中间一道标注各层层高及室内外高差；最里边一道标注窗台高度、门窗洞口高度、窗顶高度、女儿墙高度等细部尺寸。

2）标高

主要部位标高，如室内外地面、各层楼面、屋顶、楼梯平台、女儿墙顶、高出屋面的

11-2

剖面图的图示方法及内容

楼梯间、电梯间顶等处的标高。注写标高及尺寸时，应注意与立面图和平面图相一致。

（4）表示楼地面、屋顶的构造做法，构造详图的索引符号。

11.2　识读建筑剖面图

以任务手册××学校实训楼JS-11中1-1剖面图为例，说明建筑剖面图的识读方法。

1. 看图名、比例，对照一层平面图查阅剖切位置、投影方向

由剖面图知，图名为1-1剖面图，比例为1：100。查阅一层平面图知，剖切符号在⑧轴⑨轴之间，编号为1-1，向右投影。

2. 分析建筑被剖切的部分及未剖切但可见部分

由一层平面图的剖切位置及各层平面图与剖面图对照阅读知，剖面图剖切到了ⒶⒷⒸⒹ轴上的墙体及其墙体上的门窗洞口、框架梁、过梁、女儿墙；剖切到了地面、楼板、屋顶。剖切到构件的轮廓线用粗实线绘制，未剖切到但向右投影可见到框架柱、框架梁的轮廓线，⑪轴上的窗洞及屋顶上的钢结构装饰架等，用细实线表示。

3. 明确建筑分层情况及主要构件所用材料

由1-1剖面图知，ⒶⒸ轴间共六层，ⒸⒹ轴间共五层。楼板、屋面板、框架梁、过梁等均为钢筋混凝土材料，楼板类型为梁板式楼板；ⒶⒸ轴上的女儿墙为钢筋混凝土材料。对照相应的结构图可了解楼板、屋面板、框架梁的编号及尺寸。

4. 识读尺寸标注，包括外部三道尺寸线及标高

由图知，建筑室内外地坪高差为450mm，楼层层高为3.6m，顶层层高为3.55m。外墙上窗台高为900mm，窗洞高为2000mm；内墙窗洞高为1200mm，窗台高为1700mm。五层屋顶处女儿墙高为500mm，六层屋顶处女儿墙高为1050mm。对照相应的平面图可了解门窗洞口的编号。

5. 了解建筑屋顶情况

此建筑屋顶为平屋顶，排水形式为女儿墙有组织排水，屋顶分为17.950m和21.550m两个部分。

6. 了解构造详图的索引符号位置及编号

由图可知，屋顶上的钢结构装饰构架材料为铝塑板面层，二次装修时做。

11.3　楼板构造

11.3.1　楼板的类型

楼板根据其结构层使用的材料不同，可分为木楼板、钢筋混凝土楼板和压型钢板组合楼板等，如图 11-3 所示。

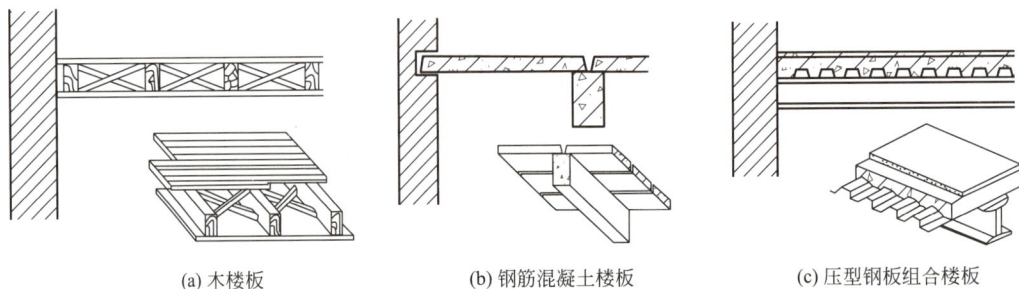

(a) 木楼板   (b) 钢筋混凝土楼板   (c) 压型钢板组合楼板

图 11-3　楼板类型

1. 木楼板具有自重轻、构造简单、装饰效果好、脚感舒适等优点。但由于它不防火，耐久性差且耗木材量大，现已极少采用。

2. 钢筋混凝土楼板强度高、整体性好，耐久性和耐火性较好，还具有良好的可塑性，便于工业化生产，是目前应用最广泛的楼板类型。

3. 压型钢板组合楼板又称钢衬板楼板，是指以压型钢板为衬板，在其上现浇混凝土形成的楼板。具有刚度大，整体性好，施工速度快等优点，是目前大力推广的一种新型楼板。

11.3.2　钢筋混凝土楼板

11-3

楼板构造

钢筋混凝土楼板按其施工方法不同，可分为现浇式钢筋混凝土楼板和装配式钢筋混凝土楼板。

1. 现浇钢筋混凝土楼板

现浇钢筋混凝土楼板是在现场支模板，绑扎钢筋，浇捣混凝土，经养护、拆模而成的楼板。它整体性好，抗震性强，能适应各种建筑平面构件形状的变化，但模板用量多，现场湿作业量大，工期长，且受施工季节影响较大。

现浇钢筋混凝土楼板根据受力和传力情况的不同，可分为板式楼板、梁板式楼板、井式楼板、无梁楼板和压型钢板组合楼板。

（1）板式楼板

板式楼板是将板直接搁置在四周墙上的楼板，如图 11-4 所示。板式楼板底面平整、美观、施工方便，适用于平面尺寸较小的房间，特别是墙体承重体系的建筑的房间，如走廊、厕所、厨房等。

根据受力特点和支承情况，板式楼板有单向板与双向板之分，如图 11-4 所示。

1）单向板是指长边与短边之比≥3 的板。单向板的受力钢筋沿短边方向布置，沿长边方向布置构造钢筋。

2）双向板是指长边与短边之比≤2 的板。双向板荷载沿板双向传递，在两个方向产生弯曲，在双向板中受力钢筋沿双向布置。

3）当长边与短边长度之比介于 2～3 之间时，宜按双向板计算。

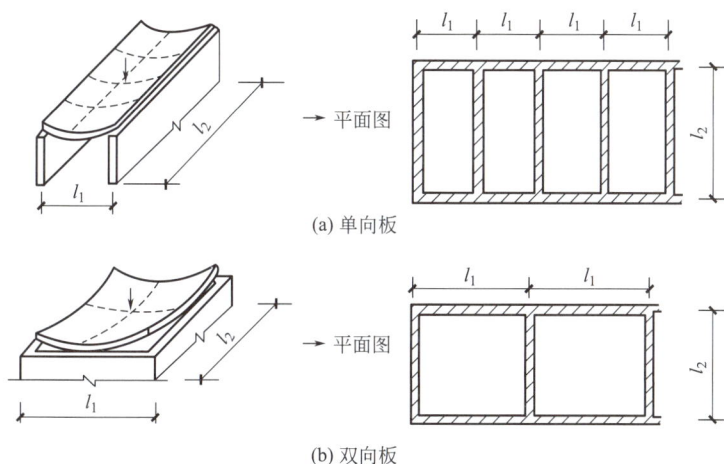

图 11-4 板式楼板

（2）梁板式楼板

梁板式楼板又称肋形楼板，一般由板、次梁、主梁组成。主梁支撑在柱上，次梁支撑在主梁上，板支撑在次梁上，荷载传递途径为板→次梁→主梁→柱，如图 11-5 所示，适用于平面尺寸较大的房间。肋形楼板是现浇钢筋混凝土楼板中最常见的一种形式。

（3）井式楼板

当房间尺寸较大，并接近正方形时，常沿纵横两个方向布置等距离、等截面高度，不分主次的梁，呈井字形，板为双向板，这种梁板结构称为井式楼板。纵梁、横梁同时承担着由板传递下来的荷载，井式楼板是梁板式楼板的一种特殊形式，如图 11-6 所示。井式楼板常用于需要较大空间的公共建筑的门厅、大厅。

图 11-5 梁板式楼板

图 11-6 井式楼板

（4）无梁楼板

无梁楼板是将板直接支承在柱上，不设梁的楼板，如图 11-7 所示。根据柱顶形状分为有柱帽和无柱帽两种。无梁楼板的楼层净空较大，顶棚平整，采光通风和卫生条件较好，多用于楼面荷载较大的商场、仓库和展览馆等建筑中。

(a) 有柱帽和托板   (b) 无柱帽

图 11-7 无梁楼板

（5）压型钢板组合楼板

压型钢板组合楼板是在型钢梁上铺设表面凹凸相间的压型薄钢板做衬板与现浇混凝土浇筑在一起构成的整体式楼板。压型钢板不仅作为混凝土的永久性模板，而且作为楼板的下部受力钢筋，与混凝土一起共同工作形成组合楼板，如图 11-8 所示。

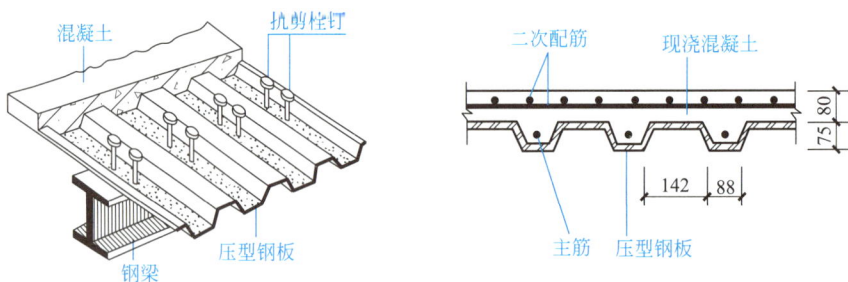

图 11-8 压型钢板组合楼板

压型钢板组合楼板由钢梁、压型钢板和现浇混凝土三部分组成。压型钢板铺设在钢梁上，与钢梁之间用焊接、螺栓或铆钉进行连接。这种组合楼板自重轻、强度高、刚度大、施工速度快、易于更新、便于工业化生产，适用于大空间建筑和高层建筑，在国际上已普遍采用。

2. 装配式钢筋混凝土楼板

装配式钢筋混凝土楼板是指在工厂预制、现场安装的楼板。这种楼板可提高建筑工业化水平，节约模板，缩短工期，施工不受季节限制，减少现场湿作业，改善劳动条件。装配式钢筋混凝土楼板融合了大量数字化技术，在建筑业转型升级和低碳发展的大背景下，符合建筑产业现代化、智能化、绿色化的发展方向。

装配式钢筋混凝土楼板有全装配式和装配整体式两种。常见的有桁架钢筋叠合板、预应力混凝土平板叠合板、预应力混凝土双 T 板、预应力混凝土空心板，如图 11-9 所示。

（1）桁架钢筋叠合板

桁架钢筋叠合板是装配式建筑应用最广泛的预制板。这种楼板分为预制层和现浇叠合层，规范规定预制层厚度一般为 60～80mm，现浇层厚度一般为 70mm。内部设置桁架钢筋的作用就是防止构件开裂。适用于非抗震设计及抗震设防烈度为 6～8 度的地区。

(a) 桁架钢筋叠合板

(b) 预应力混凝土平板叠合板

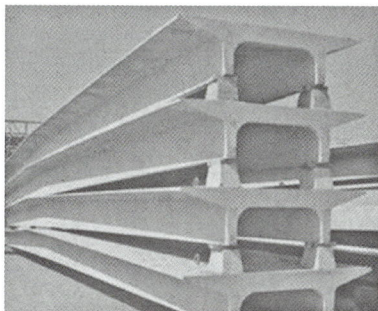

(c) 预应力混凝土双T板

(d) 预应力混凝土空心板

图 11-9 装配式钢筋混凝土楼板

（2）预应力混凝土平板叠合板

这种板是预应力混凝土薄板与上部混凝土叠合层形成整体受力的叠合楼板。其主要特点是采用预应力钢筋，能减少成本，但抗弯及抗折刚度较低，反拱较大，运输及吊装过程中容易折断，跨度较大时需要设置临时支撑，且新旧混凝土之间的粘结力较低，楼面荷载较大时叠合面易开裂。

桁架钢筋叠合板和预应力混凝土平板叠合板均属于装配整体式钢筋混凝土楼板。

（3）预应力混凝土双 T 板

预应力混凝土双 T 板是一种采用高强材料制作而成的先张法预应力混凝土构件，具有跨度大，承载能力高，整体性好，抗裂度高，材料用量省，综合生产效率高等显著优势。双 T 板被广泛应用于工业厂房、物流仓库、立体停车楼、商务办公楼等工业与公共建筑。近年来，随着装配式混凝土结构在我国的快速发展，其应用量持续上升。

（4）预应力混凝土空心板

与其他类型的楼板相比，预应力空心楼板的一个优势是对材料的高效利用。预应力空心楼板需要较高级别的混凝土和钢材质量，因此通过较少的材料即可获得与现浇楼板相同的承载能力。与现浇混凝土结构的楼板相比，可以节省大量混凝土，还可以减少钢筋的使用量。

预应力混凝土双 T 板和预应力混凝土空心板均属于全装配式钢筋混凝土楼板。

任务实施

组织学生以小组为单位，分组讨论，完成"任务手册"中项目 3 的任务 11，进行自评、小组互评、教师点评，并总结学习内容。

民族自豪感

　　2019 年完成的京张高速铁路八达岭长城站工程，是国人运用聪明智慧建成的又一个令人惊叹的工程（图 11-10）。该工程要在地下穿越八达岭长城和詹天佑设计的京张铁路古迹。在复杂的地质环境中，处理好自然环境、文物古迹保护和新建工程建设之间的关系，是一个难度很大的课题。该车站埋深 102m，是目前世界上建设规模最大、埋深最大、开挖跨度最大、洞室结构最复杂的地下暗挖高铁车站之一。长城站地质条件非常复杂，需要通过花岗杂岩地层，岩性种类多、成分变化大、风化差异明显。为了解决八达岭长城站建设中面临的难题，车站设计单位联合高等院校和科研机构、施工单位开展了科研技术攻关，研发了一系列新技术、新设备、新装备，形成了一套地下车站设计施工综合修建技术。地质模型采用剖切方法逐层生成，首先根据地质勘察数据生成地层网格面，再由网格面逐层切分，形成三维地质体，以提高设计、施工的安全系数。工程建设者们不畏艰难、直面挑战、勇于创新、攻坚克难的精神，值得我们终身学习。

图 11-10　八达岭长城站地质分层

任务12　识读墙身详图

思维导图

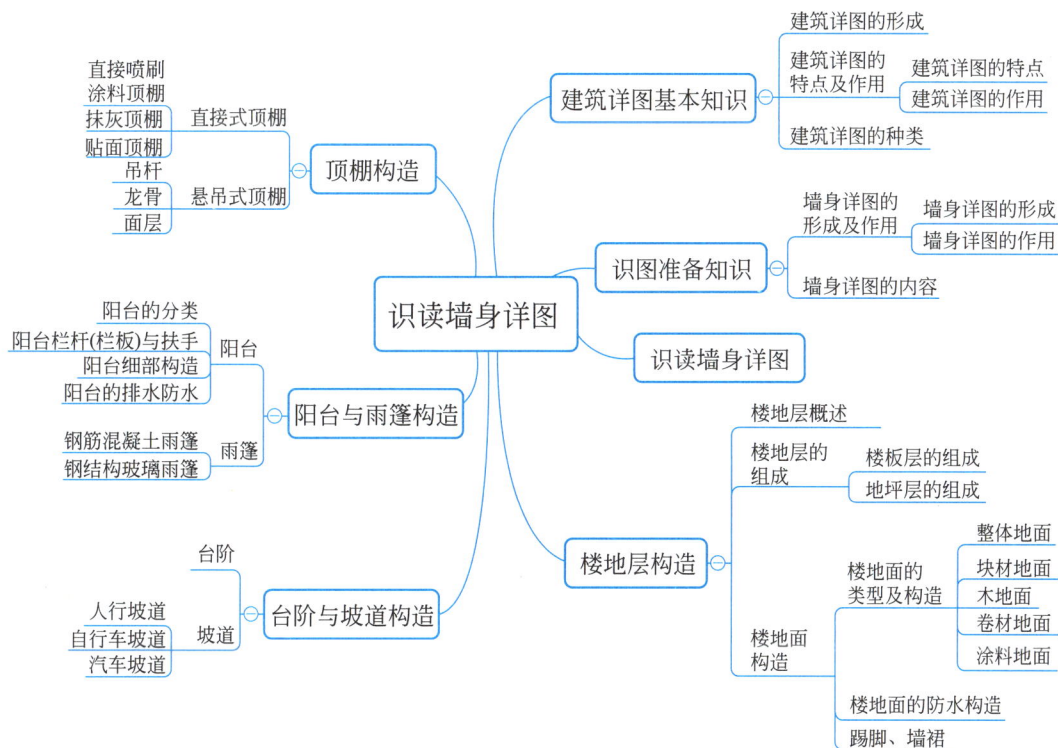

📖 任务导入

观察如图 12-1 所示的建筑墙身详图，请思考建筑墙身详图是如何形成的？有什么作用？包括哪些内容？如何识读？构造知识与墙身详图识读如何相结合？

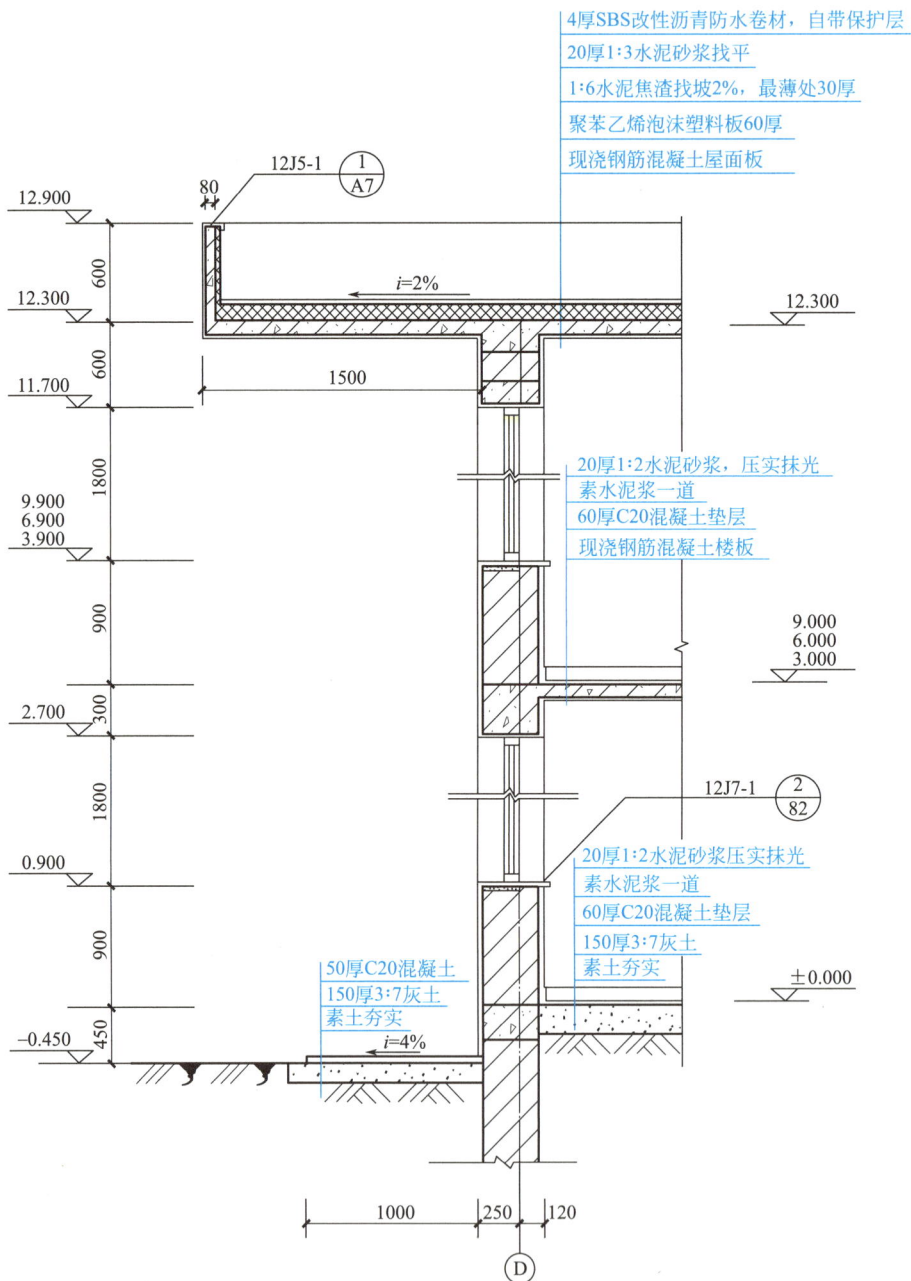

图 12-1　建筑墙身详图

知识准备

12.1 建筑详图基本知识

12.1.1 建筑详图的形成

在建筑施工图中平面图、立面图、剖面图的图纸比例相对较小，一般为1：100，建筑物中某些细部构造或构配件难以表达清楚。为了满足施工的需要，对建筑物的细部构造用较大比例的图样绘制，以便清楚地表达形状、尺寸、材料和做法，这种图样称为建筑详图，也称大样图。

12.1.2 建筑详图的特点及作用

1. 建筑详图的特点

建筑详图的特点是比例大、尺寸标注齐全、内容详尽，将工程的细部构造、形状、尺寸、材料、做法等逐一表达清楚，并严格编制索引符号，以便查阅。常见的比例有1：1、1：2、1：5、1：10、1：20、1：50等。

2. 建筑详图的作用

建筑详图是建筑细部的施工图，是对建筑平面图、立面图、剖面图等图样的深化和补充，是建筑工程细部施工、建筑构配件的制作及编制预算的依据。

12.1.3 建筑详图的种类

1. 表示局部构造的详图，如外墙身详图、楼梯详图、阳台详图等；
2. 表示房屋设备的详图，如卫生间、厨房内设备的位置及构造等；
3. 表示房屋特殊装修部位的详图，如吊顶、花饰等。

12.2 识图准备知识

12.2.1 墙身详图的形成及作用

1. 墙身详图的形成

墙身详图一般是指外墙身详图，又称为墙身大样图，实际上是建筑剖面图中外墙身部分的局部放大图，一般采用1∶20、1∶10等较大比例绘制。在多层房屋中，各层构造情况基本相同时，可只画墙脚、中间部分、檐口三个节点，为节省图幅，通常采用折断画法，往往在窗洞中间处断开。

墙身详图的线型与剖面图的画法一样，被剖切到的墙体用粗实线绘制，装饰层轮廓线用细实线绘制，在断面轮廓线内画出材料图例。

2. 墙身详图的作用

墙身详图主要表达地面、楼面、屋面和檐口等处的构造，楼板与墙体的连接形式以及门窗洞口、窗台、勒脚、防潮层、散水等的细部做法，是房屋砌墙、室内外装修、门窗安装、构配件制作、编制施工预算以及材料估算的重要依据。

12.2.2 墙身详图的内容

1. 表明墙身的定位轴线及编号，墙体的厚度、材料及其本身与轴线的关系。
2. 表明墙脚的做法，外墙墙脚主要是指一层窗台及以下部分，包括散水（或明沟）、防潮层、勒脚、一层地面、踢脚等部分的形状、大小、材料及其构造情况。
3. 表明中间节点的做法，包括各层梁、板、门窗洞口等构件的位置、形状、材料及其构造情况，以及与墙体的连接，楼面、顶棚的构造做法等内容。
4. 表明檐口部位的做法，檐口部位包括屋顶梁、板、女儿墙、挑檐的形状、大小、材料及其构造情况以及屋顶的泛水、保温、排水、防水等的做法。
5. 标注各部位的标高和竖向尺寸。
6. 表明详图索引符号等。

12.3 识读墙身详图

以任务手册××学校实训楼JS-13墙身大样二为例，说明墙身详图的识读方法。

1. 看图名、比例。

由图知，该图索引自图JS-08，详图编号为2，比例为1∶20。

2. 了解墙体位置、材料、厚度及定位。

由图知，墙体轴线编号为Ⓐ和①，墙体材料为加气混凝土砌块。对应平面图知，Ⓐ轴为外纵墙，①轴为外横墙。墙体厚度为250mm，定位轴线与墙内皮相距为150mm，与墙外皮相距为100mm。墙体外侧有保温材料，对应建筑设计总说明知，墙体外贴50mm厚阻燃挤塑聚苯板。

3. 识读竖向尺寸及标高，确定建筑高度、层高、窗台高度、洞口高度及各部位标高。

由图左侧两道尺寸线知，室内外高差为0.45m，顶层层高为3.55m，其余楼层层高为3.6m。窗台高为0.9m，窗洞高为2.0m，窗顶高顶层为0.65m，其余层均为0.7m，女儿墙高为1.05m。

室外地面标高为-0.450m，首层室内地面标高为±0.000，中间层楼面标高采用

3.600m、7.200m、10.800m、14.400m 上下叠加的方式简化表达，六层楼面标高为 18.000m，屋面板上表面标高为结构标高 21.550m。

4. 识读墙脚构造，明确散水、勒脚、防潮层、地面、踢脚、窗台的构造做法。

由图知，散水的宽度为 1000mm，坡度为 4%，与外墙处有变形缝，用沥青砂浆嵌缝，散水为混凝土散水，注明了散水各层的材料、厚度做法。对照建筑设计总说明知，该散水沿长度为 6～10m 设 20mm 宽伸缩缝，用沥青砂浆嵌缝，具体做法见《工程做法》12J1 散 1。

墙脚处在−0.060m 处设有地圈梁作为墙身水平防潮层。地圈梁的尺寸及配筋见相应的结构施工图。

首层地面为地砖地面，注明了各层材料、厚度做法。由工程做法表知，地面选自《工程做法》12J1 地 201。

踢脚查阅工程做法表知，选自《工程做法》12J1 踢 3C，150mm 高。

窗台板做法详见《内装修—墙面、楼地面》12J7-1 第 82 页 2 号详图，为大理石窗台板。

5. 识读中间节点，明确梁、板、墙的连接，明确内墙面、楼面、顶棚的构造做法。

由图知，各层楼板与框架梁现浇为一体，梁下设滴水线，做法选自《蒸压加气混凝土砌块墙》12J3-3 第 6 页 A 详图。框架梁尺寸及编号对应结构图阅读。顶棚及楼面做法需对照工程做法表阅读。

6. 识读檐口部位的构造。

由图知，檐口为女儿墙檐口做法，框架梁与屋面板现浇成一体。女儿墙高 1050mm，为钢筋混凝土材料。屋面做法详见《工程做法》12J1 屋 105，泛水做法详见《平屋面》12J5-1 第 A9 页 3 详图和第 A10 页 B 详图。另外，屋顶挑檐外挑 500mm，对照结构施工图知，挑檐板厚度为 100mm，上翻 100mm，上翻厚度为 60mm，挑檐沟内用轻质材料填充。

12.4 楼地层构造

12.4.1 楼地层概述

楼地层也称楼地面，是楼板层和地坪层的总称。

楼板层也称楼层，是建筑物中的水平承重构件，分隔上下楼层空间，承受其上的家具、设备、人员及自重等荷载，并将这些荷载传递给墙或柱等竖向承重构件，同时对墙体或柱起水平支撑作用，增强墙柱的稳定性。

12-1

楼地层构造

地坪层也称地层，是建筑物底层房间与土壤相接触的水平构件，承受作用其上的各种荷载，并将这些荷载传递给地基。

楼地面应满足坚固、耐磨、平整、光洁、不起尘、防滑、防水、隔声、易清洁等要求。

12.4.2　楼地层的组成

1. 楼板层的组成

楼板层一般由面层、结构层、顶棚层组成。为满足不同的使用要求，必要时还应设附加层，如防水层、隔声层和保温隔热层等。附加层根据楼板形式，可以加在结构层上面，也可以加在结构层下面，如图 12-2 所示。

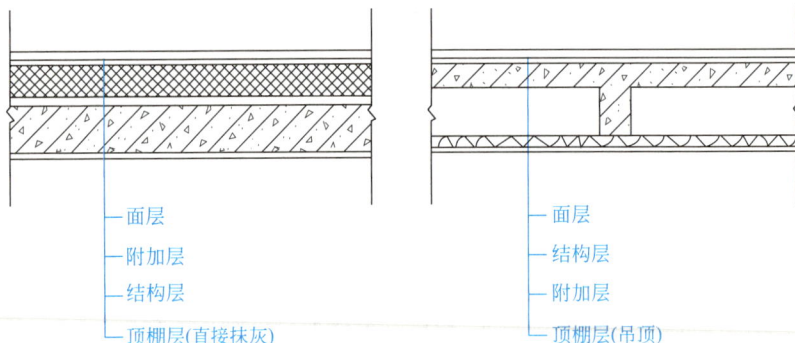

　　　　　　　　　　—面层　　　　　　　　　　　　　—面层
　　　　　　　　　　—附加层　　　　　　　　　　　—结构层
　　　　　　　　　　—结构层　　　　　　　　　　　—附加层
　　　　　　　　　　—顶棚层(直接抹灰)　　　　　　—顶棚层(吊顶)

图 12-2　楼板层的组成

（1）面层

面层是楼板层最上面的构造层，也称楼面，直接与人和设备接触，起着保护楼板结构层，美化室内空间的作用。要求坚固耐磨、光洁平整，具有必要的热工、防水、隔声等性能。

（2）结构层

结构层即楼板，是楼板层的承重部分。主要承受楼板层的全部荷载，并将这些荷载传递给墙或柱，同时还对墙身起水平支撑作用，以加强建筑物的整体刚度。

（3）顶棚层

顶棚层又称天棚、天花板，是楼板层最下部的构造层，位于结构层的底部，其作用是保护结构层，装饰美化室内空间。

（4）附加层

附加层又称功能层，通常有保温、隔声、隔热、防水、防腐、防静电等功能，是为满足特定需要而设置的构造层，设计时根据房间使用的实际需求而设置。

2. 地坪层的组成

地坪层主要有面层、垫层和基层组成，为了满足使用和构造要求，必要时可在面层和垫层之间增设附加层，如图 12-3 所示。

（1）面层

面层是指人们进行各种活动直接接触的表面，也称地面，起着保护垫层和美化室内的作用，在构

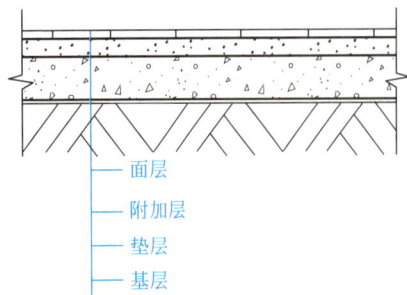

　—面层
　—附加层
　—垫层
　—基层

图 12-3　地面的构造组成

造和要求上与楼面一致。

（2）垫层

垫层位于面层之下，是承受并传递地面荷载给基层的构造层。

（3）基层

基层是位于垫层下面的填土夯实层，一般用素土夯实，又称地基。当地面上的荷载较大时，可对基层进行加固处理。

（4）附加层

为满足某些特殊功能设置的构造层，如防潮层、防水层、管线敷设层等。

12.4.3　楼地面的构造

楼板层中的面层和地坪层中的面层，统称为地面，起着保护楼板、改善房间使用质量和增加美观的作用。地面经常受各种侵蚀、摩擦和冲击，因此应满足坚固、耐磨、耐腐蚀、保温、隔声、防水、防滑等使用要求。

1. 楼地面的类型及构造

地面的材料和做法应根据房间的使用和装修要求并结合经济、绿色环保、节能来选用。地面常以面层材料和做法来命名。按面层材料和施工方法不同，分为整体地面、块材地面、木地面、卷材地面和涂料地面等。

（1）整体地面

整体地面是指用现场浇筑的方法做成的整片的地面，常用的有水泥砂浆地面、混凝土地面、现浇水磨石地面等。

1）水泥砂浆地面

水泥砂浆地面构造简单、施工方便、造价较低，是一种低档地面做法。这种地面装饰效果较差、易起灰、返潮，适用于标准较低的建筑物中。通常有单层和双层两种做法，如图 12-4 所示。双层做法能减少地面干缩裂缝和起鼓现象。

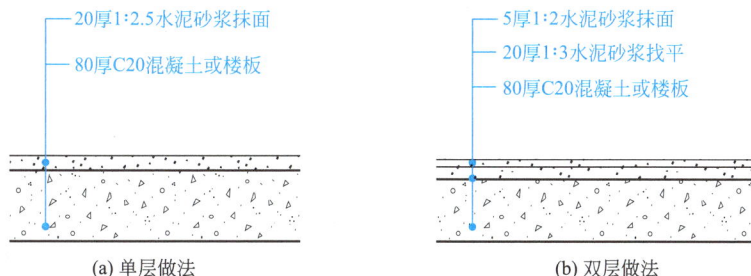

图 12-4　水泥砂浆地面

（a）单层做法 — 20厚1:2.5水泥砂浆抹面／80厚C20混凝土或楼板

（b）双层做法 — 5厚1:2水泥砂浆抹面／20厚1:3水泥砂浆找平／80厚C20混凝土或楼板

2）混凝土地面

混凝土地面包括普通混凝土地面、细石混凝土地面和彩色混凝土地面。这种地面具有强度高、整体性好、防水、防滑、耐磨等优点。彩色混凝土根据需要可以做成各种色泽、图案、质感的地面，与周围环境融为一体，满足人们审美和各种装饰的不同要求，展现出独特的建筑装饰艺术效果，近年来应用广泛。

3）现浇水磨石地面

现浇水磨石地面是用坚硬可磨的大理石或白云石等加工而成的粒径为 6～15mm 的石粒作骨料，与水泥拌合铺设硬结后，经磨光打蜡而成的地面。其特点是耐磨、耐脏、美观、易清洁。随着时代的发展，人们越来越注重生活品质，原有水磨石的装饰效果已不能满足人们的需求，又由于工艺复杂，成本高，现在应用得越来越少。但随着材料和科技的不断进步，水磨石的技术和工艺也在不断地改进和创新，使得水磨石能够适应更多的装修需求和风格，展现出更多的可能性和潜力。水磨石地面常见做法如图 12-5 所示。

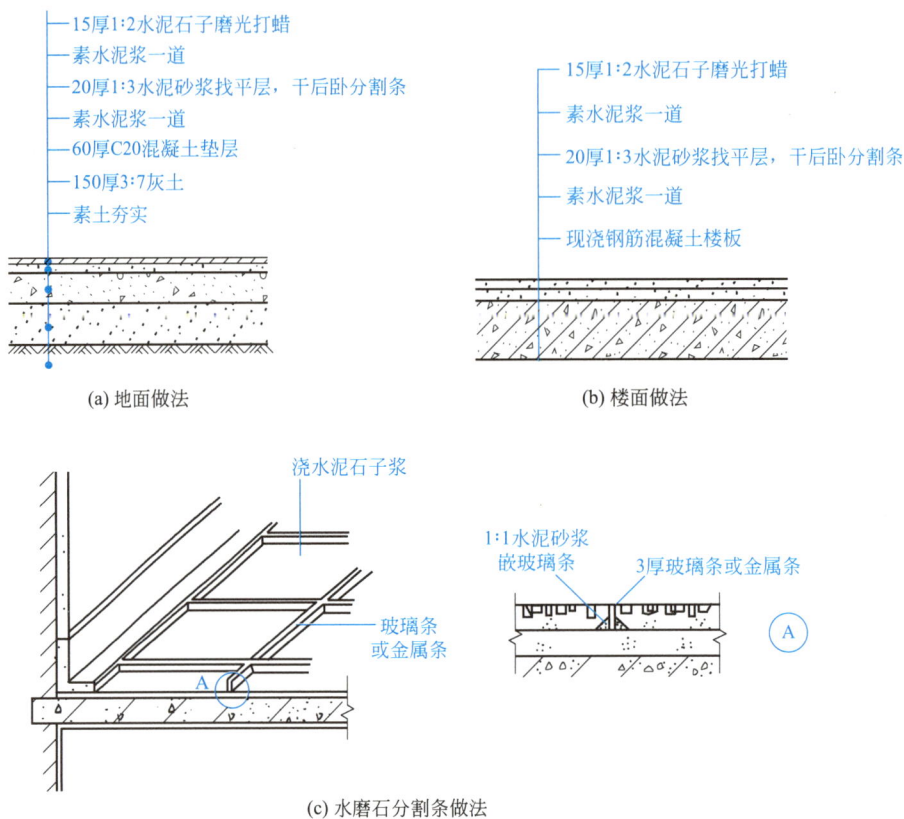

15厚1:2水泥石子磨光打蜡
素水泥浆一道
20厚1:3水泥砂浆找平层，干后卧分割条
素水泥浆一道
60厚C20混凝土垫层
150厚3:7灰土
素土夯实

(a) 地面做法

15厚1:2水泥石子磨光打蜡
素水泥浆一道
20厚1:3水泥砂浆找平层，干后卧分割条
素水泥浆一道
现浇钢筋混凝土楼板

(b) 楼面做法

浇水泥石子浆
玻璃条
或金属条

1:1水泥砂浆嵌玻璃条
3厚玻璃条或金属条
Ⓐ

(c) 水磨石分割条做法

图 12-5 水磨石地面

现浇水磨石地面宜作分割处理，分格尺寸不宜大于 1m×1m，分格条材料宜采用铜条、铝合金条、玻璃条等平直、坚挺的材料。

（2）块材地面

块材地面是指用各种人造或天然块材铺贴而成的地面，常见的有地砖地面、石材地面、水泥花砖地面等。这种地面耐磨、耐腐蚀、防火、防水、易清洁、色泽美观，应用广泛。

1）地砖地面

地砖也称地板砖，是现代装修中最常见的一种地面装修材料。其类型有通体砖、抛光砖、釉面砖、玻化砖、亚光砖、锦砖等，如图 12-6 所示。地板砖的图案、花色丰富多彩，种类、规格多种多样，清洁方便，装饰效果好，使用时根据装修部位和实际需要来进行选择。常见地面做法见表12-1。

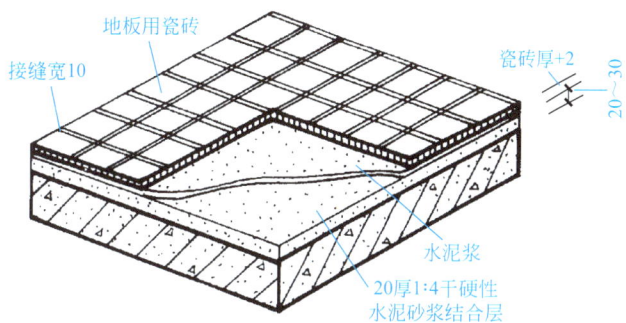

(a) 陶瓷地砖地面

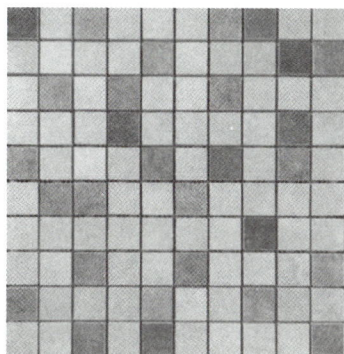

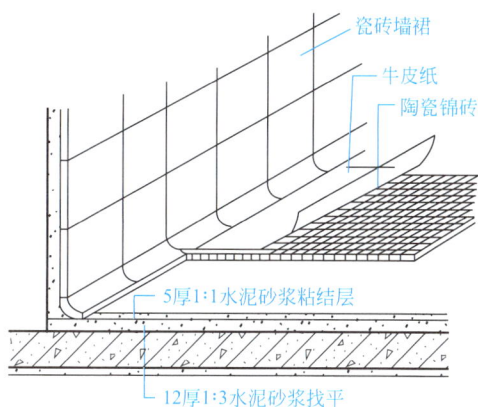

(b) 陶瓷锦砖地面

图 12-6 地砖地面

常见地面做法　　　　　　　　　　　　　　　　　　表 12-1

常用地面	面层厚度(mm)	构造做法
陶瓷地砖地面	30	1. 8～10mm 厚地砖铺实拍平,稀水泥浆擦缝; 2. 20mm 厚 1∶3 干硬性水泥砂浆; 3. 素水泥浆一道; 4. 现浇钢筋混凝土楼板或混凝土垫层
陶瓷地砖防水地面	60	1. 8～10mm 厚地砖铺实拍平,稀水泥浆擦缝; 2. 30mm 厚 1∶3 干硬性水泥砂浆; 3. 1.5mm 厚合成高分子防水涂料或 2.0mm 厚聚合物水泥防水涂料; 4. 最薄处 20mm 厚 1∶3 水泥砂浆或最薄处 30mm 厚 C20 细石混凝土找坡层抹平; 5. 素水泥浆一道; 6. 现浇钢筋混凝土楼板或混凝土垫层

2）石材地面

石材地面包括天然石材地面和人造石材地面，常见的有大理石地面、花岗石地面等。天然大理石和花岗石质地坚密，色泽、纹理美观，具有较好的装饰效果，属于高档装饰材料。其构造做法是在现浇钢筋混凝土楼板或混凝土垫层上撒素水泥浆一道，然后铺 30mm 厚 1:3 干硬性水泥砂浆，再贴 20mm 厚大理石或花岗石板，用稀水泥浆或彩色水泥浆擦缝，如图 12-7 所示。

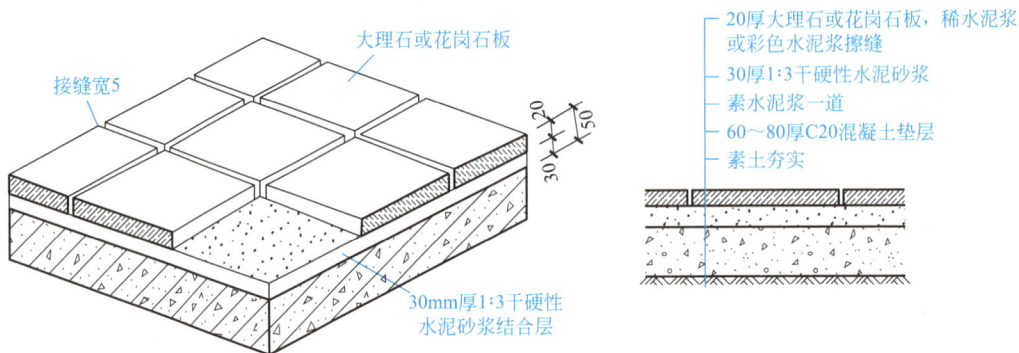

图 12-7　大理石、花岗石地面

（3）木地面

木地面也称木地板，是指用木材制成的地板，主要分为实木地板、强化木地板、实木复合地板、竹材地板和软木地板，以及新型环保型的木塑地板等。木地板保温好、弹性好、颜色柔和、观感好、脚感舒适，常用于住宅、宾馆、剧院舞台、健身房等的地面装修。

木地面按构造方式分为空铺式和实铺式两种。

1）空铺式

空铺式木地面按施工方式，可分为地垄墙架空式和龙骨架空式两种。主要用于舞台、舞蹈房、运动场等有弹性要求的地面。

地垄墙架空式主要用于底层地面，其做法是在垫层上砌筑地垄墙，在地垄墙上固定满涂防腐剂的垫木，在垫木上安装木龙骨，在木龙骨上铺设木地板，如图 12-8 所示。地垄墙也可以用镀锌方管代替，如图 12-9 所示。

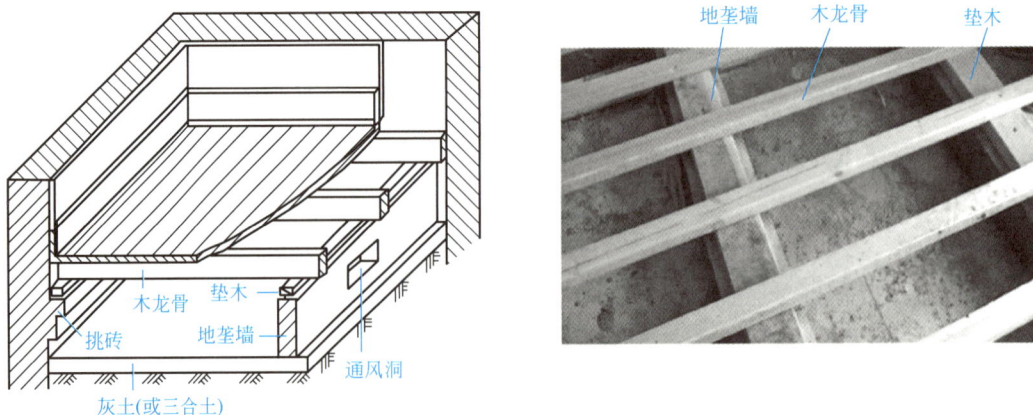

图 12-8　地垄墙架空木地面

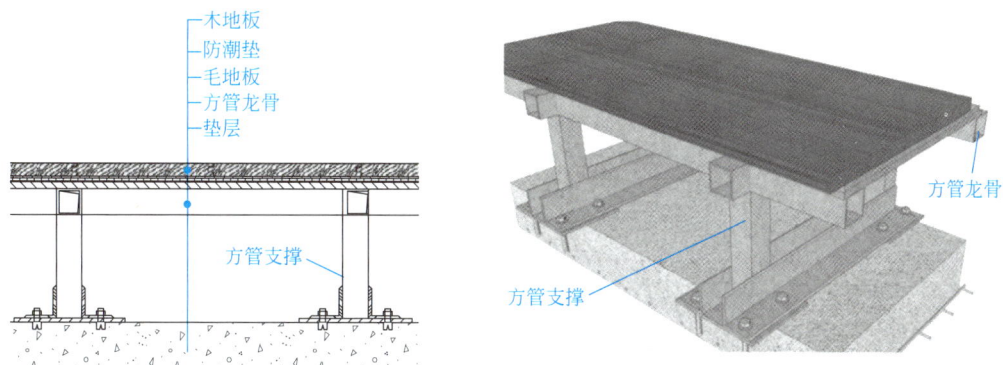

图 12-9　镀锌方管架空木地面

　　龙骨架空式做法简单，施工方便，是最为广泛的一种铺设方式。其做法是在混凝土垫层或钢筋混凝土楼板上固定木龙骨，在木龙骨上铺防潮垫，将木地板固定于龙骨上，如图 12-10 所示。

图 12-10　龙骨架空木地面

　　空铺式木地面按照木板层数有双层装和单层装两种做法，如图 12-11 所示。

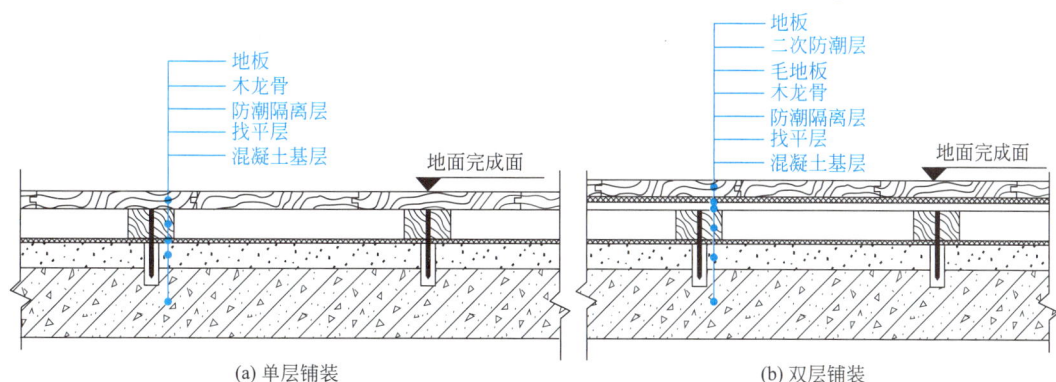

图 12-11　单/双层架空木地面

2）实铺式

　　实铺式木地面按施工方式，分为悬浮式和胶粘式两种。悬浮式是在平整的地面上铺设防潮垫，在防潮垫上将带有锁扣、卡槽的木地板拼接成一体的铺设方法。这种方法是当前家庭装修比较流行的铺设方法，如图 12-12 所示。

胶粘式是将地板直接粘接在地面上，这种安装方法快捷，施工时要求地面十分干燥、干净且平整。

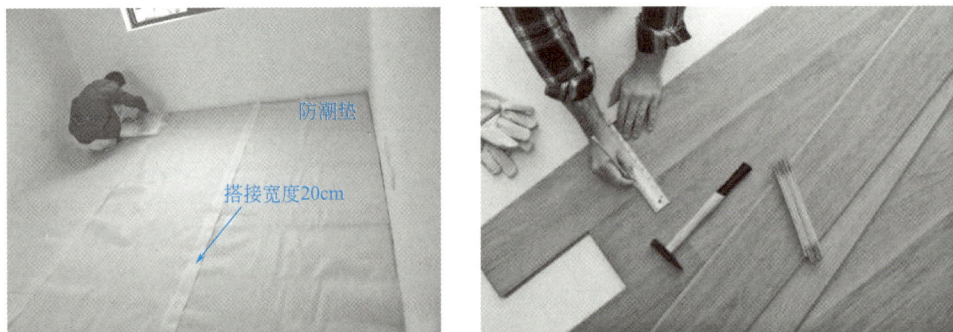

图 12-12　悬浮式木地面

（4）卷材地面

卷材类地面常见的有软质聚氯乙烯塑料地毡、橡胶地毡及地毯等。

聚氯乙烯塑料地毡和橡胶地毡做法简单，一般是在水泥砂浆找平层上用专用胶粘剂粘贴，也可以在平整的基层上干铺。

地毯类型较多，按地毯材料分为化纤地毯、羊毛地毯和麻地毯等。地毯柔软舒适、美观大方、吸声、隔声、保温、色彩丰富，可以净化室内空气，美化室内环境，且施工简单，但造价较高，可满铺，也可以局部铺设，是一种高级地面装饰材料，主要用于宾馆、酒店、会所等高级的大型公共建筑及民用住宅等。

（5）涂料地面

随着材料科技的进步，地面涂料发展迅速。地面涂料具有装饰与保护地面的功能，具有防尘、防水、耐磨、易清洁等特点，广泛应用于工业建筑和民用建筑的公共场所。

地面涂料按照组成材料不同分为环氧树脂地面涂料和聚氨酯地面涂料。按照使用功能不同分为防腐地面涂料、弹性地面涂料、防静电地面涂料和耐重地面等涂料，使用时可根据建筑物的使用功能及要求选用。

除了上述所说的几种地面涂料外，自流平地面也是很常见的一种新型地面材料。施工时在现场按规定的比例加水调和，将材料倒在地面上，靠人工辅助或自身的流动性自然形成一层平整、美观、表面光滑耐用的地坪。

2. 楼地面的防水构造

建筑物内的厕所、盥洗间及淋浴间等有水房间由于使用功能的要求，用水频繁。为了不影响房间的正常使用，应做好有水房间的排水和防水处理。

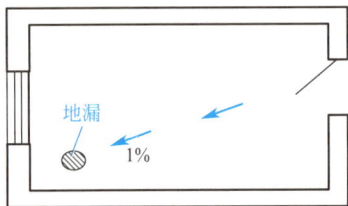

图 12-13　有水房间坡度

（1）楼地面排水处理

为使楼地面排水畅通，有防水要求的楼地面应设排水坡，排水坡度不应小于 1%，并应坡向地漏或排水设施，如图 12-13 所示。为防止积水外溢，有水房间的地面应比相邻房间或走道的地面低，通常做法是低 20～30mm 或设置过门石并用防水砂浆粘贴。

（2）楼地面防水处理

有水房间的楼板宜采用现浇钢筋混凝土楼板，面层宜选择防水性能较好的材料。为防止四周墙脚受潮，房间的楼板四周除门洞外，应做混凝土翻边，高度不应小于 200mm，宽同墙厚，如图 12-14 所示；并应将防水层沿房间四周墙面向上翻起不少于 250mm，如图 12-15 所示。淋浴区墙面防水层翻起高度不应小于 2000mm，且不低于淋浴喷淋口高度。盥洗池盆等用水处墙面防水层翻起高度不应小于 1200mm。门洞处防水层应向外延展 200～300mm，如图 12-15 所示。

图 12-14　混凝土翻边

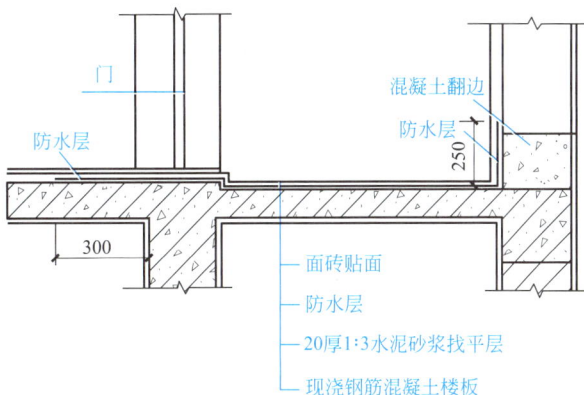

门
防水层
300
混凝土翻边
防水层
250
面砖贴面
防水层
20厚1:3水泥砂浆找平层
现浇钢筋混凝土楼板

图 12-15　防水层向外延展

有水房间的地漏和穿过楼板的管道根部应采用防水密封材料嵌填压实，穿过楼板的防水套管应高出装饰层完成面，且高度不应小于 20mm。

3. 踢脚、墙裙

（1）踢脚

踢脚也称踢脚板或踢脚线，是室内楼地面与墙面相交处的构造处理。其作用是遮盖地面与墙面的接缝，增加室内美观，同时保护墙的根部，防止外界碰撞或污染。踢脚面层宜用强度高、光滑耐磨、耐脏的材料做成。踢脚通常凸出墙面 3～8mm，高度一般为 80～150mm，用料一般与室内地面材料一致，如图 12-16 所示。

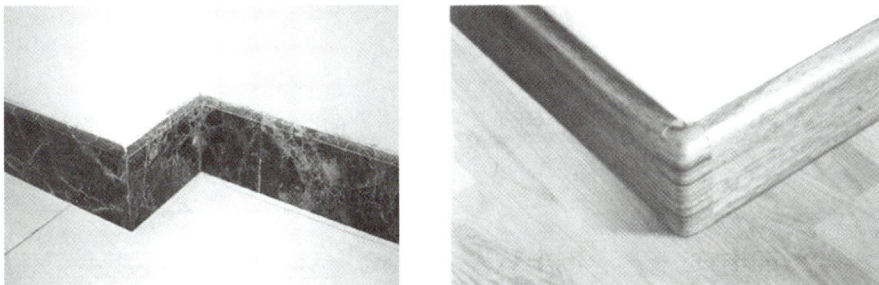

图 12-16　踢脚

（2）墙裙

墙裙是在墙面一定高度范围内，用墙漆、面砖、木板等材料做的装饰及保护墙面的装修，如图 12-17 所示。墙裙高度一般为 1200～1800mm。卫生间、浴室、厨房等的墙裙宜采用既防水又易清洁的材料，常用材料有面砖及石材等。

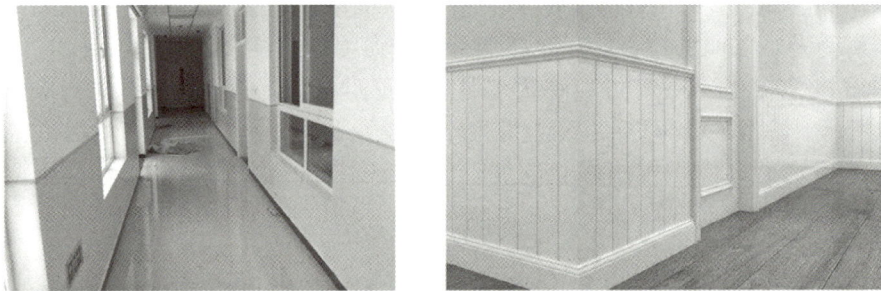

图 12-17　墙裙

12.5　顶棚构造

顶棚又称天棚或天花板，是楼板层或屋顶最下面的构造部分。顶棚应光滑平整，美观大方，满足室内使用的要求。按其构造方式分为直接式顶棚和悬吊式顶棚两种。

12.5.1　直接式顶棚

直接式顶棚是指在楼板底面直接喷刷、抹灰或贴面的一种装修构造，这种顶棚构造简单、施工方便、造价较低，采用适当的处理手法，可获得多种装饰效果。常见的直接式顶棚有以下三种：

1. 直接喷刷涂料顶棚

当室内要求不高或楼板底面平整时，可在板底用腻子嵌缝刮平后，直接喷刷绿色环保的室内涂料，增强顶棚的反射光照作用。

2. 抹灰顶棚

当板底不够平整时，则在板底抹灰，增加板底的平整度，然后在抹灰表面喷刷涂料，如图 12-18 所示。

3. 贴面顶棚

当室内要求标准较高时，或有保温吸声要求的房间，可在板底直接粘贴装饰吸声板、石膏板、塑胶板等，适用于有保温、隔热、吸声要求的房间，如图 12-19 所示。

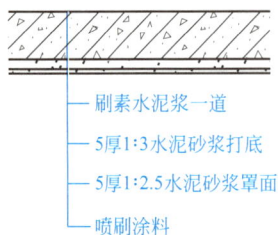

刷素水泥浆一道
5厚1:3水泥砂浆打底
5厚1:2.5水泥砂浆罩面
喷刷涂料

图 12-18　抹灰顶棚

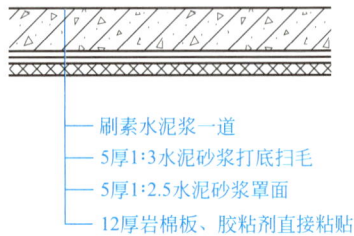

刷素水泥浆一道
5厚1:3水泥砂浆打底扫毛
5厚1:2.5水泥砂浆罩面
12厚岩棉板、胶粘剂直接粘贴

图 12-19　贴面顶棚

12.5.2　悬吊式顶棚

悬吊式顶棚又称吊顶,是将饰面层悬吊在楼板结构上形成的顶棚。悬吊式顶棚的表面可以设计成不同的艺术形式,以产生不同的层次和丰富的空间效果,但构造复杂、施工麻烦、造价较高,一般用于有特殊功能需求或对装饰艺术效果有要求的建筑中。

吊顶一般由吊杆、龙骨和面层三部分组成,如图 12-20 所示。

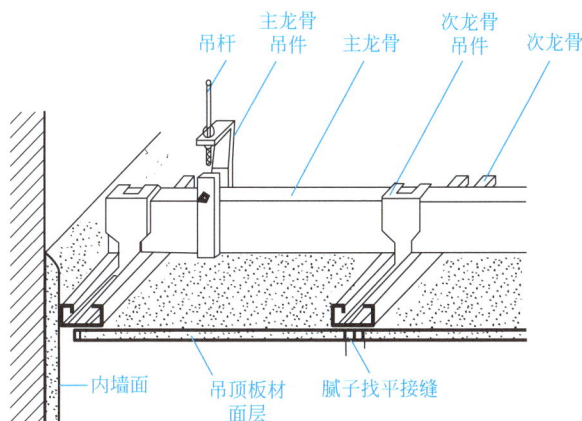

图 12-20　吊顶组成

1. 吊杆

吊杆又称吊筋,是连接龙骨和楼板或屋面板的构件,其作用是承受面层和龙骨的荷载,并将荷载传递给楼板或屋面板。吊杆一般有金属和木质两种,目前普遍采用的是金属吊杆。吊杆直径一般采用 6~8mm 的带丝扣钢筋,与结构层的连接常用膨胀螺栓和射钉锚固,如图 12-21 所示。

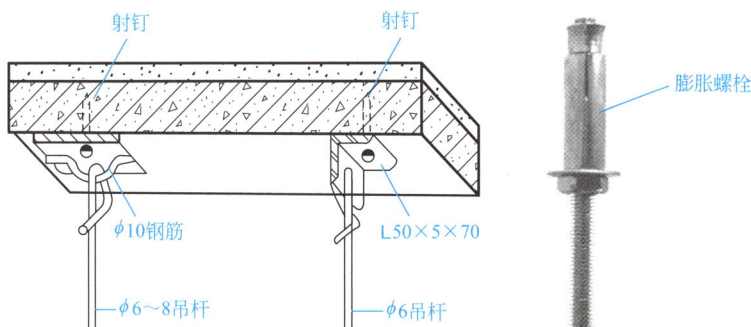

图 12-21　吊杆固定

2. 龙骨

龙骨是用来固定面板并承受其重量的构件。龙骨分为主龙骨和次龙骨,主龙骨与吊杆固定,次龙骨固定在主龙骨上。龙骨断面大小和间距应根据龙骨材料、面层荷载和顶棚外形确定。

龙骨按材料分为木龙骨和金属龙骨两种。金属龙骨多采用轻钢龙骨和铝合金龙骨，其形状有 U 形、T 形等。主龙骨间距一般在 900～1000mm，次龙骨间距视面层材料而定。

3. 面层

面层是安装在吊顶龙骨骨架上的各种板材。常用的面层板材有石膏板、矿棉板、铝塑板和金属板等。根据龙骨与面板的位置，吊顶有两种：一种是龙骨不外露的布置方式，龙骨通常用 U 形轻钢龙骨，面板用自攻螺钉或胶粘剂固定在次龙骨上，如图 12-22 所示；另一种是龙骨外露的布置方式，龙骨为 T 形轻钢龙骨或铝合金龙骨，面板直接搁置在倒 T 形次龙骨的翼缘上，龙骨外露，如图 12-23 所示。

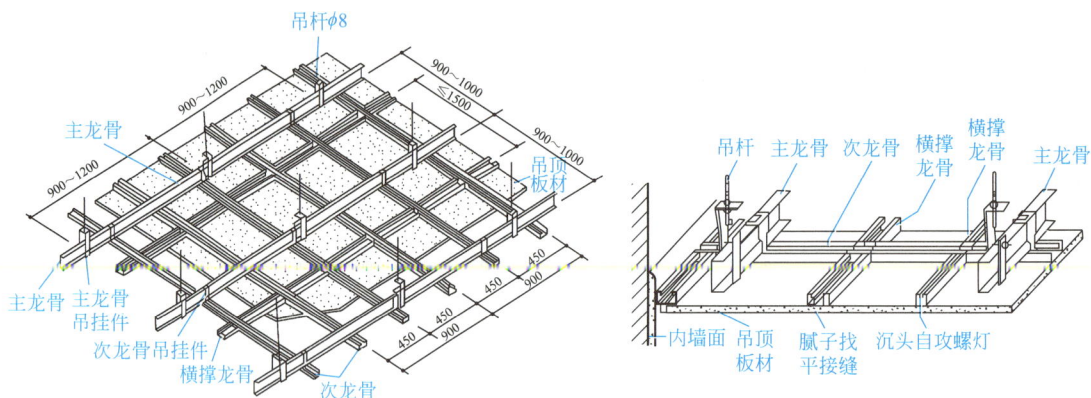

图 12-22　龙骨不外露布置

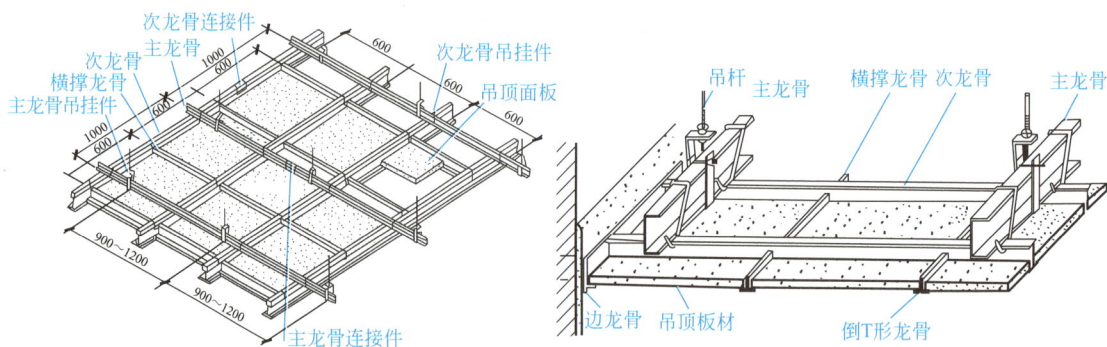

图 12-23　龙骨外露布置

12.6　阳台与雨篷构造

12.6.1　阳台

阳台是楼房建筑中各层伸出室外的平台，给居住在楼房里的人们提供一个舒适的室外活动空间，让人们足不出户，就能享受到大自然的新鲜空气和明媚阳光，还可以起到观景、纳凉、晒衣、养花等多种作用。

1. 阳台的分类

按阳台的使用功能，分为生活阳台（靠近卧室或客厅）和服务阳台（靠近厨房或卫生间）。

按阳台与外墙的相对位置，分为凸阳台、凹阳台和半凸半凹阳台，如图 12-24 所示。

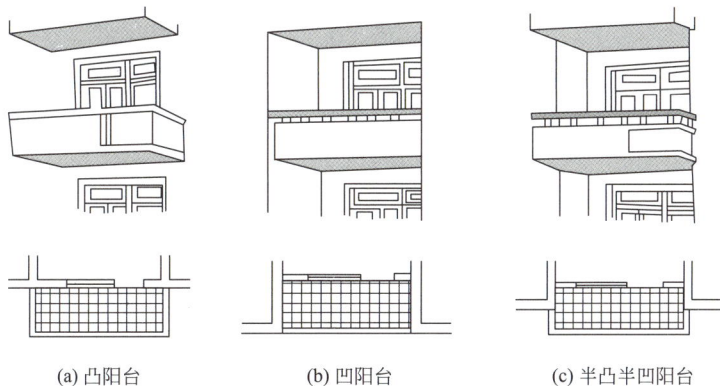

(a) 凸阳台　　　　　　(b) 凹阳台　　　　　　(c) 半凸半凹阳台

图 12-24　阳台类型

按阳台的结构形式，分为墙承式、挑板式和挑梁式，如图 12-25 所示。

（1）墙承式：即将阳台板直接搁置在墙上。这种结构形式稳定、可靠，施工方便，多用于凹阳台。

（2）挑板式：是将房间楼板直接悬挑出外墙形成阳台板，这种做法构造简单、阳台底部平整美观。

（3）挑梁式：由建筑的内横墙伸出挑梁，阳台板搁置在挑梁上。为防止阳台倾覆，挑梁压入横墙部分的长度应不小于悬挑部分长度的 1.5 倍。为防止挑梁端部外露影响美观，可增设边梁。

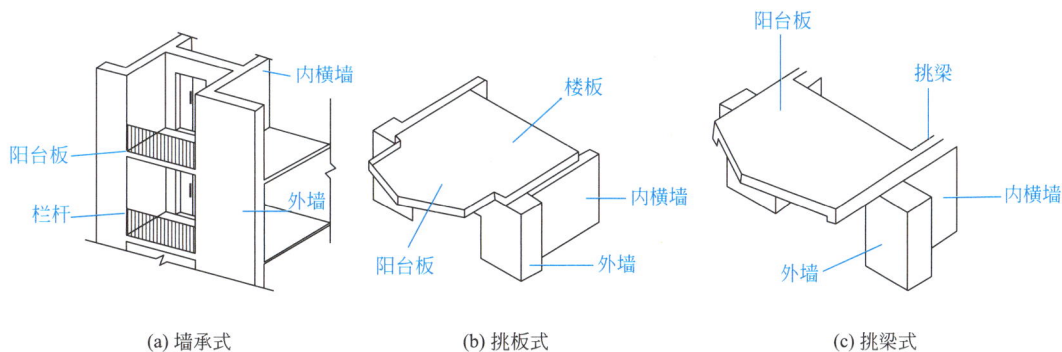

(a) 墙承式　　　　　　(b) 挑板式　　　　　　(c) 挑梁式

图 12-25　阳台结构形式

2. 阳台栏杆（栏板）与扶手

阳台栏杆（栏板）是设置在阳台外围的垂直构件，栏杆一方面供人倚扶，以保证人身安全，另一方面对建筑物起装饰作用。《民用建筑通用规范》GB 55031—2022 中规定，栏杆（栏板）应以坚固、耐久的材料制作，应安装牢固，并应能承受相应的水平荷载。栏杆（栏板）垂直高度不应小于 1.10m，其高度应按所在楼地面或屋面至扶手顶面的垂直高度计算。少年儿童活动场所的栏杆应采取防止儿童攀滑措施，栏杆的垂直杆件间净距不应大于 0.11m。公共场所栏杆在地面以上 0.10m 高度范围内不应留空，以防高空坠物伤人。

阳台栏杆（栏板）按材料分类，有金属栏杆、钢筋混凝土栏杆及玻璃栏板等，如图 12-26 所示。栏杆按形式分类，有空花栏杆、实心栏板、组合式栏杆三种，如图 12-27 所示。

图 12-26　阳台栏杆

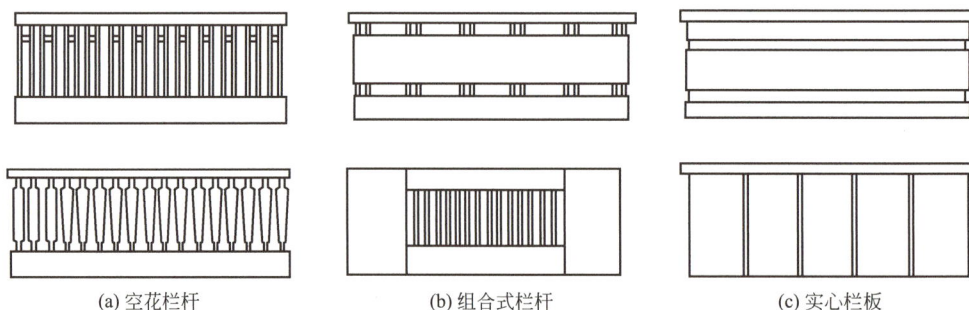

(a) 空花栏杆　　　　　　　(b) 组合式栏杆　　　　　　　(c) 实心栏板

图 12-27　阳台栏杆形式

扶手是栏杆或栏板顶面供人手扶的构件，行走时作依扶之用。扶手的材料多为木制、金属、钢筋混凝土、塑料、大理石等。扶手要求安全、坚固、美观、表面光滑，宽度以手握舒适为宜。

3. 阳台细部构造

阳台细部构造包括栏杆与阳台板的连接、栏杆与扶手的连接、扶手与墙体的连接。金属栏杆与阳台板的连接方式有焊接、螺栓连接等，如图 12-28 所示。金属栏杆与金属扶手焊接连接，与木扶手的连接一般是在栏杆上焊接扁钢并打孔，用木螺钉与木扶手连接，如

图 12-29 所示。扶手与混凝土墙体连接，可焊接或用金属固定卡加膨胀螺栓连接，如图 12-30 所示。

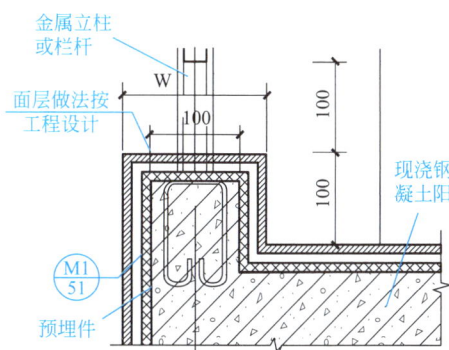

图 12-28 金属栏杆与阳台板焊接连接

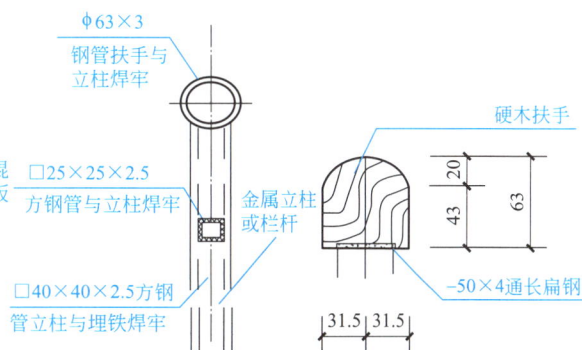

图 12-29 金属栏杆与金属或木扶手连接

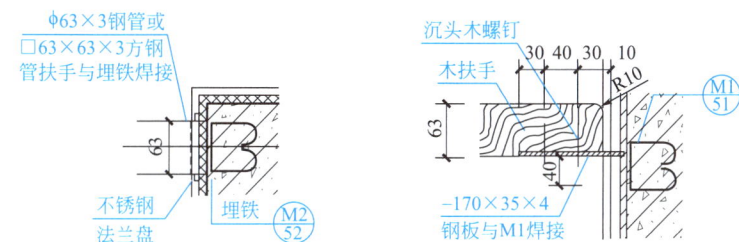

图 12-30 栏杆扶手与墙体连接

4. 阳台的排水防水

为避免阳台雨水流入室内，一般做法是阳台的设计地面比室内地面低 20～50mm。阳台应做好排水和防水措施。为及时排除阳台积水，应在阳台一侧设置排水口，向排水口做不小于 1% 的排水坡度，排水口应通过雨水立管接入排水系统，排水口周边应留槽嵌填密封材料，如图 12-31 所示。阳台楼面应设防水层，并应高出四周墙面不小于 250mm，如图 12-32 所示。阳台外口下沿应做滴水线。

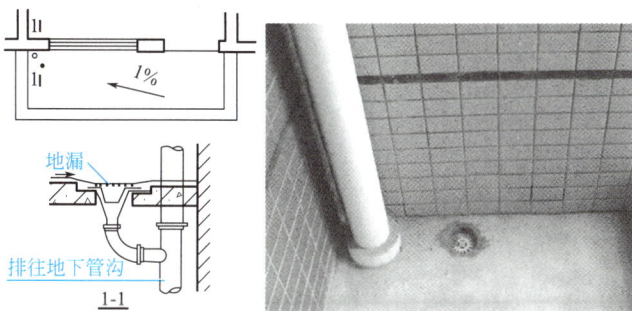

图 12-31 阳台的排水构造

图 12-32 阳台防水构造

12.6.2 雨篷

雨篷是位于建筑物外墙出入口上方，用以遮挡雨雪的水平构件，其作用是保护外门免受雨淋和丰富建筑立面。

雨篷按材料可分为钢筋混凝土雨篷和钢结构玻璃雨篷，如图 12-33 所示。

(a) 钢筋混凝土雨篷　　　　　(b) 钢结构玻璃雨篷

图 12-33　雨篷

1. 钢筋混凝土雨篷

钢筋混凝土雨篷按结构形式不同，有板式和梁板式两种。

板式雨篷是将雨篷与外门上面的过梁现浇，成为一块悬挑平板的雨篷，挑出长度通常为 1~1.5m。板式雨篷较为常见，一般用于宽度不大的入口处，如图 12-33（a）所示。

梁板式雨篷由梁和板组成，为使雨篷底面平整，梁一般翻在板的上面成翻梁。梁板式雨篷常用于宽度和挑出长度较大的入口。当雨篷尺寸更大时，可在雨篷下设柱支撑，如图 12-34 所示。

(a) 钢筋混凝土翻梁雨篷　　　　　(b) 柱支撑雨篷

图 12-34　翻梁、柱支撑雨篷

雨篷顶面应做好排水和防水处理。雨篷排水包括有组织排水和无组织排水两种。雨篷应设置外排水，坡度不应小于 1%，且外口下沿应做滴水线，防止雨水沿板底漫流。有组织排水在一侧或两侧设排水管将雨水排除。雨篷防水，一般采用 20mm 厚 1∶2.5 的防水砂浆抹面，并应沿墙面上翻形成泛水，高度不小于 250mm，如图 12-35 所示。

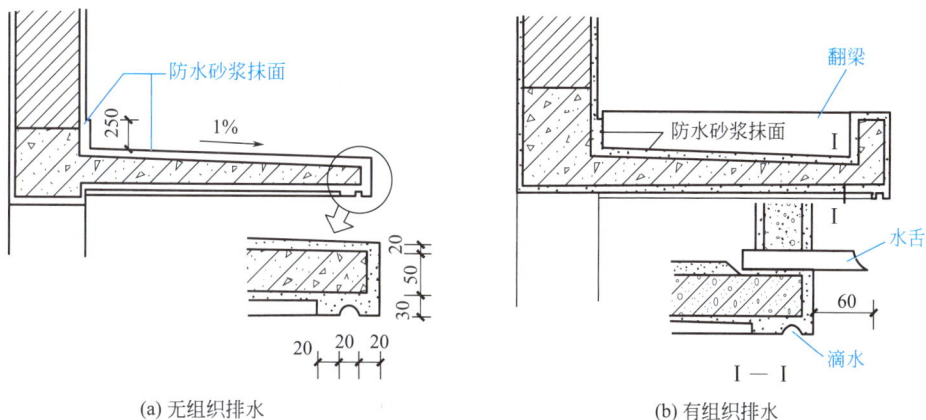

(a) 无组织排水　　　　　　　(b) 有组织排水

图 12-35　雨篷排水防水构造

2. 钢结构玻璃雨篷

钢结构玻璃雨篷轻盈、美观、安全，是现代建筑常用的雨篷形式，由玻璃面板和钢梁组成。玻璃面板一般选用钢化玻璃或夹层安全玻璃，如图 12-33（b）所示。

12.7　台阶与坡道构造

台阶与坡道是连接室外与室内或室内不同标高之间的垂直交通设施。当有车辆通行或高差较小时，可采用坡道。供残疾人使用的坡道又称为无障碍设施。

12.7.1　台阶

台阶由踏步和平台组成，有室内台阶和室外台阶之分。室外台阶踏步宽度不宜小于 300mm，踏步高度不宜大于 150mm，且不宜小于 100mm，平台面应比门洞口每边宽出 300～500mm，并比室内地坪低 20～50mm，向外做约 1‰的排水坡度，踏步应采取防滑措施。台阶踏步数不宜少于 2 级，当高差不足 2 级时，宜按坡道设置。台阶总高度超过 0.7mm 时，应在临空面采取防护设施。

室外台阶的形式有单面踏步式、三面踏步式、踏步与坡道结合式等，如图 12-36 所示。

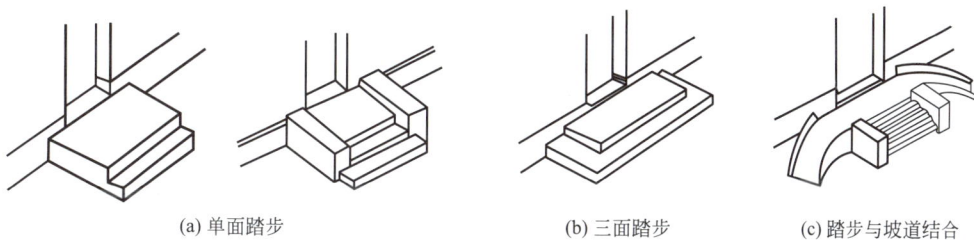

(a) 单面踏步　　　　　(b) 三面踏步　　　　　(c) 踏步与坡道结合

图 12-36　台阶形式

台阶应在建筑物主体工程完成后再进行施工，并与主体结构之间留出约 10mm 的沉降缝，如图 12-37 所示。台阶的构造分为实铺和架空两种，一般情况下，台阶采用实铺形式，如图 12-38（a）所示。实铺台阶的构造与地面相似，由面层、垫层和基层等组成。在冻胀性、沉陷性或松软性基土上，以及做大面积台阶时，宜采用配筋混凝土台阶，或采用钢筋混凝土架空台阶，如图 12-38（b）所示。

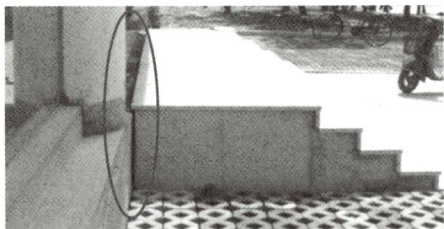

图 12-37　台阶沉降缝

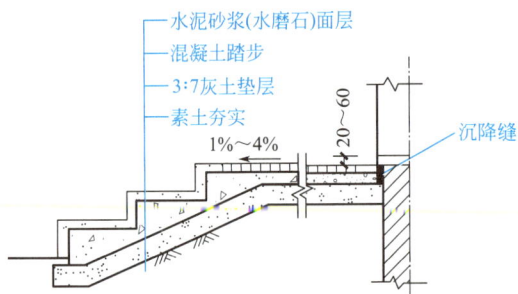

水泥砂浆(水磨石)面层
混凝土踏步
3:7灰土垫层
素土夯实
20～60
1%～4%
沉降缝

（a）实铺混凝土台阶

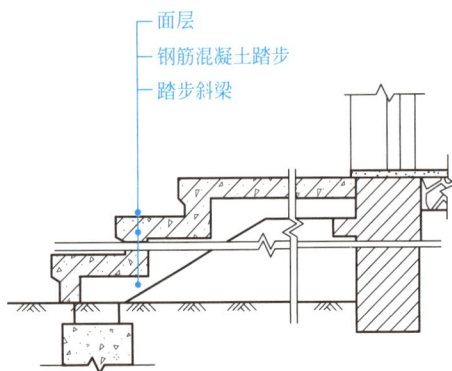

面层
钢筋混凝土踏步
踏步斜梁

（b）架空钢筋混凝土台阶

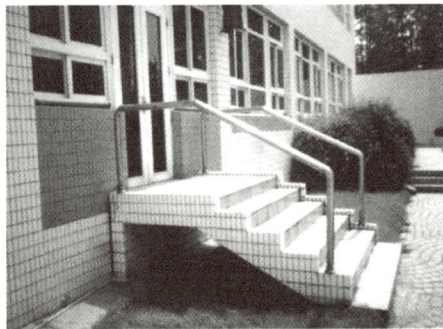

图 12-38　台阶构造

12.7.2　坡道

坡道按使用功能分为人行坡道、自行车坡道和汽车坡道。

《民用建筑设计统一标准》GB 50352—2019 中规定，坡道应采取防滑措施，室内坡道坡度不宜大于 1:8，室外坡道坡度不宜大于 1:10，当坡道总高度超过 0.7m 时，应在临空面采取防护设施。坡道的构造与台阶基本相同，如图 12-39 所示。

人行坡道又称无障碍坡道或轮椅坡道，其形式有直线形、直角形或折返形，如图 12-40

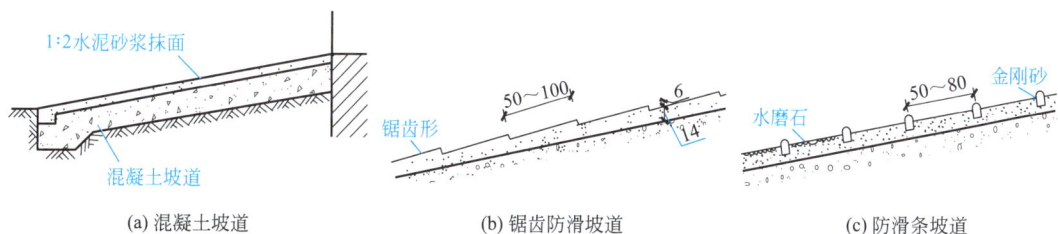

图 12-39　坡道构造

所示。《无障碍设计规范》GB 50763—2012 中规定，轮椅坡道坡度小于 1：12，通行将更加安全和舒适。当受条件限制时，坡度不得大于 1：8。轮椅坡道的净宽度不应小于 1.00m，无障碍出入口的轮椅坡道净宽度不应小于 1.20m。轮椅坡道起点、终点和中间休息平台的水平长度不应小于 1.50m。轮椅坡道的侧面临空时，应设置高度不小于 50mm 的安全挡台或做与地面空隙不大于 100mm 的斜向栏杆等安全措施，如图 12-41 所示。

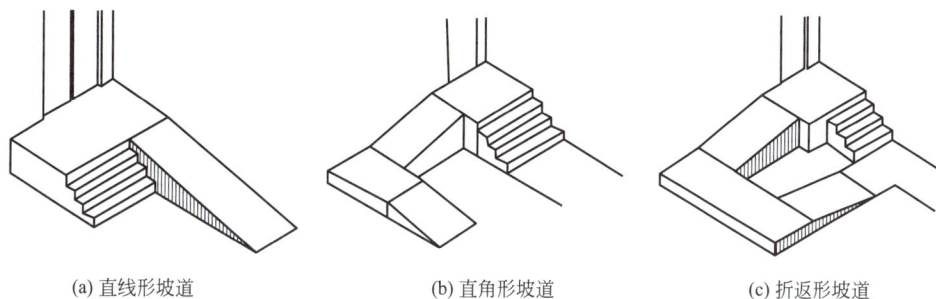

图 12-40　坡道形式

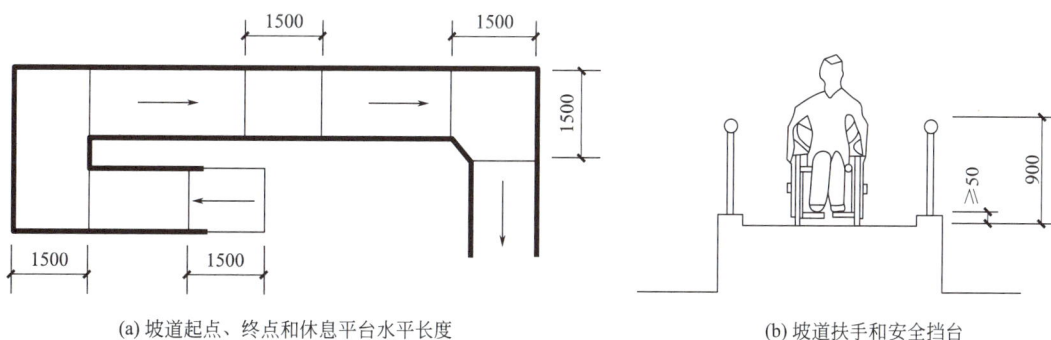

图 12-41　坡道平台长度和安全措施

自行车出入口可采用踏步式或坡道式出入口。踏步式出入口是指中间为人行楼梯两侧为自行车坡道或中间为自行车坡道两侧为人行楼梯的出入口，如图 12-42 所示。踏步式出入口推车斜坡的坡度不宜大于 25%，单向净宽不应小于 0.35m，总净宽度不应小于 1.80m。坡道式出入口的斜坡坡度不宜大于 15%，坡道宽度不应小于 1.80m。

汽车道有建筑物出入口汽车道和地下车库汽车道两种。建筑物出入口处的汽车道一般与台阶组合使用，坡度不大于 1：10，主要用于办公楼、旅馆、医院等建筑，如图 12-43

图 12-42　踏步式自行车坡道

所示。机动车库内坡道的楼地面宜采取限制车速的措施及防雨和防止雨水倒灌至地下车库的设施，车库坡道的上方应有防坠落物设施。

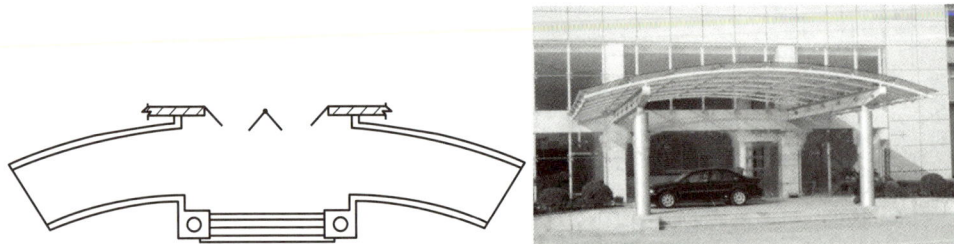

图 12-43　建筑物入口汽车坡道

任务实施

组织学生以小组为单位，分组讨论，完成"任务手册"中项目 3 的任务 12，进行自评、小组互评、教师点评，并总结学习内容。

人民至上

无障碍设施是指保障残疾人、老年人、孕妇、儿童等社会成员通行安全和使用便利，在建设工程中配套建设的服务设施，如图 12-44 所示。包括无障碍通道（路）、电（楼）梯、平台、房间、洗手间（厕所）、席位、盲文标识和音响提示以及通信设施，在生活中有无障碍扶手、沐浴凳等相关生活设施。

近年来，城市道路、交通、住宅小区、公共建筑、公共场所等各个领域的无障碍设施越来越健全完善。这些都体现了党和国家坚持以人民为中心的发展思想和对老幼病残孕等群体的关怀。2023 年 9 月 1 日，《中华人民共和国无障碍环境建设法》正式施行，标志着我国开启了无障碍环境建设法治化的新征程。无障碍环境建设，是一个国家和社会文明的标志，不仅保证保障残疾人平等、充分、便捷地参与和融入社会生活，更是代表着这座城市的温度，体现着以人民为中心的应有之义。

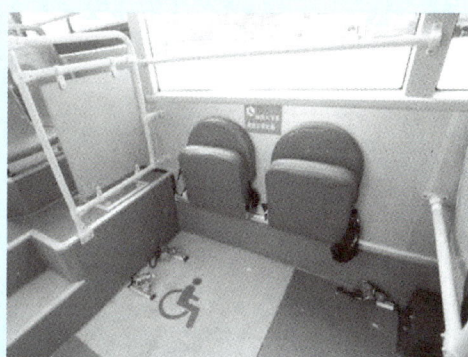

图 12-44 无障碍设施

任务 13　识读楼梯详图

学习目标

1. 学习楼梯详图的形成和作用，能够理解并描述。
2. 学习楼梯详图表达的内容和图例、符号的含义及表达方法，能够准确识读楼梯详图。
3. 学习楼梯的组成、类型、尺寸，能够区分楼梯的类型，理解楼梯的各部分尺寸要求。
4. 学习钢筋混凝土楼梯，楼梯细部构造，能够识读楼梯构造图。
5. 通过楼梯详图的识读，认识到严谨认真的工作态度及团队合作的重要性，平时有意识地提高职业素养能力。

思维导图

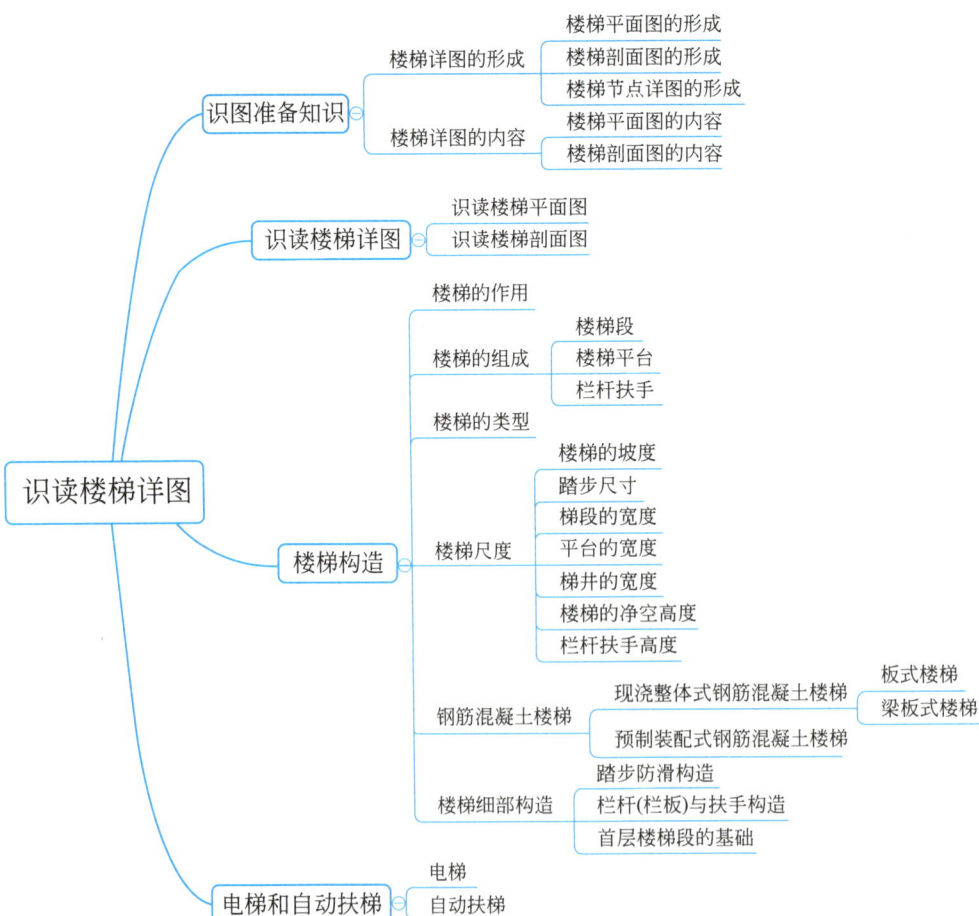

任务导入

观察如图 13-1 所示的楼梯详图，请思考楼梯详图是如何形成的？有几种？包括哪些内容？如何识读？楼梯的构造知识与识读楼梯详图如何相结合？你在生活中，见过什么样的楼梯？

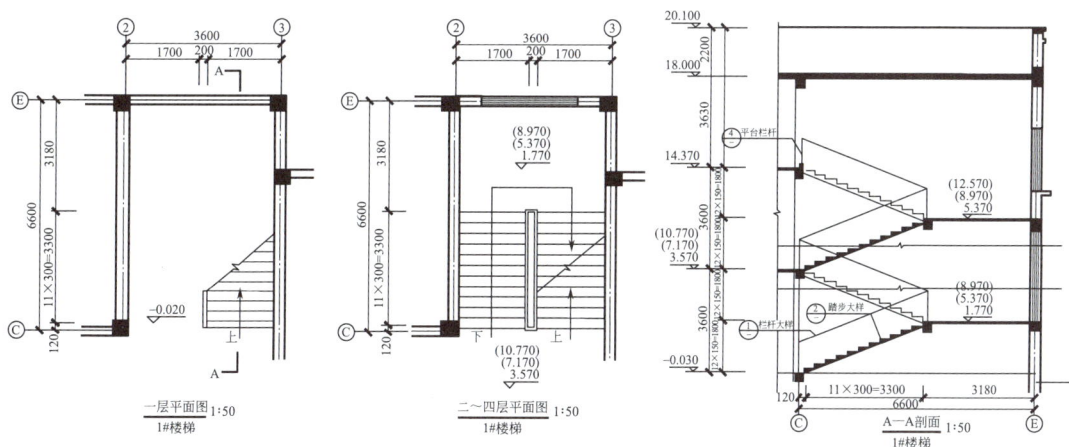

图 13-1 楼梯建筑详图

知识准备

13.1 识图准备知识

13.1.1 楼梯详图的形成

楼梯详图一般包括楼梯平面图、楼梯剖面图、楼梯节点详图。

1. 楼梯平面图的形成

假想用一个水平剖切面在该层向上走的第一个梯段中部（中间平台下），通过该层门窗洞口水平剖切开，移去剖切面以上部分向下投影，所得到的正投影图称为楼梯平面图。各层被剖切到的梯段，一般在平面图中以 45°折断线表示，在梯段上用箭头表示上、下行方向，如图 13-2 所示。

2. 楼梯剖面图的形成

假想用一个铅垂剖切面，通过各层的一个梯段和门窗洞口将楼梯垂直剖切，移去观察者与剖切平面之间的部分，向另一个未剖切到的梯段方向投影，所得到的正投影称为楼梯剖面图，如图 13-1 所示。

楼梯剖面图中凡是被剖切到的楼梯段、楼地面、楼梯平台等用粗实线绘制，并画出材料图例或涂黑，没有剖切到但能看到部分用中实线或细实线绘制轮廓。

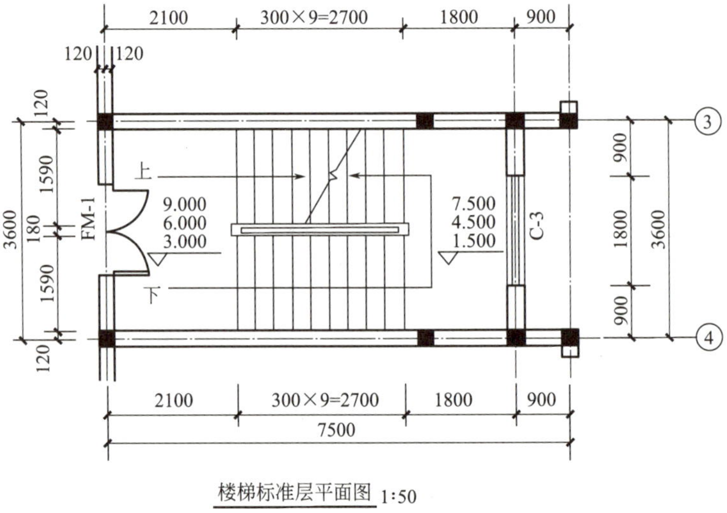

楼梯标准层平面图 1:50

图 13-2　楼梯平面图

3. 楼梯节点详图的形成

楼梯节点详图是楼梯平面图和楼梯剖面图的局部放大，主要表达踏步、栏杆和扶手的做法。如采用标准图集，则直接引用标准图集代号；如采用特殊形式，则用更大的比例如1∶10、1∶5、1∶2、1∶1详细表示其形状、尺寸、材料及具体做法，如图 13-3 所示。

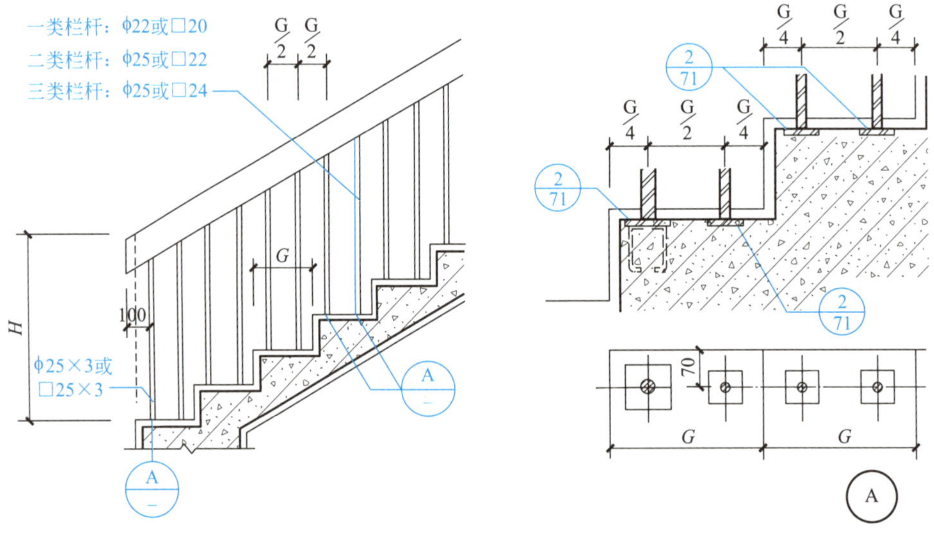

图 13-3　楼梯节点详图

13.1.2　楼梯详图的内容

1. 楼梯平面图的内容

楼梯平面图比例一般为 1∶50，通常包括底层平面图、标准层平面图、顶层平面图。

楼梯平面图表达的内容有：

（1）楼梯间的墙体或柱的定位轴线及编号。

（2）楼梯间的墙、柱、门窗的平面位置及尺寸。

（3）楼梯梯段、平台（中间平台和楼层平台）、梯井、栏杆、扶手、护窗栏杆等。

（4）楼梯间开间、进深、梯段宽度、长度、平台宽度、梯井宽度等尺寸以及踏步宽度及数量等。

（5）首层地面标高、各楼层楼面、平台标高。

（6）楼梯的上下行走方向及起步位置。

（7）底层平面图上绘制剖切符号。

（8）主要建筑构件的索引符号。

2. 楼梯剖面图的内容

楼梯剖面图可只画出底层、中间层和顶层剖面，中间用折断线分开。楼梯剖面图表达的内容有：

（1）楼梯间的定位轴线及编号、轴线间尺寸。

（2）剖切到及未剖切到但在投影方向可见的楼梯间建筑构件，如梯段、梯梁、楼梯平台、栏杆、楼板、门窗、雨篷等。

（3）楼梯的类型及结构形式。

（4）水平方向的尺寸，如各层梯段水平投影长度尺寸、楼梯平台尺寸等。

（5）高度方向的尺寸，如梯段高度，踏步高度及踏步数等。

（6）主要部位标高，如室外地坪、首层地面、各层楼面、平台等位置的标高。

（7）需要另画详图部位的索引符号。

13.2　识读楼梯详图

以任务手册××学校实训楼 JS-12 楼梯详图为例，说明楼梯详图的识读方法。

识读楼梯详图，需要结合该详图有关的建筑设计总说明、建筑平面图、建筑剖面图等图纸，对照阅读。

1. 识读楼梯平面图

（1）识读图名、比例、轴线，与建筑平面图对照，确定楼梯间所在位置。

由 4 个楼梯平面图，了解到楼梯间位于⑤轴与ⓒ轴～ⓓ轴相交处，比例为 1∶50。

（2）判断楼梯的类型、楼梯间的平面形式。

该楼梯为双跑平行楼梯，楼梯间为矩形，是封闭楼梯间。

（3）识读尺寸标注，确定楼梯间开间、进深、梯段宽度、梯段水平投影长度、踏步宽度和数量、平台宽度、梯井宽度。

由楼梯平面图可知，楼梯间的开间为 3.3m、进深为 6.9m。梯段宽 1500mm、楼梯井宽 100mm。在一层和二层平面图中知，一层到二层为长短跑设计，第一跑的水平投影长度为 3900mm，有 13 个踏面；第二跑的水平投影长度为 2700mm，有 9 个踏面，踏面宽均为 300mm。在三～六层和七层平面图中知，三～六层到七层为等跑设计，每跑的水平投影长度为 3300mm，有 11 个踏面，踏面宽均为 300mm。楼层平台宽度为 2200mm，中间平台宽度为 1550mm。

（4）识读标高，确定各楼层平台及中间平台的标高。

查看各层平台的标高，如二层平面图中楼层平台的标高为 3.6m，中间平台的标高为 2.1m。

（5）了解楼梯的走向以及上下楼梯起步位置。

楼梯的走向用长箭头表示，用上下表示行走方向。从一层平面图中可知，一层第一梯段的起步距©轴线 1500mm，从其他平面图中可知各层楼层平台处的梯段起步距©轴线 2100mm。

（6）了解楼梯间四周的墙、柱、门窗平面位置及尺寸。

结合建筑设计总说明和建筑平面图可知，楼梯间外墙 250mm 厚、三面内墙均为 200mm 厚；在⑤轴线上布置框架柱；在各层均设 1500mm 宽的门洞进入楼梯间、一层平台下外墙上设 1000mm 宽的门洞、二层及以上平台上方距⑤轴线 300mm 分别设 1000mm 宽的窗洞。

（7）了解楼梯剖面图的剖切位置及投影方向，了解详图索引符号。

查看楼梯一层平面图 A—A 剖切符号知，楼梯竖向剖切的是每层向上走的第一个梯段，剖视方向向左。

2. 识读楼梯剖面图

（1）识读图名、比例，与楼梯一层平面图对照，确定剖切位置及投影方向。

该楼梯图名为 A—A 剖面图，是从向上走的第一个梯段，并通过门窗洞口剖开，向左侧投影，比例为 1：50。

（2）判断楼梯的材料、构造形式、结构形式。

从图中可以看出，该楼梯是现浇的钢筋混凝土双跑平行板式楼梯。

（3）了解轴线编号及轴线尺寸。

由 A—A 剖面图知，轴线编号为©和①轴，其轴线尺寸即楼梯间的进深尺寸为 6900mm。

（4）识读水平尺寸，与楼梯平面图对照，确定平台宽度及梯段的起步位置，梯段的水平投影长度、踏步宽度及数量。

（5）识读竖向尺寸，确定梯段高、踢面高及级数。

图中一层楼梯为长短跑，第一梯段高度 2100mm，14 等分，即 14 级；第二梯段高度 1500mm，10 等分，即 10 级；二层及以上为等跑，梯段高均为 1800mm，13 等分，即 13 级。由梯段高及等分数量，即可计算出每个梯段上踢面的高度为 150mm。

（6）识读标高。

由图知，室外地坪标高为－0.450m，楼梯间地面标高为－0.300m，一层室内地面标高为±0.000，二层楼面标高为 3.600m 等。一层中间平台标高为 2.100m，二层中间平台标高为 5.400m 等。

（7）墙身上的门窗洞口的标高及尺寸大小。

对照一层建筑平面图知，①轴上一层门洞编号为 M-3，对照门窗表知，M-3 宽

1000mm，高 2000mm，门上方有雨篷。窗台标高同楼层，对照二层及以上建筑平面图知，窗的编号为 C-5，宽 1000mm，与门窗表对照知高为 1500mm。

（8）了解踏步、扶手高度及细部节点详图的索引符号。

楼梯剖面图中若没有标注，可结合建筑设计总说明。由建筑设计总说明知，栏杆扶手做法选自《楼梯》12J8 $\frac{2}{15}$，踏步防滑条做法见《楼梯》12J8 $\frac{10}{68}$。

13.3 楼梯构造

13.3.1 楼梯的作用

楼梯是建筑物中联系楼层之间的垂直交通设施，其作用是满足人们正常出行情况下的垂直交通和紧急情况下的安全疏散。楼梯与电梯、自动扶梯、台阶、坡道以及爬梯等同为建筑物的垂直交通设施。

电梯用于七层及以上的中高层和高层建筑，在一些标准较高的低层和多层建筑中也有使用；自动扶梯用于人流量大且使用要求较高的公共建筑、如商场、超市、候车室等；台阶用于连接室外或室内不同标高的地面、楼面；坡道则属于建筑中的无障碍垂直交通设施，也用于要求车辆通行的建筑中，如车库；爬梯用于检修、消防。

13.3.2 楼梯的组成

楼梯由楼梯段、楼梯平台和栏杆扶手三部分组成，如图 13-4 所示。

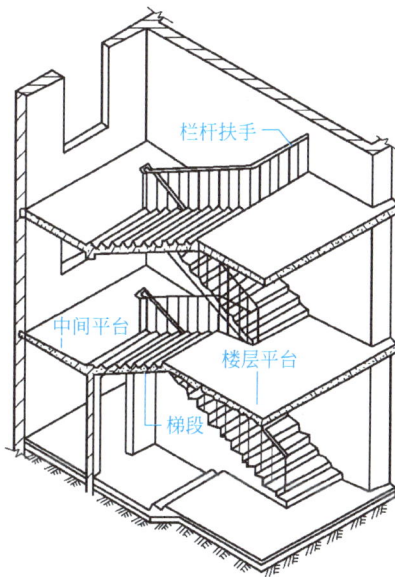

13-1

楼梯的组成

图 13-4 楼梯组成

1. 楼梯段

楼梯段由连续的踏步组成，一个楼梯段又称为一跑。每个踏步由踏面和踢面构成。《民用建筑通用规范》GB 55031—2022中规定，公共楼梯每个梯段的踏步级数不应少于2级，且不应超过18级。

2. 楼梯平台

平台是联系两个梯段之间的水平构件。按其所处位置分为楼层平台和中间平台，与楼层相连的为楼层平台，位于楼层之间的为中间平台。楼层平台主要起联系室内外交通及分流的作用，中间平台起转向、缓冲疲劳的作用。

3. 栏杆扶手

栏杆扶手是在梯段和平台的临空一侧设置的安全防护构件，应满足一定的高度和承受水平荷载的要求。扶手设置在栏杆顶部，供人们上下楼梯时手扶之用。

13.3.3 楼梯的类型

1. 楼梯按位置分为室内楼梯和室外楼梯。

2. 楼梯按材料分为木楼梯、钢楼梯、钢筋混凝土楼梯、玻璃楼梯等。

3. 楼梯按使用性质分为主要楼梯、辅助楼梯、疏散楼梯等。

4. 楼梯按楼梯间的平面形式分为封闭式楼梯间、开敞式楼梯间、防烟式楼梯间，如图13-5所示。

13-2

楼梯的类型

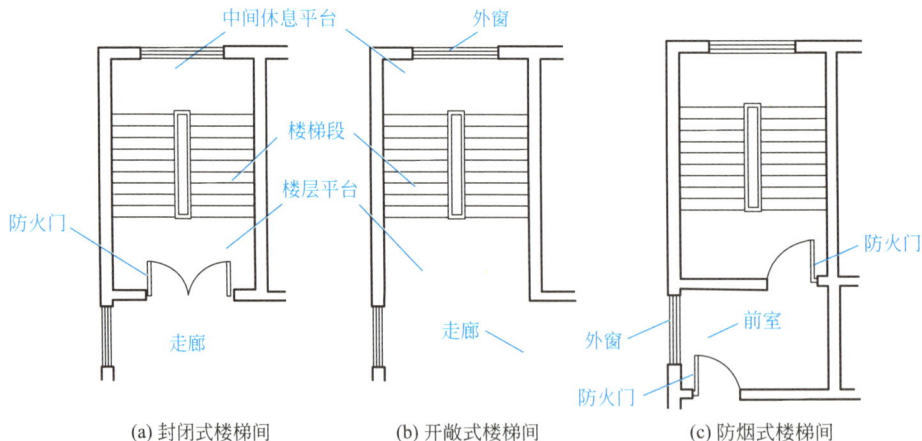

(a) 封闭式楼梯间   (b) 开敞式楼梯间   (c) 防烟式楼梯间

图 13-5 楼梯间平面形式

5. 楼梯按楼梯的平面形式分为直行单跑楼梯、双跑直楼梯、双跑折角楼梯、双跑平行楼梯、三跑楼梯、双分式楼梯、双合式楼梯、八角式楼梯、剪刀式楼梯、交叉式楼梯、圆形楼梯、螺旋形楼梯、弧形楼梯等，如图13-6所示。

直行单跑楼梯用于层高不大的建筑；双跑直楼梯或直行多跑楼梯用于层高较大的建筑；双跑平行楼梯设计、施工简单，是最常用的楼梯形式；双分、双合式楼梯通常在人流多、梯段宽度较大时采用，常用作办公类建筑的主要楼梯；剪刀式楼梯用于层高较大且有人流多向性选择要求的建筑，如商场、多层食堂等；交叉式楼梯用于人流量较大，但层高小的建筑；螺旋形楼梯不能作为主要人流交通和疏散楼梯；弧形楼梯常用在公共建筑的门厅；圆形楼梯、螺旋形楼梯、弧形楼梯造型美观，有极强的装饰作用。

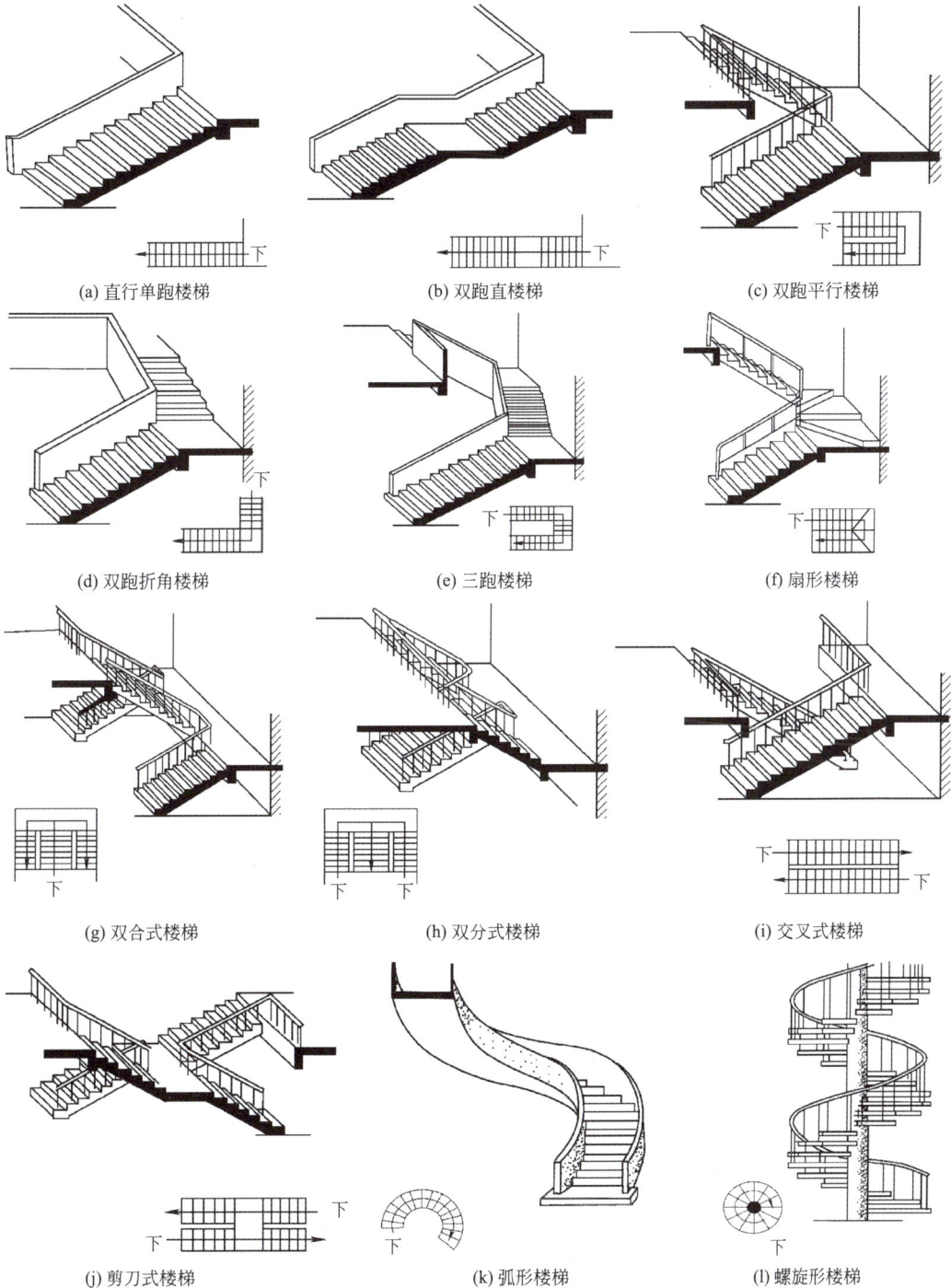

(a) 直行单跑楼梯

(b) 双跑直楼梯

(c) 双跑平行楼梯

(d) 双跑折角楼梯

(e) 三跑楼梯

(f) 扇形楼梯

(g) 双合式楼梯

(h) 双分式楼梯

(i) 交叉式楼梯

(j) 剪刀式楼梯

(k) 弧形楼梯

(l) 螺旋形楼梯

图 13-6 楼梯按平面形式分类

13.3.4　楼梯的尺度

楼梯的尺度受建筑的使用性质和建筑的平面尺寸影响，关系到人们行走舒适及安全。楼梯的尺度包括楼梯的坡度、梯段宽度、踏步尺寸、平台宽度、净空高度等。

1. 楼梯的坡度

楼梯的坡度是指楼梯段与水平面的夹角，它取决于踏面宽和踢面高。楼梯的坡度不宜过大或过小，坡度过大行走吃力；坡度过小，占地面积大，不经济。楼梯的坡度范围为 23°～45°，适宜坡度为 30°左右，专用楼梯一般取 45°～60°，爬梯的坡度在 60°度以上。室内坡道坡度不宜大于 1∶8，室外坡道坡度不宜大于 1∶10，如图 13-7 所示。

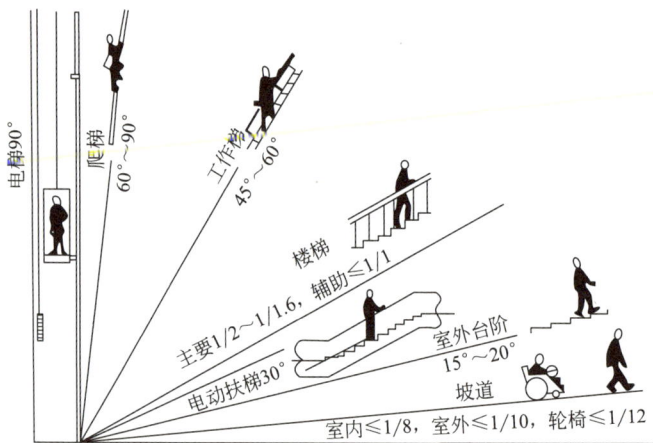

图 13-7　楼梯、台阶、坡道、爬梯坡度的适宜范围

2. 踏步尺寸

楼梯踏步尺寸包括踏面宽度和踢面高度，是根据楼梯坡度要求和不同类型人体自然跨步（步距）要求确定的，为了满足人民生命财产安全、人身健康和方便舒适的要求。每个梯段的踏步高度、宽度应一致，相邻梯段踏步高度差不应大于 0.01m，且踏步面应采取防滑措施。

踏步尺寸应根据建筑的功能、楼梯的通行量及使用者的情况进行选择。《民用建筑通用规范》GB 55031—2022 中规定，公共楼梯踏步的最小宽度和最大高度应符合表 13-1 中的规定。

楼梯踏步最小宽度和最大高度（单位：m）　　　　　　　　　　表 13-1

楼梯类别	最小宽度	最大高度
以楼梯作为主要垂直交通的公共建筑、非住宅类居住建筑的楼梯	0.26	0.165
住宅建筑公共楼梯、以电梯作为主要垂直交通的多层公共建筑和高层建筑裙房的楼梯	0.26	0.175
以电梯作为主要垂直交通的高层和超高层建筑楼梯	0.25	0.180

注：1. 螺旋楼梯和扇形踏步离内侧扶手中心 0.25m 处的踏步宽度不应小于 0.22m。

2. 表中公共建筑及非住宅类居住建筑不包括托儿所、幼儿园、中小学及老年人照料设施。

踏步宽度往往受到楼梯间进深的限制，在不改变楼梯踏步尺寸的情况下，使人们上下楼梯更加舒适，可采取一些措施增加踏面的宽度，如图 13-8 所示。

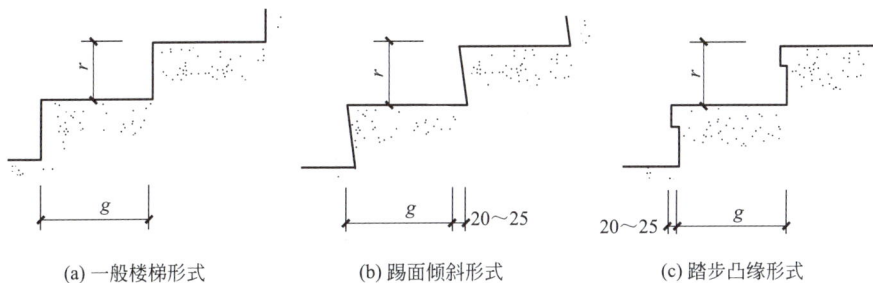

(a) 一般楼梯形式   (b) 踢面倾斜形式   (c) 踏步凸缘形式

图 13-8 踏步尺寸

3. 梯段的宽度

梯段净宽是指楼梯段临空一侧的扶手中心线至另一侧墙体装饰面（或靠墙扶手中心线）的水平距离，如图 13-9 所示。楼梯两侧有扶手时，梯段净宽指两侧扶手中心线之间的水平距离。

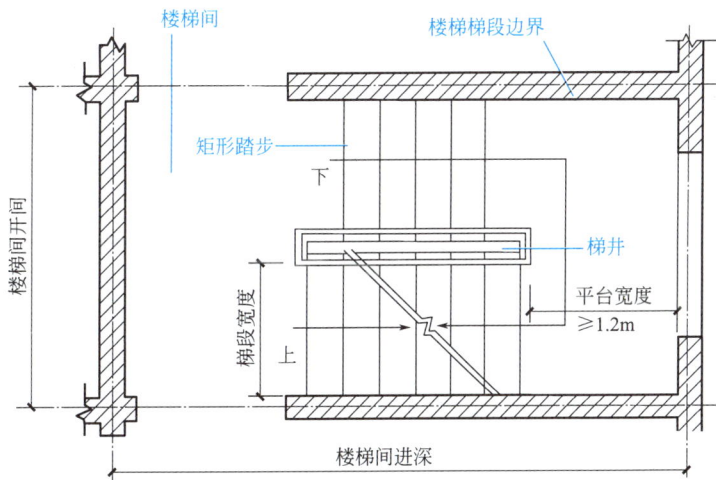

图 13-9 楼梯梯段宽度及平台宽度

楼梯段是供人们上下通行的，因此楼梯段的宽度必须满足上下人流、搬运物品及消防疏散的需要。《民用建筑设计统一标准》GB 50352—2019 规定，供日常主要交通用的楼梯的梯段净宽应根据建筑物使用特征，按每股人流宽度为 0.55m＋（0～0.15）m 的人流股数确定，并不应少于 2 股人流。楼梯宽度一般有单股人流、双股人流、三股人流楼梯通行宽度，如图 13-10 所示。

《住宅设计规范》GB 50096—2011 规定，楼梯梯段净宽不应小于 1.10m，不超过六层的住宅，一边设有栏杆的梯段净宽不应小于 1.00m。

4. 平台宽度

平台宽度是人员上下通行安全的保证，关系到人民生命财产安全、人身健康和工程安

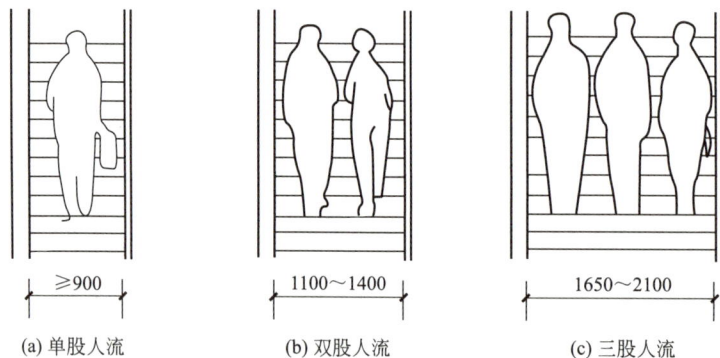

(a) 单股人流　　(b) 双股人流　　(c) 三股人流

≥900　　1100~1400　　1650~2100

图 13-10　楼梯宽度与人流股数的关系

全。《民用建筑通用规范》GB 55031—2022 中指出，楼梯休息平台宽度系指墙面装饰完成面至扶手中心线之间的水平距离，如图 13-9 所示。当梯段改变方向时，楼梯休息平台的最小宽度不应小于梯段净宽，并且不应小于 1.20m；直跑楼梯的中间平台宽度不应小于 0.90m。

5. 梯井宽度

楼梯段及平台围合成的空间为楼梯井。《建筑设计防火规范》GB 50016—2014（2018年版）中规定，公共疏散楼梯的梯井宽度不小于 150mm，对于住宅建筑，也要尽可能满足此要求。《民用建筑通用规范》GB 55031—2022 中规定，为了保护少年儿童生命安全，中小学校、幼儿园等少年儿童专用活动场所的楼梯，其梯井净宽大于 200mm，必须采取防止少年儿童坠落措施。

6. 楼梯的净空高度

楼梯的净空高度应满足人流通行和家具搬运，包括楼梯段的净高和平台过道处的净高。

《民用建筑通用规范》GB 55031—2022 中规定，楼梯段净高为自踏步装饰面前缘（包括最低和最高一级踏步前缘线以外 0.30m 范围内）量至上方突出物装饰面下缘间的垂直高度，其净高不应小于 2.20m，如图 13-11 所示。

平台过道处净高为平台面至上方突出物装饰面下缘间的垂直高度，其净高不应小于 2.00m，如图 13-11 所示。

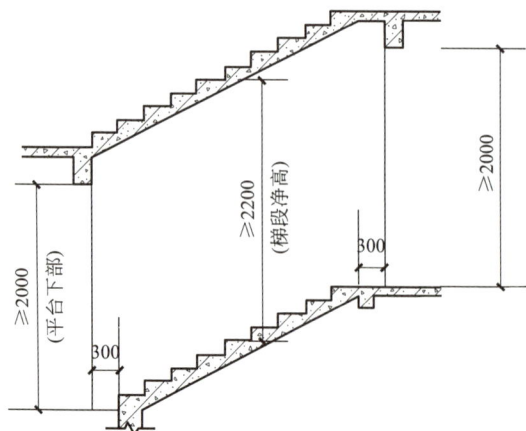

图 13-11　梯段净空高度

7. 栏杆扶手高度

栏杆扶手高度指踏步前缘到扶手顶面的垂直高度。室内楼梯栏杆扶手高度不应小于 0.9m，室外楼梯栏杆扶手高度不应小于 1.10m。当楼梯水平栏杆或栏板长度超过 0.50m 时，对于住宅栏杆扶手高度不应小于 1.05m，对于中小学校栏杆扶手高度不应小于 1.10m。托儿所、幼儿园的楼梯除设成人扶手外，应在梯段两侧设幼儿扶手，其高度不应 大于 0.60m，如图 13-12 所示。

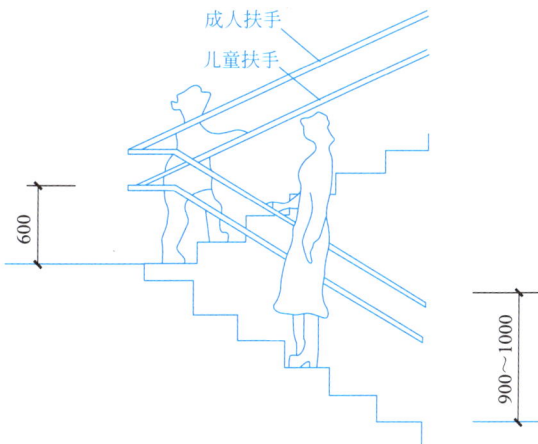

图 13-12 楼梯栏杆扶手尺寸

13.3.5 钢筋混凝土楼梯

钢筋混凝土楼梯按施工方法不同，分为现浇整体式和预制装配式两种。

1. 现浇整体式钢筋混凝土楼梯

现浇整体式钢筋混凝土楼梯是在施工现场支模板、绑扎钢筋、浇筑混凝土、振捣养护 而形成的整体式楼梯。其特点是整体性好、刚度大、抗震性好、坚固耐用。按传力与结构 形式的不同，分为板式楼梯和梁板式楼梯两种。

（1）板式楼梯

板式楼梯由梯段板、平台梁、平台板组成。梯段板是一块倾斜搁置的板，支承在两端 的平台梁上。荷载的传力过程为梯段板→平台梁→楼梯间的墙或柱，如图 13-13（a）所 示。有时为了保证平台下的净空高度，可取消梯段一端或两端的平台梁，使平台板与梯段 板连为一体，形成折线形的板直接支承于墙或梁上，称之为折板式楼梯，如图 13-13（b） 所示。板式楼梯梯段底面平整，造型简洁，施工方便，但自重大，常用于楼梯荷载较小， 跨度不大的建筑中。

（2）梁板式楼梯

梁板式楼梯由踏步板、斜梁、平台梁和平台板组成。踏步板搁置在斜梁上，斜梁搁置在 平台梁上。荷载的传力过程为踏步板→斜梁→平台梁→楼梯间的墙或柱。梁板式楼梯的斜梁 可上翻或下翻，根据斜梁的位置梁板式楼梯可分为明步式和暗步式两种，如图 13-14 所示。

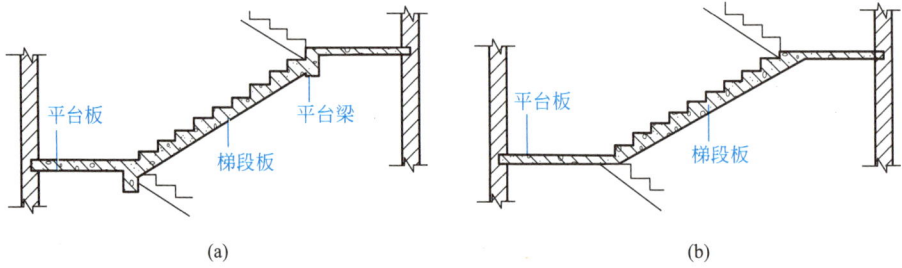

(a) (b)

图 13-13 板式楼梯

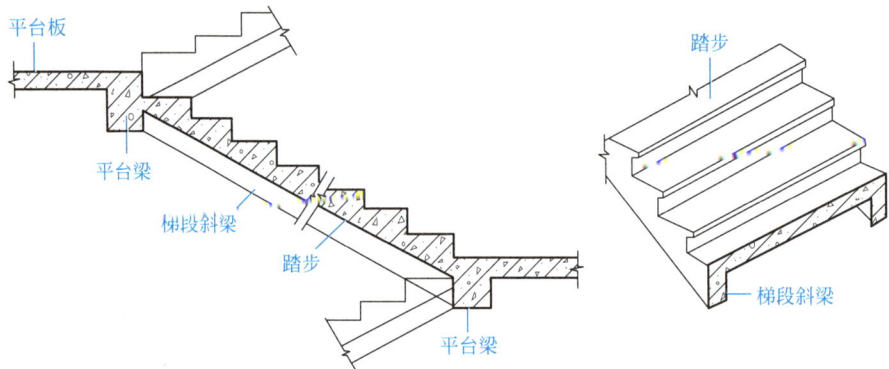

(a) 明步式楼梯(斜梁下翻)

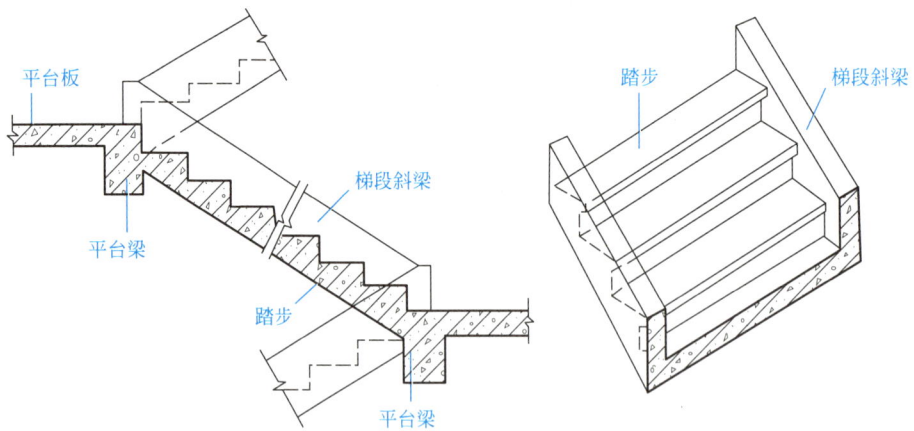

(b) 暗步式楼梯(斜梁上翻)

图 13-14 梁板式楼梯

梁板式楼梯的结构较复杂，施工难度大，常用于楼梯荷载较大，跨度较大的建筑中。

2. 预制装配式钢筋混凝土楼梯

预制装配式钢筋混凝土楼梯是在预制构件工厂将楼梯段整体预制，然后运送到现场通过预留的销键孔与梯梁上预留的钢筋连接。其特点是工厂批量生产，减少现场湿作业，减少建筑垃圾，施工速度快，绿色环保，是装配式混凝土建筑中常用的一种构件，如图 13-15 所示。

图 13-15　预制装配式楼梯

13.3.6　楼梯细部构造

楼梯细部构造包括踏步防滑构造、栏杆（栏板）扶手构造等。

1. 踏步防滑构造

楼梯踏步要求面层耐磨、防滑、易清洁。在人流量大的公共楼梯中，为防止在楼梯上行走时滑倒，宜在踏步前缘设置防滑条。通常是在踏步面层前缘留 2～3 道防滑凹槽或设防滑条，防滑条的材料应耐磨、美观、行走舒适。常用金刚砂、水泥铁屑、金属条、橡胶条、塑料条、角钢护角等，如图 13-16 所示。

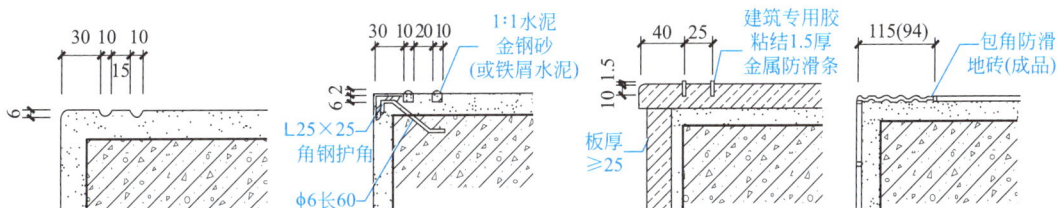

图 13-16　踏步防滑构造

2. 栏杆（栏板）与扶手构造

（1）栏杆和栏板

栏杆、栏板是楼梯的安全设施，设置在楼梯和顶层平台临空的一侧。

栏杆一般采用方钢、圆钢、扁钢、不锈钢管等型材制作成各种图案，既有安全防护作用，又有一定的装饰效果。在装饰要求高的建筑中，也常采用木质栏杆。

栏板多采用钢筋混凝土或砖砌体。钢筋混凝土栏板一般采用现浇栏板，坚固、安全、耐久。砖砌体栏板通常加设钢筋混凝土构造柱与砌体拉结加固。为了增加装饰效果，室内也常采用玻璃栏板。

金属栏杆与踏步及平台的连接常采用焊接，即在踏步或平台上预埋钢板预埋件与金属栏杆焊接，如 13-17 所示。玻璃栏板常用专门的固定件与踏步连接。

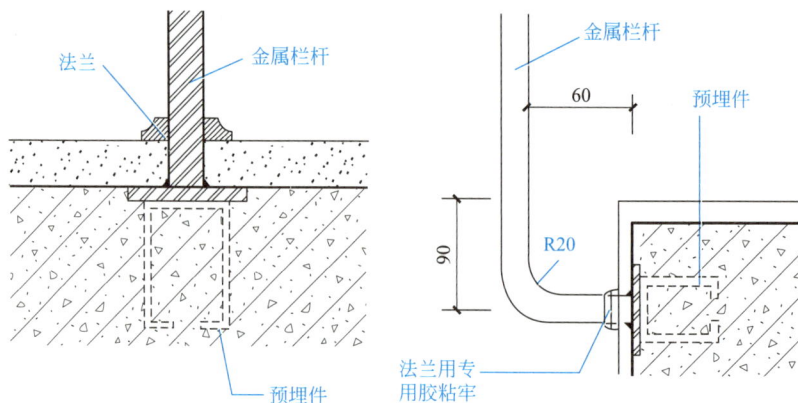

图 13-17　栏杆与踏步、平台连接构造

（2）扶手

扶手位于栏杆顶部，通常用硬木、塑料、金属管（不锈钢管、钢管、铜管等）制作。各类材质的扶手与金属栏杆的连接，如图 13-18 所示。

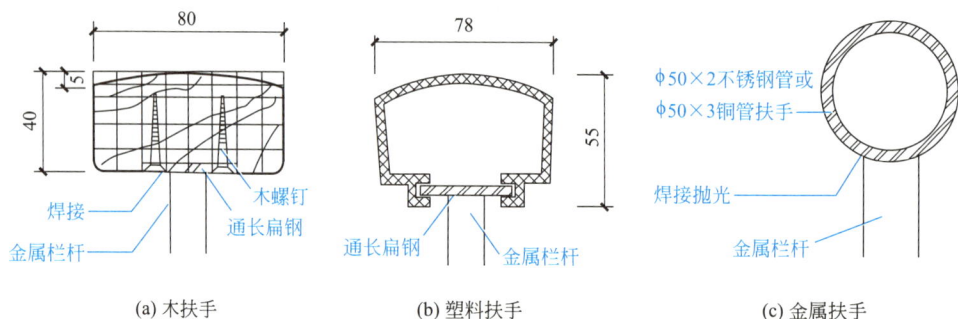

(a) 木扶手　　　　　(b) 塑料扶手　　　　　(c) 金属扶手

图 13-18　扶手与金属栏杆的连接

顶层平台上的扶手端部应与墙体有可靠的连接。各类材质的扶手与墙体的连接，如图 13-19 所示。

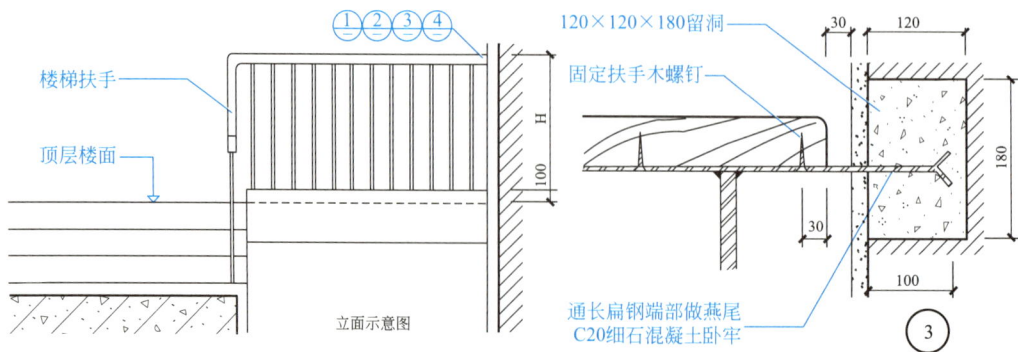

立面示意图

图 13-19　扶手端部与墙体的连接（一）

图中标注（图13-19）：

120×120×180留洞
成品法兰盘M2.5
沉头螺丝拧固
金属扶手
预埋φ10螺栓C20
细石混凝土卧牢
120
100
成品法兰盘建筑胶粘牢
金属扶手与埋件焊牢
6厚扁钢
M8×80钢制膨胀螺栓
固定扶手木螺钉
30　30
30
通长扁钢与预埋件焊牢
1/71

① ② ④

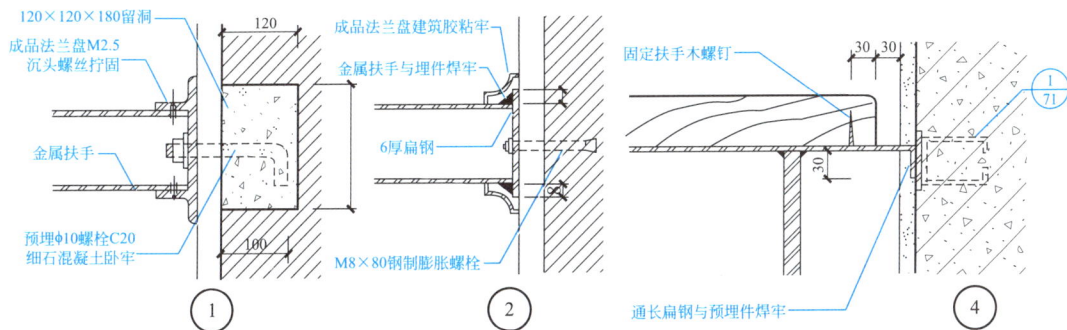

图 13-19　扶手端部与墙体的连接（二）

3. 首层楼梯段的基础

楼梯首层第一个梯段不能直接搁置在地坪上，需在其下面设置基础。楼梯段的基础做法有两种：一是在楼梯段下直接设砖、石或混凝土基础，如图 13-20（a）所示；另一种是楼梯段支承在钢筋混凝土地梁上，如图 13-20（b）所示。

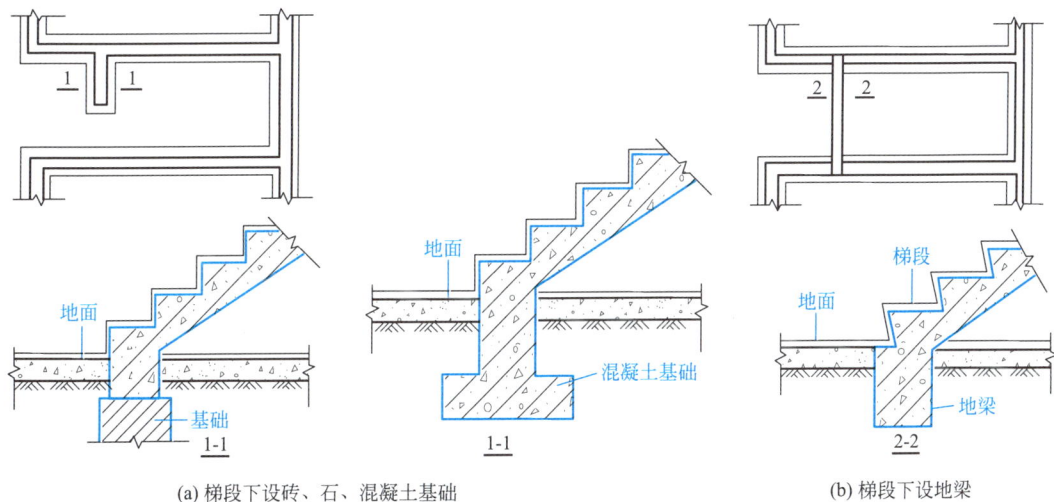

1　1
地面
基础
1-1

地面
混凝土基础
1-1

2　2
梯段
地面
地梁
2-2

(a) 梯段下设砖、石、混凝土基础　　　　　(b) 梯段下设地梁

图 13-20　楼梯基础构造

13.4　电梯和自动扶梯

13.4.1　电梯

《住宅设计规范》GB 50096—2011 中规定，七层及七层以上住宅或住户入口层楼面距室外设计地面的高度超过 16m 时必须设置电梯。电梯由井道、轿厢、机房、升降设备、安全装置、控制设备等组成。

电梯按用途可分为乘客电梯、载货电梯、医用电梯、观光电梯等。

13.4.2 自动扶梯

自动扶梯是带有循环运行阶梯的连续运行的垂直交通设施，承载力较大，安全可靠，广泛用于人流量大的建筑中，如大型商场、火车站、地铁站、机场等。

自动扶梯按牵引构件形式分为链条式自动扶梯和齿条式自动扶梯。

任务实施

组织学生以小组为单位，分组讨论，完成"任务手册"中项目 3 的任务 13，进行自评、小组互评、教师点评，并总结学习内容。

民族自豪感

远古时期，人类为了生存，常常爬树登高躲避野兽的攻击。人类的祖先受到天然条件的启发，发明了梯子。随着人类文明的发展，各国学者在树干和斜坡的启发下，发明了楼梯。

对于楼梯，古人还有一些雅称，最早的一种称呼是"阶"，这个词在《诗经》中就有出现。在《周礼》中，它被定义为"高下错居以达于上下"，也就是说，通过错落的高低来连接不同层次。另一种称呼是"梯"，这个字在《尚书》《周礼》中也有出现。梯是一种斜面结构，用于上升或下降。在古代建筑中，常常将梯和阶结合起来使用。还有一种称呼是"楼梯"，这个词在《史记》中有出现。楼梯是指连接楼层的梯子，古代建筑中常常使用石头或木材来制作楼梯。

古代对楼梯的雅称丰富多彩，反映了古人对建筑结构的深刻理解和独特的审美观。

在五千多年漫长文明发展史中，中国人民创造了璀璨夺目的中华文明，为人类文明进步事业作出了重大贡献。中华文明源远流长、博大精深，是中华民族独特的精神标识，是当代中国文化的根基，是维系全世界华人的精神纽带，也是中国文化创新的宝藏。作为现代青年一代，有义务更有责任让中华民族五千年的文化历久弥新。

装配式混凝土建筑

项目4

任务14　学习装配式混凝土建筑

学习目标

1. 了解国内外装配式建筑的发展历程。
2. 学习装配式建筑的特点及类型，能够区分装配式建筑类型。
3. 学习装配式混凝土结构构件，能够区分各种预制构件。
4. 学习装配式混凝土结构构件连接，能够区分湿连接与干连接，能够知道各自的应用范围。
5. 装配式建筑绿色、环保、节能、可持续发展，结合了大量数字化技术，实现建筑产业现代化、智能化、绿色化的发展，助力"双碳"目标的实现。

思维导图

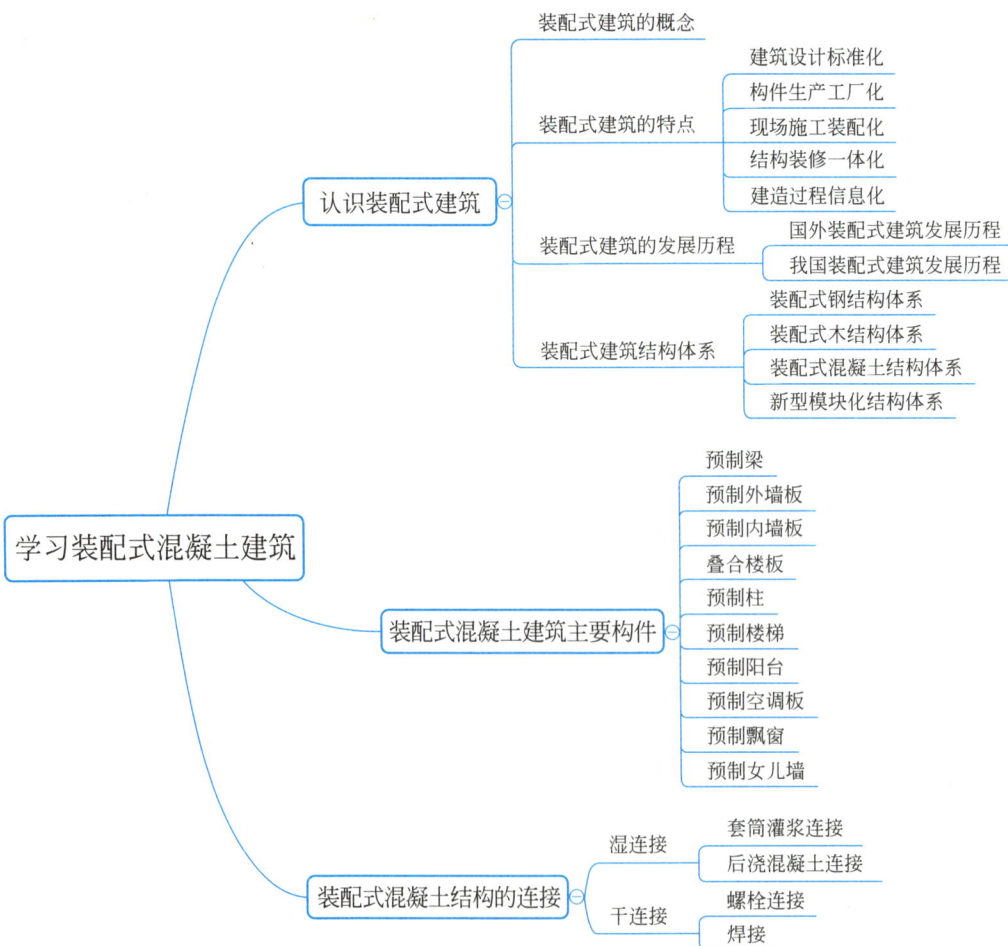

任务导入

　　观察如图 14-1 所示的建筑，请思考：你看到的建筑物的建造方式与传统建筑有哪些不同？看到了哪些施工机械设备？

图 14-1　某建筑施工现场图

知识准备

14.1　认识装配式建筑

14.1.1　装配式建筑的概念

　　装配式建筑是指将建筑的部分或全部构件在工厂预制完成，然后运输到施工现场，将构件通过可靠的连接方式在现场装配安装而成的建筑，如图 14-1 所示。

　　装配式建筑是建造方式的革新，无论国际还是国内，装配式建筑技术已趋于成熟。与传统建造方式相比较，装配式建筑大大减少了人工作业和现场湿作业，且融合了大量数字化技术，符合建筑产业现代化、智能化、绿色化的发展方向，有效实现了"四节一环保"的绿色发展要求。

14.1.2　装配式建筑的特点

1. 建筑设计标准化

　　装配式建筑设计是按照通用化、模数化、标准化的要求，以少规格、多组合的原则，实现了建筑及部品部件的系列化和多样化。

2. 构件生产工厂化

装配式建筑部分或全部构件由预制厂生产，构件的工厂化生产有助于建立完善的生产质量管理体系，设置产品标识，提高生产精度，保障产品质量。

3. 现场施工装配化

现场施工装配化是指预制构件运至现场后，用组装的方法装配成建筑物。由于现场投入了机械设备，减少了劳动用工，可有效地降低成本。同时，装配化施工受天气因素影响小，大大缩短了施工周期。

4. 结构装修一体化

装配式建筑实现全装修，内装系统与结构系统、外围护系统、设备与管线系统一体化建造设计，减少了材料现场加工对环境造成的污染。

5. 建造过程信息化

预制构件在生产运输及施工过程中，可采用一体化生产，利用 BIM 技术等信息化手段建立信息库，实现全专业、全过程的信息化管理。

14.1.3　装配式建筑的发展历程

1. 国外装配式建筑发展历程

西欧是预制装配式建筑的发源地，目前，西欧 5～6 层以下的住宅普遍采用装配式建筑，在混凝土结构中占比达 35%～40%。

（1）德国

德国建筑工业化起源于 20 世纪 20 年代，德国是世界上建筑能耗降低幅度最快的国家，德国的装配式住宅主要采取叠合板、混凝土、剪力墙等结构体系，建筑耐久性、节能效果好，如图 14-2 所示。

（2）美国

美国的装配式建筑起源于 20 世纪 30 年代的汽车房屋，美国装配式住宅盛行于 20 世纪 70 年代。美国住宅所用构件和部品的标准化、系列化、专业化、商品化、社会化程度很高，几乎达到 100%，这些构件结构性能好，有很大通用性，易于机械化生产，如图 14-3 所示。

图 14-2　德国施普朗曼居住小区

图 14-3　美国早年的汽车房屋

（3）法国

法国装配式建筑以预制装配式混凝土结构为主，钢结构、木结构为辅。法国的装配式住宅多采用框架或板柱体系，装配率可达80％。20世纪60年代起步，1980年后渐成体系，如图14-4所示。

（4）新加坡

新加坡是世界上公认的住宅问题解决较好的国家，其住宅多采用建筑工业化技术加以建造。新加坡开发出15～30层的单元化的装配式住宅，占全国总住宅数量的80％以上，如图14-5所示。

图14-4 法国联排式公寓住宅楼

图14-5 新加坡装配式建筑组屋

2. 我国装配式建筑发展历程

我国的建筑工业化是从中华人民共和国成立后逐步发展的，可以分为以下几个阶段：

（1）起步阶段：20世纪50年代

我国的建筑工业化发展始于20世纪50年代，在"一五"计划中提出借鉴苏联及东欧各国经验，在国内推行标准化、工厂化、机械化的预制构件和装配式建筑。

（2）持续发展阶段：20世纪60年代至20世纪80年代初

20世纪60年代至20世纪80年代初，多种混凝土装配式建筑体系得到快速发展，预应力混凝土圆孔板、预应力空心板等快速发展，装配式建筑应用大量推广。

（3）低潮阶段：20世纪80年代末开始

唐山大地震发生后，采用预制板的砖混结构房屋、预制装配式单层工业厂房等在唐山大地震中受损严重，引发了人们对装配式体系抗震性能的担忧，装配式建筑大量减少。随着我国建筑设计逐步多样化、个性化，各类模板、脚手架及商品混凝土的普及，混凝土现浇结构得到了广泛的推广应用。

（4）新发展阶段：2008年至今

随着社会的进步、科技的飞速发展，抗震技术有了长足的发展。为适应国家战略发展的需要，全面推进装配式建筑发展成为建筑业的重中之重。装配式建筑具有绿色施工以及环保高效的特点，能够适应"绿色中国"的发展需求，如图14-6、图14-7所示。

图 14-6　某小区建筑

图 14-7　香港国际金融中心二期

14.1.4　装配式建筑结构体系

装配式建筑结构体系主要包括装配式钢结构体系、装配式木结构体系、装配式混凝土结构体系和新型模块化结构体系，如图 14-8 所示。

(a) 装配式钢结构体系

(b) 装配式木结构体系

(c) 装配式混凝土结构体系

(d) 新型模块化结构体系

图 14-8　装配式建筑结构体系

1. 装配式钢结构体系

装配式钢结构体系是指工厂化生产的钢结构部件，在施工现场通过组装和连接而成的钢结构建筑。具有强度高、自重轻、保温隔热好、抗震性能好、施工速度快、结构构件尺寸小、工业化程度高等特点，同时钢结构又是可重复利用的绿色环保材料，大量应用于工业厂房、大跨度公共建筑、高层及超高层建筑中。随着经济的发展，建造技术的不断提升，钢结构住宅产业化是住宅发展的趋势。

2. 装配式木结构体系

装配式木结构体系是指主体结构和构件在工厂预制，在现场进行组装的建筑。装配式木结构建筑的施工速度快、拆装灵活、绿色环保、舒适耐久、保温节能、结构安全，有优良的抗震、隔热等性能。但由于我国木材资源不够丰富，制约了木结构的发展，在美国、加拿大、日本等国家，木结构建筑是主要的住宅建筑形式。

3. 装配式混凝土结构体系

装配式混凝土结构体系简称 PC 建筑，是指以工厂化生产的钢筋混凝土预制构件，通过现场装配进行可靠连接的混凝土建筑。具有施工速度快，利于冬期施工，生产效率高，产品质量好，减少物料损耗等特点。

按照预制构件间连接方式的不同，分为装配整体式混凝土结构和全装配混凝土结构等。由预制混凝土构件通过可靠的方式进行连接，并与现场后浇混凝土、水泥基灌浆料形成整体的装配式混凝土结构称为装配整体式混凝土结构，简称装配整体式结构。装配整体式混凝土结构具有较好的整体性和抗震性，是目前大多数多层和高层装配式建筑采用的结构形式。

4. 新型模块化结构体系

新型模块化结构体系也叫"盒子建筑"，指的是采用模块化设计方法，将建筑分解为多个标准的模块单元，在工厂预制完成后运输至现场，并通过组合和搭配连接成建筑整体，实现多样化的建筑形态和功能布局，是一种新型的建筑技术。这种体系建造周期短，质量有保障，低碳环保，节约能源和材料，回收利用率高。

14.2　装配式混凝土建筑主要构件

装配式混凝土结构体系主要包括：装配整体式剪力墙结构、装配整体式框架结构、装配整体式框架-剪力墙结构、装配整体式部分框支剪力墙结构、装配整体式框架-核心筒结构等。

常见的装配式混凝土结构构件有：

1. 预制梁

预制梁是指采用工厂预制，再运至施工现场按设计要求位置进行安装固定的梁。装配式建筑预制梁一般多采用叠合梁，叠合梁是分两次浇筑混凝土的梁，第一次在预制现场预制梁，第二次在施工现场进行吊装安装完成后再浇筑上部的混凝土，使其连接成整体，如图 14-9 所示。

2. 预制外墙板

预制混凝土剪力墙外墙板按照构造形式可分为单叶外墙板、夹心保温外墙板、装饰一体化外墙板等，如图 14-10 所示。夹心保温外墙板由内叶墙板、保温层和外叶墙板组成，

图 14-9　预制叠合梁

是非组合式承重预制混凝土夹心保温外墙板，简称预制外墙板，俗称"三明治板"。

(a) 单叶外墙板　　　　　　　(b) 夹心保温外墙板　　　　　　(c) 装饰一体化外墙板

图 14-10　预制外墙板

3. 预制内墙板

预制混凝土剪力墙内墙板一般为单叶板、实心墙板形式，如图 14-11 所示。

图 14-11　预制内墙板

按照墙体上门洞口形式的不同，预制内墙板又可分为无洞口内墙板、固定门垛内墙板、中间门洞内墙板和刀把式内墙板等几种形式。

4. 叠合楼板

叠合楼板是由预制底板和后浇钢筋混凝土层叠合而成的装配整体式楼板。常见的叠合楼板有桁架钢筋混凝土叠合板和带肋底板混凝土叠合板两种，如图 14-12 所示。

(a) 桁架钢筋混凝土叠合楼板　　　　　　　(b) 带肋底板混凝土叠合板

图 14-12　叠合楼板

5. 预制柱

预制柱是指预先按规定尺寸做好模板，然后浇筑成型的混凝土柱，强度达到标准后再运至施工现场按设计要求位置进行安装固定的柱。在框架结构中预制柱承受梁和板传来的荷载，并将荷载传给基础，是主要的竖向支撑结构构件，如图 14-13 所示。

图 14-13　预制柱

6. 预制楼梯

预制楼梯是将楼梯段整体预制，通过预留的销键孔与梯梁上的预留钢筋形成连接，如图 14-14 所示。

图 14-14　预制楼梯

7. 预制阳台

预制阳台可分为叠合阳台和全预制阳台。全预制阳台表面的平整度可以和模具的表面平整度相同，或做成凹陷的效果，地面坡度和排水口也在工厂预制完成。在叠合板体系中，可以将预制阳台和叠合楼板以及叠合墙板等一次性浇筑成一个整体，如图 14-15 所示。

(a) 叠合阳台

(b) 全预制阳台

图 14-15　预制阳台

8. 预制空调板

预制空调板通常是在工厂全板预制，板中钢筋预留出足够的长度伸入主体结构后浇层内一同浇筑成整体，如图 14-16 所示。

9. 预制飘窗

预制飘窗通常与预制混凝土外墙板同时在工厂预制成整体，施工时将预制好的带飘窗的预制外墙板构件运到施工现场，在现场进行安装连接，如图 14-17 所示。

10. 预制女儿墙

预制女儿墙是将女儿墙在工厂预制，施工时将预制好的女儿墙构件在现场装配连接，如图 14-18 所示。

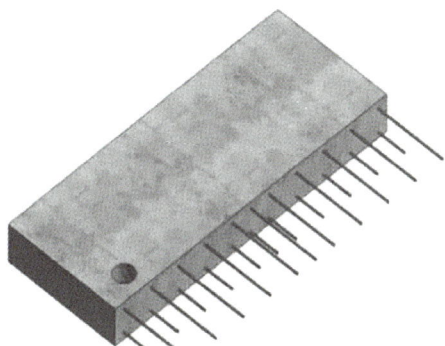

图 14-16　预制空调板

图 14-17　预制飘窗

图 14-18　预制女儿墙

14.3　装配式混凝土结构的连接

14.3.1　装配式混凝土结构连接方式及适用范围

装配式混凝土结构的各预制构件通过不同的连接方式装配在一起，才能形成整个建筑物的结构体系。预制构件之间的连接是保证装配式结构整体性的关键，装配式混凝土结构的连接方式分为两大类：湿连接和干连接。

湿连接是指混凝土或水泥基浆料与钢筋结合形成的连接，常用的湿连接方式有套筒灌浆、后浇混凝土等，主要适用于装配整体式混凝土结构的连接。干连接主要借助于金属连接件，如螺栓连接、焊接等，主要适用于全装配式混凝土结构的连接或装配整体式混凝土结构中的外挂墙板等非承重构件的连接。

14.3.2 装配式混凝土结构湿连接及干连接

1. 湿连接

（1）套筒灌浆连接

套筒灌浆连接是将需要连接的钢筋插入金属套筒内对接，在套筒内注入高强早强且有微膨胀性的灌浆料，灌浆料在套筒筒壁与钢筋之间形成较大的正向应力，在钢筋带肋的粗糙表面产生较大的摩擦力，由此得以传递钢筋的轴向力，如图 14-19 所示。

（2）后浇混凝土连接

后浇混凝土连接是湿连接的一种形式，是指将需要连接的预制构件就位，连接的钢筋等安装完毕后，浇筑混凝土，形成连接。为保证后浇混凝土与预制构件的整体性，预制构件与后浇混凝土接触面需设置键槽面或粗糙面，同时辅以连接钢筋、型钢螺栓等形式，如图 14-20 所示。

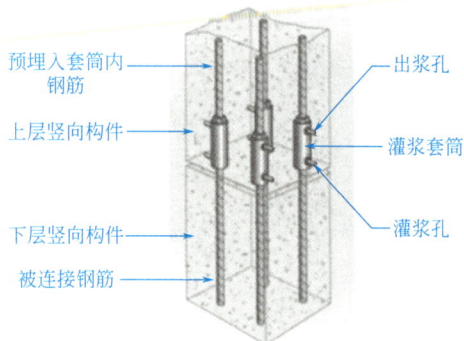

预埋入套筒内钢筋
上层竖向构件
下层竖向构件
被连接钢筋
出浆孔
灌浆套筒
灌浆孔

图 14-19　套筒灌浆连接

图 14-20　后浇混凝土连接

2. 干连接

（1）螺栓连接

螺栓连接是指用螺栓将两个或多个部件或构件连成整体的连接方式。在装配式混凝土结构中，螺栓连接仅用于外挂墙板和楼梯等非主体结构构件的连接，如图 14-21 所示。

图 14-21　螺栓连接

（2）焊接连接

焊接连接是指在预制混凝土构件中预埋钢板，通过焊接将构件之间相互连接并传递作用力的连接方式，焊接连接在混凝土结构中仅用于非结构构件的连接。

任务实施

组织学生以小组为单位，分组讨论，完成"任务手册"中项目4的任务14，进行自评、小组互评、教师点评，并总结学习内容。

民族自豪感

像搭积木一样盖房子，不仅缩短近一半的建设周期，建成的房屋也更加节能环保，这样的装配式建筑在我们的生活中已经屡见不鲜。

中国南极长城站建成于1985年，是较早的装配式钢结构建筑，采用聚氨酯复合板、快凝混凝土等新材料、新工艺，由预先制作的装配部件组装而成。具有良好的保温、防风、抗震等性能，适应了南极恶劣的自然环境。长城站建成以后，经过多次扩建，现有建筑25栋，包含办公楼、宿舍、科研楼等7座主体建筑，建筑面积约4200m²，是我国预制装配式建筑的地标，如图14-22所示。

港珠澳大桥全长55km，是世界上最长的钢结构桥梁。桥墩、桥面、钢箱梁等事先在广东省中山市和东莞市的工厂加工，在风平浪静的天气里，它们像积木一样，在海上被一个个组装起来，效率更高，更环保。此外，港珠澳大桥西人工岛的主楼共有3层，全部采用装配式施工工艺，如图14-23所示。

图14-22　中国南极考察站　　　　　　　图14-23　港珠澳大桥

作为未来的建设者，我们要学习前辈精益求精、追求卓越的工匠精神，争做大国工匠、能工巧匠，为祖国建设及实现强国梦奋发努力。

参考文献

［1］ 李瑞，李晓霞．建筑识图与构造［M］．2版．北京：中国建筑工业出版社，2022.

［2］ 龚碧玲，饶宜平．建筑识图与构造［M］．北京：机械工业出版社，2019.

［3］ 夏玲涛，邬京虹．建筑构造与识图［M］．2版．北京：机械工业出版社，2020.

［4］ 唐珊．建筑识图与构造［M］．武汉：中国地质大学出版社，2019.

［5］ 闫小春，白丽红．土木工程识图［M］．2版．北京：机械工业出版社，2021.

［6］ 张琨．建筑工程识图（初级）［M］．北京：高等教育出版社，2022.

［7］ 何国林，程友元．建筑工程识图［M］．武汉：中国地质大学出版社，2021.

［8］ 陈晓霞．房屋建筑学［M］．2版．北京：机械工业出版社，2022.

［9］ 金虹．房屋建筑学［M］．北京：机械工业出版社，2020.

［10］ 王成平，张丹．装配式混凝土工程施工［M］．北京：机械工业出版社，2023.

［11］ 白丽红．建筑识图与构造［M］．北京：机械工业出版社，2013.

［12］ 万东颖．建筑施工图识读［M］．北京：中国建筑工业出版社，2011.

中等职业教育土木建筑大类专业"互联网+"数字化创新教材

建筑识图与构造
配套任务手册与图纸

崔葛芹　柳书峰　主　编

中国建筑工业出版社

目　　录

项目 1　投影基本知识

任务 1　学习投影知识

任务实施

学生以小组为单位，分组讨论，完成以下任务单，进行自评、小组互评、教师点评，并总结学习内容。

任务名称	投影实训				
班级		姓名		学号	

1. 将下列直观图的编号填在对应的投影图的圆圈内。

2. 按三面投影图间的对应关系,改正下列投影中的错误。

3. 根据轴测图补绘三面投影图中的漏线。

4. 根据轴测图绘制物体的三面投影图。

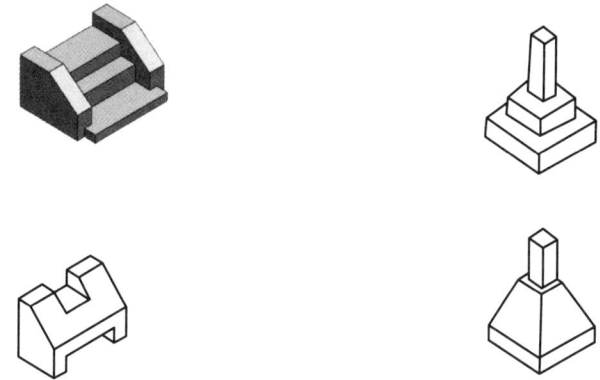

5. 根据轴测图补绘物体的第三面投影图。

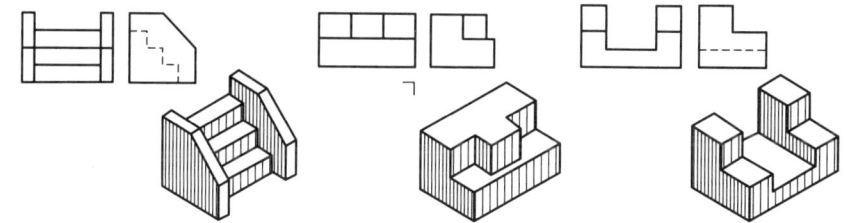

6. 根据三面投影图,绘制正等轴测图。

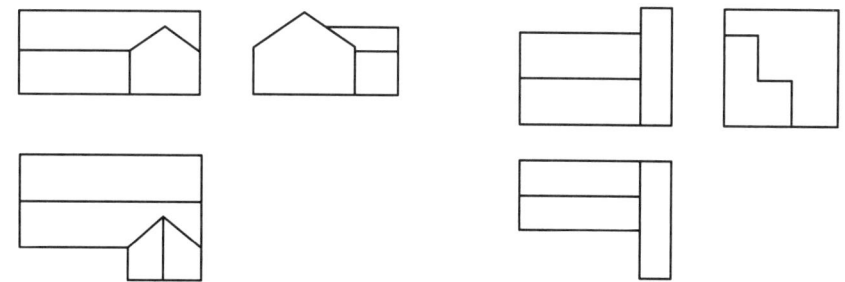

实训评价表

序号	评价项目	评价标准	分值	自评	互评	师评	得分
1	绘图质量	符合绘图标准,图例表达正确	50				
2	工作态度	态度端正,无缺勤、迟到、早退	20				
3	工作质量	在规定的时间内,能准确地完成任务	10				
4	协调能力	能与成员合作交流,协调工作	10				
5	职业素养	作图细致认真,一丝不苟,工完料清	10				
	存在问题						

一、填空题

1. 投影的三要素有_____、_____、_____。

2. 投影可分为_____和_____两类。

3. 三面投影图的规律为_____、_____和_____。

4. 投影面垂直线分为_____、_____和_____。

5. 投影面平行线分为_____、_____和_____。

二、单选题

1. 正投影属于（　　）。

　　A. 中心投影　　　　　　　　　　B. 平行投影

　　C. 斜投影　　　　　　　　　　　D. 垂直投影

2. 工程图纸是根据（　　）原理绘制的。

　　A. 中心投影　　　　　　　　　　B. 平行投影

　　C. 斜投影　　　　　　　　　　　D. 正投影

3. 平面与某投影面平行，则平面在该投影面上的投影为（　　）。

　　A. 一条直线　　　　　　　　　　B. 一条斜线

　　C. 平面实形　　　　　　　　　　D. 其他

4. 三面投影图的对应关系中，水平投影 H 和侧立面投影 W 应满足（　　）的投影规律。

　　A. 长对正　　　　　　　　　　　B. 高平齐

　　C. 宽相等　　　　　　　　　　　D. 以上都是

5. 三面投影图的对应关系中，水平投影 H 和正立面投影 V 应满足（　　）的投影规律。

　　A. 长对正　　　　　　　　　　　B. 高平齐

　　C. 宽相等　　　　　　　　　　　D. 以上都是

6. 三面投影图的对应关系中，正面投影反映物体的（　　）位置关系。

　　A. 前后、左右　　　　　　　　　B. 上下、左右

　　C. 上下、前后　　　　　　　　　D. 以上都是

7. 在三面投影体系中，下列表述正确的是（　　）。

　　A. H 面投影反映物体的长度和高度

　　B. V 面投影反映物体的宽度和高度

　　C. W 面投影反映物体的长度和宽度

　　D. H 面投影反映物体的长度和宽度

三、多选题

以下叙述正确的是（　　）。

A. V 面投影反映形体的上、下、左、右的情况，不反映前、后的情况

B. H 面投影反映形体的上、下、左、右的情况，不反映前、后的情况

C. H 面投影反映形体的前、后、左、右的情况，不反映上、下的情况

D. W 面投影反映形体的上、下、前、后的情况，不反映左、右的情况

E. W 面投影反映形体的前、后、左、右的情况，不反映上、下的情况

四、简答题

1. 简述正投影的特性。

2. 简述点、线、面的投影规律。

任务 2 学习剖面图与断面图

组织学生以小组为单位，分组讨论，完成以下任务单，进行自评、小组互评、教师点评，并总结学习内容。

任务名称		剖面图与断面图实训		
班级		姓名		学号	

1. 在校园内选择形状比较典型的室外台阶，3～5人一组，每组推荐一名组长，观察台阶形状，测量台阶尺寸，绘制混凝土台阶的剖面图及断面图。
(1)以组为单位观察台阶形状，绘制台阶正等测轴测图，讨论并改正。
(2)以组为单位，测量台阶长、宽、高尺寸，由小组记录员记录数据，由质量检测员核实数据。
(3)按台阶尺寸每人绘制台阶的三面投影图，小组成员相互检查并改进。
(4)在画好的三面投影图中的水平面上，画出剖切符号及断面符号并编号。
(5)画出台阶的剖面图及断面图，并绘制材料图例。
(6)在画好的剖面图及断面图下方写出图名。
2. 画出下图钢梁的断面图和剖面图。

剖切面

实训评价表

序号	评价项目	评价标准	分值	自评	互评	师评	得分
1	台阶剖面图	符合绘图标准，图例表达正确	20				
2	台阶断面图	符合绘图标准，图例表达正确	20				
3	台阶轴测图	符合绘图标准，图例表达正确	20				
4	工作态度	态度端正，无缺勤、迟到、早退	10				
5	工作质量	在规定时间内，准确地完成任务	10				
6	协调能力	能与成员合作交流，协调工作	10				
7	职业素养	作图细致认真，工完料清	10				
	存在问题						

一、填空题

1. 剖面图包括_____、_____、_____、_____、_____、_____六种。

2. 断面图包括_____、_____和_____。

二、单选题

1. 剖切位置线的长度是（　　）mm。
A. 4～6　　　　B. 6～10　　　　C. 3～6　　　　D. 8～10

2. 剖视方向线的长度是（　　）mm。
A. 4～6　　　　B. 6～10　　　　C. 3～6　　　　D. 8～10

3. ▨ 此图例表示（　　）。
A. 普通砖　　　B. 混凝土　　　C. 石材　　　D. 钢筋混凝土

4. 下列材料图例中，表示夯实土壤的是（　　）。
A. ▨　　　　B. ▨　　　　C. ▨　　　　D. ▨

5. 下列材料图例中，表示普通砖的是（　　）。
A. ▨　　　　B. ▨　　　　C. ▨　　　　D. ▨

6. 下列材料图例中，表示防水材料的是（　　）。
A. ▨　　　　B. ▨　　　　C. ▨　　　　D. ▨

7. 下列材料图例中，表示砂、灰土的是（　　）。
A. ▨　　　　B. ▨　　　　C. ▨　　　　D. ▨

8. 下列材料图例中，表示加气混凝土材料的是（　　）。
A. ▨　　　　B. ▨　　　　C. ▨　　　　D. ▨

三、多选题

1. 剖面图的剖切符号包括（　　）。
A. 剖切位置线　　B. 剖视方向线　　C. 数字　　D. 剖切平面
E. 折断线

2. 断面图的剖切符号包括（　　）。
A. 剖切位置线　　B. 剖视方向线　　C. 数字　　D. 剖切平面
E. 波浪线

3. 剖面图绘制时，剖切到部分的轮廓线用（　　），未剖切到但看到部分的轮廓线用（　　）。
A. 波浪线　　　　B. 折断线　　　　C. 粗实线　　　　D. 中实线
E. 细实线

四、简答题

1. 剖面图是如何形成的？
2. 剖面图与断面图有何区别？

项目2　建筑识图基本知识

任务3　学习房屋建筑制图标准

任务实施

组织学生以小组为单位，分组讨论，完成以下任务单，进行自评、小组互评、教师点评，并总结学习内容。

任务名称		制图标准实训		
班级		姓名		学号

1. 观察下图，请完成下列练习。

平面图 1:50

(1)此平面图的比例是＿＿＿＿＿。

(2)此平面图的轴线是用＿＿＿＿＿绘制的，图中有＿＿＿＿根横向定位轴线，有＿＿＿根纵向定位轴线；横向定位轴线用＿＿＿＿＿编号，从＿＿＿至＿＿＿依次编写；纵向定位轴线用＿＿＿＿编号，从＿＿＿至＿＿＿依次编写，其中＿＿＿＿＿＿不可以作为轴线编号。

(3)此平面图墙线的线型是＿＿＿＿＿＿。

(4)此平面图的索引符号为＿＿＿＿＿，详图索引在＿＿＿＿＿＿图集上，第＿＿＿页，第＿＿＿个详图。

(5)此平面图中，室内标高是＿＿＿＿＿，属于＿＿＿＿＿（相对/绝对）标高。

(6)此平面图的中，C-1 的宽度是＿＿＿＿＿，定位尺寸是＿＿＿＿＿；M-3 的宽度是＿＿＿＿＿，定位尺寸是＿＿＿＿＿。

续表

(7)此平面图的总长是＿＿＿＿＿，总宽是＿＿＿＿＿；休息室的开间是＿＿＿＿＿，进深是＿＿＿＿＿。

(8)此平面图中有＿＿＿个剖切符号，其中＿＿＿＿＿剖切符号是阶梯剖，观察方向向＿＿＿＿＿。

(9)此平面图是以＿＿＿＿＿图例表示方向的，主入口朝＿＿＿＿＿。

2. 请在上图中标注图幅线、图框线、标题栏及会签栏。

实训评价表

序号	评价项目	评价标准	分值	自评	互评	师评	得分
1	图例符号	表述准确	20				
2	线型	表述准确	20				
3	尺寸	表述准确	20				
4	工作态度	态度端正，无缺勤、迟到、早退	10				
5	工作质量	在规定时间内，准确地完成任务	10				
6	协调能力	能与成员合作交流，协调工作	10				
7	职业素养	完成任务过程中规范、严谨、细心	10				
存在问题							

任务拓展

一、填空题

1. 尺寸是施工的依据，尺寸标注一般由＿＿＿＿＿、＿＿＿＿＿、＿＿＿＿＿和＿＿＿＿＿组成。

2. 相对标高是以建筑物首层主要房间的室内地面为零起点的标高，包括＿＿＿＿＿标高和＿＿＿＿＿标高。

3. 确定建筑物中各构配件相对位置的尺寸是＿＿＿＿＿。

4. 工程图纸中，比例 1:100 指＿＿＿＿＿与＿＿＿＿＿相对应的线段长度之比。

5. 凡是包括装饰层厚度的标高是＿＿＿＿＿标高，凡是不包括装饰层厚度的标高是＿＿＿＿＿标高。

6. ＿＿＿＿＿是确定承重墙、柱等主要承重构件位置的基准线。

7. ＿＿＿＿＿图中坡度的比例为 1:2，水平投影的长度为 4000mm，则坡度的高度 h

是_____mm。

二、单选题

1. 建筑物实际长度是 30m，比例为 1 : 100，画到图上的长度是（   ）mm。

A. 30　　　　　　　　B. 300　　　　　　　　C. 3000　　　　　　　　D. 30000

2. "——√——"此图线的名称是（   ）。

A. 实线　　　　B. 单点长画线　　　　C. 折断线　　　　D. 虚线

3. 总平面图中的室外标高符号为（   ）。

A. ▽——　　　　　　　　　　　　　　B. △——

C. ▽　　　　　　　　　　　　　　　　D. ▼

4. 风向频率玫瑰图虚线表示的是（   ）主导的风向。

A. 夏季　　　　B. 秋季　　　　C. 冬季　　　　D. 春季

5. 绝对标高的零起点是（   ）。

A. 室外设计地坪　　　　　　　　　　B. 室内地坪

C. 室内首层主要房间地坪　　　　　　D. 黄海平均海平面

6. 相对标高的零起点是（   ）。

A. 室外设计地坪　　　　　　　　　　B. 室内地坪

C. 室内首层主要房间地坪　　　　　　D. 黄海平均海平面

7. 工程图上的尺寸单位，除总平面图以 m 为单位外，其余均以（   ）为单位。

A. cm　　　　B. dm　　　　C. μm　　　　D. mm

8. 尺寸标注中的起止符号倾斜方向与尺寸界线成（   ）。

A. 顺时针 30°　　　　　　　　　　　B. 顺时针 45°

C. 顺时针 60°　　　　　　　　　　　D. 顺时针 75°

9. 下列哪个图例的线型用粗实线表示？（   ）

A. 剖切符号　　　　B. 尺寸线　　　　C. 定位轴线　　　　D. 折断线

三、多选题

1. 关于附加轴线编号⨂，下列说法正确的是（   ）。

A. 附加轴线编号为 2

B. 表示⑤号轴线之前的第 2 条附加轴线

C. 前一道轴线编号为 5

D. 表示⑤号轴线之后的第 2 条附加轴线

E. 以上说法都正确

2. 关于详图索引符号⊘，下列说法正确的是（   ）。

A. 详图所在的图纸编号为 2

B. 详图编号为 2

C. 详图所在的图纸编号为一

D. 详图就在本张图纸上

E. 被索引的图纸编号为 2

3. 关于详图索引符号——④/⑤，下列说法正确的是（   ）。

A. 详图所在的图纸编号为 5

B. 详图编号为 4

C. 该详图不但放大绘制，还进行了剖切

D. 该详图投射方向从上向下投射

E. 该详图投射方向从下向上投射

四、简答题

1. 简述坡度的表示方法。

2. 简述标高的分类及各自的定义。

3. 简述横向定位轴线和纵向定位轴线的定义。

任务4 学习建筑构造基本知识

组织学生以小组为单位,分组讨论,完成以下任务单,进行自评、小组互评、教师点评,并总结学习内容。

任务名称	建筑构造知识实训				
班级		姓名		学号	

1. 请观察下图,写出图中数字对应的构件、配件名称。

2. 请按要求完成下表。

建筑实例	分类标准		
	使用性质	层数或建筑高度	承重结构类型
所在学校的教学楼			
所在学校的宿舍			
所在学校的食堂			
所在学校的图书馆			

实训评价表

序号	评价项目	评价标准	分值	自评	互评	师评	得分
1	构配件名称	表述准确	20				
2	建筑分类	表述准确	20				
3	承重结构类型	表述准确	20				
4	工作态度	态度端正,无缺勤、迟到、早退	10				
5	工作质量	在规定时间内,准确地完成任务	10				
6	协调能力	能与成员合作交流,协调工作	10				
7	职业素养	完成任务细心、准确、认真	10				
	存在问题						

一、填空题

1. 写出三个民用建筑:_____、_____、_____。

2. 一套房屋施工图包括_____、_____、_____。

3. 建筑施工图主要由_____、_____、_____、_____、_____等组成。

4. 建筑材料及制品的燃烧性能等级分为 A 级_____,B1 级_____,B2 级_____,B3 级_____。

5. 建筑物按使用性质分_____、_____和_____。

二、单选题

1. 下列哪个建筑不属于工业建筑?(   )

A. 锅炉房　　　　B. 变电站　　　　C. 图书馆　　　　D. 车间

2. 下列各组中均属于公共建筑的一组是(   )。

A. 车间、商场　　B. 别墅、公寓　　C. 宿舍、宾馆　　D. 旅馆、酒店

3. 建筑高度为 24m 的住宅楼属于(   )。

A. 超高建筑　　　B. 多层建筑　　　C. 中高层建筑　　D. 高层建筑

4. 普通高层剪力墙结构住宅建筑的合理使用年限宜定为(   )。

A. 5 年　　　　　B. 25 年　　　　　C. 50 年　　　　　D. 100 年

5. 公共建筑中建筑物高度(   )的为高层建筑。

A. 超过 20m　　　B. 超过 24m　　　C. 不超过 20m　　D. 不超过 24m

6. 温室、畜牧饲养场、种子库等建筑属于(   )。

A. 民用建筑　　　B. 工业建筑　　　C. 农业建筑　　　D. 其他建筑

7. 建筑物总高度(   )时,为超高层建筑。

A. 超过 100m　　　B. 超过 50m　　　C. 不超过 100m　　D. 不超过 50m

三、简答题

1. 民用建筑由哪几部分组成?各部分的作用是什么?

2. 什么叫建筑的燃烧性能和耐火极限?

3. 建筑按承重结构类型分类有哪些?

4. 建筑按层数和建筑高度是如何分类的?

5. 建筑按使用年限是如何分类的?

任务 5 学习基础与地下室

组织学生以小组为单位,分组讨论,完成以下任务单,进行自评、小组互评、教师点评,并总结学习内容。

任务名称	基础与地下室实训				
班级		姓名		学号	

1. 请观察下图,写出图中数字对应的名称,并画出基础埋置深度。

2. 请写出下列图片的基础类型。

(1)

(2)

(3)

(4)

(5)

(6)

实训评价表

序号	评价项目	评价标准	分值	自评	互评	师评	得分
1	数字对应名称	表述准确	20				
2	基础埋深	绘制准确	15				
3	基础类型	描述准确	20				
4	工作态度	态度端正,无缺勤、迟到、早退	15				
5	工作质量	在规定时间内,准确地完成任务	10				
6	协调能力	能与成员合作交流,协调工作	10				
7	职业素养	完成任务细心、准确、认真	10				
	存在问题						

一、填空题

1. 建筑物最下部埋在土层中的承重构件称为_____,它承受建筑物的全部荷载,并把荷载传给_____。

2. 人工地基常用的处理方法有_____、_____、_____和_____等。

3. 基础的埋深是_____到_____的距离。

4. 基础按埋深不同可分为_____和_____两大类。

5. 桩基础由_____和_____组成。

6. 按桩身受力特点不同,桩基础可分为_____和_____。

7. 地下室按构造形式分为_____和_____。

8. 地下室卷材防水一般有_____和_____两种施工方法。

二、单选题

1. 基础埋深在( )m以上称为深基础。

A. 1.5   B. 3   C. 4   D. 5

2. 下列何种情况下,地下室宜做防潮处理( )。

A. 最高地下水位高于地下室地坪   B. 最高地下水位低于地下室地坪

C. 常年地下水位高于地下室地坪   D. 以上都需要

3. 全地下室是地下室地面低于室外地坪面的高度超过该房间( )。

A. 层高的1/2   B. 净高的1/2   C. 层高的1/3   D. 净高的1/3

4. 筏形基础适用于( )地基。

A. 较硬   B. 较湿   C. 砂层   D. 较弱

5. 框架结构经常采用( )基础。

A. 独立   B. 筏形   C. 箱形   D. 桩

6. 建筑物荷载较大,地基的软弱土层较厚,应采用( )基础。

A. 条形   B. 桩   C. 筏形   D. 箱形

三、简答题

1. 请简述地基与基础的区别与联系。

2. 请简述人防地下室与普通地下室的区别与联系。

任务6 学习变形缝

任务实施

组织学生以小组为单位，分组讨论，完成以下任务单，进行自评、小组互评、教师点评，并总结学习内容。

任务名称	变形缝实训				
班级		姓名		学号	

1. 请观察下图，写出外墙变形缝、内墙变形缝图中数字对应的名称。

外墙变形缝　　　　内墙变形缝

2. 请观察下图，写出楼地面、屋面变形缝图中数字对应的名称。

楼地面变形缝　　　　屋面变形缝

实训评价表

序号	评价项目	评价标准	分值	自评	互评	师评	得分
1	数字对应名称	表述准确	60				
2	工作态度	态度端正，无缺勤、迟到、早退	10				
3	工作质量	在规定时间内，准确地完成任务	10				
4	协调能力	能与成员合作交流，协调工作	10				
5	职业素养	完成任务细心、准确、认真	10				
	存在问题						

任务拓展

一、单选题

1. 为防止建筑物因沉降不均匀而发生破坏，所设置的变形缝称为（　　）。
A. 分仓缝　　　　B. 沉降缝　　　　C. 防震缝　　　　D. 伸缩缝
2. 为防止建筑物由于温度变化而发生破坏，所设置的变形缝称为（　　）。
A. 分仓缝　　　　B. 沉降缝　　　　C. 防震缝　　　　D. 伸缩缝
3. 建筑物设置伸缩缝时，（　　）一般不需要断开。
A. 墙体　　　　B. 屋面　　　　C. 楼板　　　　D. 基础
4. 墙体的变形缝可用（　　）填塞。
A. 砂浆　　　　B. 砖块　　　　C. 低密度聚苯板　　　　D. 混凝土
5. 伸缩缝的宽度一般为（　　）mm。
A. 50～60　　　　B. 70～80　　　　C. 20～40　　　　D. 10～15
6. 当建筑物长度超过限度时，应考虑设置（　　）。
A. 施工缝　　　　B. 沉降缝　　　　C. 防震缝　　　　D. 伸缩缝

二、多选题

1. （　　）应沿建筑物全高设置，一般基础可不断开。
A. 伸缩缝　　　　B. 防震缝　　　　C. 沉降缝　　　　D. 变形缝
E. 施工缝
2. 温度缝又称伸缩缝，是将建筑物（　　）断开。
A. 基础　　　　B. 墙体　　　　C. 楼板　　　　D. 楼梯
E. 屋顶
3. 建筑物变形缝包括（　　）。
A. 伸缩缝　　　　B. 施工缝　　　　C. 沉降缝　　　　D. 防震缝
E. 构造缝
4. 屋面变形缝的构造，重点要解决好（　　）问题。
A. 泛水　　　　B. 隔热　　　　C. 美观　　　　D. 防水
E. 保温
5. 变形缝的构造和材料应根据其部位需要分别采取（　　）等措施。
A. 防水　　　　B. 防火　　　　C. 保温　　　　D. 防腐蚀
E. 防高空坠落

三、简答题

1. 什么是变形缝？变形缝有哪几种？各自有什么作用？
2. 不同种类的变形缝能相互代替吗？为什么？
3. 基础沉降缝的处理形式有几种？

项目 3　识读建筑施工图

任务 7　识读建筑施工图首页图

任务实施

　　组织学生以小组为单位，识读任务手册××学校实训楼 JS-02、JS-03，分组讨论，完成以下任务单，进行自评、小组互评、教师点评，并总结学习内容。

任务名称	施工图首页实训				
班级		姓名		学号	

1. 本工程建筑基底面积为_____，建筑面积为_____。

2. 本工程结构类型为_____。

3. 本工程建筑耐火等级为_____，设计适用年限为_____，抗震设防烈度为_____。

4. 本工程±0.000 相当于绝对标高的_____，建筑高度为_____。

5. 本工程±0.000 以下的外墙厚度为_____，所用砌筑材料为_____；±0.000 以上的外墙厚度为_____，所用砌筑材料为_____，外加_____保温。

6. "5＋12A＋5"的意义为_____。

7. 本工程内墙阳角做法为_____，高_____，两边各宽_____。

8. 本工程所有低于_____的楼梯窗台均设_____。

9. 卫生间、水箱间(除门洞口外)楼板四周的翻边高度为_____，宽为_____。

10. 本工程中卫生间地面比同层一般房间地面低_____，防水层材料选用_____。

11. 解释建筑物体形系数:_____。

12. 本工程共有_____个代号 M-2 的门,标准详图代号"12J4-1-78 PM1024"代表_____。

13. 代号 C-6 的窗户洞口尺寸是_____。

14. "踢 1C(150)"代表_____。

实训评价表							
序号	评价项目	评价标准	分值	自评	互评	师评	得分
1	识读图纸	表述准确	50				
2	工作态度	态度端正、无缺勤、迟到、早退	10				
3	工作质量	能准确识读首页图内容	20				
4	协调能力	能与成员合作交流,协调工作	10				
5	职业素养	识读图纸规范、细心、严谨	10				
	存在问题						

任务8　识读建筑总平面图

任务实施

组织学生以小组为单位，识读任务手册××学校实训楼 JS-01，分组讨论，完成以下任务单，进行自评、小组互评、教师点评，并总结学习内容。

任务名称		建筑总平面图实训			
班级		姓名		学号	

1. 某学校实训楼总平面图的比例是_____。

2. 总平面图中应画出_____或_____来表示建筑物的朝向。该图是由_____来表示朝向的，并由此知道，该地区全年主导风向是_____。

3. 识读该图时，由_____可以知道，学校地形南低北高，由此可知场地排水的走向。

4. 由图知，学校场地有_____个出入口，其中主出入口位于学校的_____位置，大门朝_____。

5. 由图知，实训楼位于学校的_____位置，外轮廓用_____线绘制，周围原有建筑和道路用_____线绘制。南面紧邻_____路，东面是学校大门和广场，西面紧邻_____大街，北面是3A 号和4 号教学楼。

6. 由图知，实训楼的外轮廓是____形，总长是_____m，总宽是_____m。6 层处建筑物的高度是_____m；5 层处建筑物的高度是_____m。

7. 总平面图的主要作用之一是给新建建筑物定位。由图知，实训楼平面定位：南墙面距学校围墙是_____m；北墙面距3A 号教学楼是_____m，距5 号教学是_____m；西墙面距_____是 5.37m；东墙面距_____是 11.80m。

8. 实训楼的高度定位：建成后室内首层主要房间地面的绝对标高是_____m，室内首层主要房间地面的相对标高是_____m。

9. 实训楼5 层部位有____处，屋顶结构标高是_____m；6 层部位有____处，屋顶结构标高是_____m。

10. 说明图中符号的含义：F 代表_____、H 代表_____。

实训评价表

序号	评价项目	评价标准	分值	自评	互评	师评	得分
1	识读图纸	表述准确	50				
2	工作态度	态度端正，无缺勤、迟到、早退	10				
3	工作质量	能准确识读总平面图内容	20				
4	协调能力	能与成员合作交流，协调工作	10				
5	职业素养	识读图纸规范、细心、严谨	10				
	存在问题						

任务拓展

一、单选题

1. 建筑总平面图中，新建建筑物用（　　）表示。
A. 细实线　　　　B. 粗实线　　　　C. 粗虚线　　　　D. 中粗虚线

2. 建筑总平面图中，原有建筑物用（　　）表示。
A. 细实线　　　　B. 粗实线　　　　C. 粗虚线　　　　D. 中粗虚线

3. 建筑总平面图中，计划扩建建筑物用（　　）表示。
A. 细实线　　　　B. 粗实线　　　　C. 粗虚线　　　　D. 中粗虚线

4. 建筑总平面图中的尺寸以（　　）为单位。
A. cm　　　　B. mm　　　　C. m　　　　D. dm

5. 建筑总平面图中的室外标高为（　　）。
A. 绝对标高　　　　B. 相对标高　　　　C. 建筑标高　　　　D. 结构标高

6. 建筑总平面图中的室外标高符号为（　　）。
A. ▽　　　　B. △　　　　C. ▽　　　　D. ▼

7. 建筑总平面图常用的比例为（　　）。
A. 1：100　　　　B. 1：1　　　　C. 1：1000　　　　D. 1：20

8. 风向频率玫瑰图虚线表示的是（　　）主导风向。
A. 夏季　　　　B. 秋季　　　　C. 冬季　　　　D. 春季

9. 绝对标高的零起点是（　　）。
A. 室外设计地坪　　　　　　　　B. 室内地坪
C. 室内首层主要房间地坪　　　　D. 黄海平均海平面

10. 相对标高的零起点是（　　）。
A. 室外设计地坪　　　　　　　　B. 室内地坪
C. 室内首层主要房间地坪　　　　D. 黄海平均海平面

11. 建筑总平面图中，围墙及大门的图例符号是（　　）。
A. ⌐¬　　　　B. ⌐———　　　　C. ▨▨▨　　　　D. ▭

二、简答题

1. 建筑总平面图是如何形成的？有什么作用？
2. 什么是等高线？有什么作用？
3. 简述建筑高度的定义。
4. 简述道路红线、建筑控制线、用地红线的含义及作用。

任务9　识读建筑平面图

任务实施

组织学生以小组为单位，识读附录中各层建筑平面图，分组讨论，完成以下任务单，进行自评、小组互评、教师点评，并总结学习内容。

任务单1

任务名称	一层平面图实训		
班级		姓名	学号

1. 实训楼的平面形状为_____。实训楼的总长为_____,总宽为_____。室外地坪标高为_____,室内地面的标高为_____,室内外地坪高差为_____mm。

2. 实训楼的结构形式为_____,竖向承重构件是_____,墙体是_____。主要功能房间是_____。

3. 实训楼的入口有_____处,主入口位于建筑物的_____角,主入口有_____级台阶,其踏步宽度为_____;台阶顶面平台的标高是_____,台阶的半径是_____。门厅处圆形柱子的直径是_____,定位尺寸是_____和_____。门厅半径是_____。

4. 此建筑的垂直交通设施为_____和_____;电梯间的大小是_____,电梯门的大小是_____,开启方式是_____。

5. 此建筑横向定位轴线有_____根,纵向定位轴线有_____根;①、⑤轴线处的构造处理是_____,轴线之间的距离是_____,两侧的墙体厚度是_____,墙体的定位是_____。

6. ⑪轴线上涂黑的矩形截面是_____,编号分别是_____,截面大小是_____,柱子的定位是_____。

7. 配电室的开间为_____,进深为_____;门的编号为_____,洞口宽度是_____,门的开启方式为_____;窗的编号是_____,洞口宽为_____,定位尺寸是_____。配电室地沟做法参见_____(索引符号),地沟的宽度为_____,深度为_____,定位尺寸是_____。

8. ⑪轴上墙体的材料是_____,厚度是_____,定位方法为_____。④轴上墙体材料是_____,厚度是_____,定位方法为_____。

9. 剖面符号绘制在_____平面图中,位于_____轴线之间,向_____面投影。

10. 三跑楼梯间M-7的宽度是_____,定位尺寸是_____;外侧的坡道的长度是_____,宽度是_____,室内坡道的坡度是_____,宽度是_____;M-7上的遮雨构件是_____。

11. 三跑楼梯间位于_____(轴线表达),其开间为_____,进深为_____;M-6开启方式为_____,其宽度为_____,高度是_____,定位尺寸是_____;⑥墙上编号DD-2的含义为_____,尺寸大小是_____,定位尺寸是_____。SD-1的含义为_____,尺寸大小是_____,定位尺寸是_____。

（续表）

12. ⑥轴线墙的外侧的细实线是_____,宽度是_____,做法见_____(图集号);材料是_____,厚度为_____,坡度是_____。⑥轴线墙的内侧的虚线是_____,宽度是_____,深度是_____,做法见_____;在⑥轴线与①轴线相交处涂黑的矩形框是_____,断面大小为_____,与轴线的关系是_____;画对角线的正方形是_____,做法参见_____,共_____处。

13. 管道井FHM-1是_____,开启方式为_____,FHM-1处的两道细实线代表_____,高度是_____。

实训评价表

序号	评价项目	评价标准	分值	自评	互评	师评	得分
1	识读图纸	表述准确	50				
2	工作态度	态度端正,无缺勤、迟到、早退	10				
3	工作质量	能准确识读一层平面图内容	20				
4	协调能力	能与成员合作交流,协调工作	10				
5	职业素养	识读图纸规范、细心、严谨	10				
存在问题							

任务单2

任务名称	二～五层平面图实训		
班级		姓名	学号

1. 图中④轴线上靠近⑪号轴线处的墙体局部突出,突出宽度为_____,长度为_____,编号MQ-2表示_____,其宽度为_____,定位尺寸是_____。

2. 图中休息厅处圆形断面柱的定位尺寸是_____和_____。

3. 图中有_____处雨篷,三跑楼梯间的出入口上方的雨篷挑出宽度为_____,其顶面排水坡度为_____,雨篷所用的材料为_____;主入口处的雨篷挑出宽度为_____,材料为_____。

4. 图中C-4用虚线表示,代表_____,其尺寸是_____(宽×高)。

5. 图中⑧⑥轴上墙体厚度是_____,材料为_____,定位是_____。

6. 图中支撑④轴墙体的构件名称是_____,编号是_____,_____跨,尺寸是_____,定位是_____。

7. 二层平面图的楼面标高为_____,由此知一层平面的层高是_____;厕所的楼面标高是_____。

8. 图中东南角实训教室的开间为_____,进深为_____;柱距为_____,跨度为_____;门的编号为_____,开启方式为_____,洞口宽度为_____,高度是_____,定位尺寸是_____;窗的编号为_____,开启方式为_____,宽度为_____,高度为_____,定位尺寸是_____;楼面的标高是_____,结构标高是_____。

· 11 ·

9. 图中实训教室室内装修做法参见＿＿＿＿＿建筑标准图集,地面装修做法见＿＿＿＿＿,墙面装修做法见＿＿＿＿＿,顶棚的装修做法见＿＿＿＿＿,踢脚的装修做法见＿＿＿＿＿。

10. 图中东南角实训教室的山墙厚为＿＿＿＿＿,材料是＿＿＿＿＿,定位是＿＿＿＿＿;内横墙厚为＿＿＿＿＿,材料是＿＿＿＿＿,定位是＿＿＿＿＿。

11. 图中东南角实训教室四周的框架柱的编号分别为＿＿＿＿＿,它们的柱顶标高分别为＿＿＿＿＿,尺寸为＿＿＿＿＿,定位是＿＿＿＿＿。

12. 图中东南角实训教室出挑部分的板的厚度为＿＿＿＿＿,出挑宽度为＿＿＿＿＿,出挑处 GZa、GZb 的构件名称是＿＿＿＿＿,断面尺寸分别为＿＿＿＿＿和＿＿＿＿＿,GZa 的定位尺寸是＿＿＿＿＿。

13. 图中东南角实训教室山墙处的框架梁的编号为＿＿＿＿＿,＿＿＿＿＿跨,每一跨的尺寸是＿＿＿＿＿,框架梁上下出挑的长度为＿＿＿＿＿,出挑的板厚度分别为＿＿＿＿＿。

14. 图中男卫生间的开间为＿＿＿＿＿,进深为＿＿＿＿＿,门的编号为＿＿＿＿＿,开启方式为＿＿＿＿＿,宽度为＿＿＿＿＿,高度为＿＿＿＿＿,定位尺寸是＿＿＿＿＿;窗的编号为＿＿＿＿＿,开启方式为＿＿＿＿＿,其宽度为＿＿＿＿＿,高度为＿＿＿＿＿,定位尺寸是＿＿＿＿＿;地面的标高是＿＿＿＿＿。

15. 卫生间的室内装修见第＿＿＿＿＿页图纸,楼面装修做法见＿＿＿＿＿,墙面装修做法见＿＿＿＿＿,顶棚的装修做法见＿＿＿＿＿,踢脚的装修做法见＿＿＿＿＿。

实训评价表

序号	评价项目	评价标准	分值	自评	互评	师评	得分
1	识读图纸	表述准确	55				
2	工作态度	态度端正,无缺勤、迟到、早退	10				
3	工作质量	能准确识读楼层平面图内容	15				
4	协调能力	能与成员合作交流,协调工作	10				
5	职业素养	识读图纸规范、细心、严谨	10				
存在问题							

任务单 3

任务名称	屋顶平面图实训		
班级		姓名		学号	

1. 此屋顶是＿＿＿＿＿(平屋顶/坡屋顶),＿＿＿＿＿(上人屋面/不上人屋面)。

2. 屋面排水坡度为＿＿＿＿＿,檐沟的排水坡度为＿＿＿＿＿,雨水管有＿＿＿＿＿处,屋面排水方式为＿＿＿＿＿。

3. 五层顶标高是＿＿＿＿＿,六层顶标高是＿＿＿＿＿,七层楼面标高是＿＿＿＿＿(建筑/结构),七层顶标高是＿＿＿＿＿。

4. 屋顶平面＿＿＿＿＿轴和＿＿＿＿＿轴处是女儿墙加挑檐,挑檐出挑宽度为＿＿＿＿＿,挑板的厚度为＿＿＿＿＿,翻边的高度为＿＿＿＿＿,厚度为＿＿＿＿＿,女儿墙的高度为＿＿＿＿＿,其余处均为女儿墙。

5. 屋顶平面图中涂黑的框架柱的名称分别为＿＿＿＿＿,对应的柱顶标高分别为＿＿＿＿＿,定位为＿＿＿＿＿。

6. 七层排水平面图ⓒ轴外侧的出挑构件名称是＿＿＿＿＿,上人爬梯的定位尺寸是＿＿＿＿＿,七层雨落管底部按构造要求应设＿＿＿＿＿,以便保护下层的防水层。

7. 屋面变形缝的处理见＿＿＿＿＿和＿＿＿＿＿(索引符号)。

8. 屋顶装饰构架的长度是＿＿＿＿＿,宽度是＿＿＿＿＿,椭圆处的折线代表R2600 的意义是＿＿＿＿＿,屋面出入口的宽度是＿＿＿＿＿,屋面出入口做法见＿＿＿＿＿(索引符号)。

9. 水箱间门的编号是＿＿＿＿＿,宽度为＿＿＿＿＿,定位尺寸是＿＿＿＿＿,门上雨篷的大小是＿＿＿＿＿,雨篷排水坡度是＿＿＿＿＿,排水防水为＿＿＿＿＿。

实训评价表

序号	评价项目	评价标准	分值	自评	互评	师评	得分
1	识读图纸	表述准确	50				
2	工作态度	态度端正,无缺勤、迟到、早退	10				
3	工作质量	能准确识读屋顶平面图内容	20				
4	协调能力	能与成员合作交流,协调工作	10				
5	职业素养	识读图纸规范、细心、严谨	10				
存在问题							

任务拓展

一、单选题

1. 位于建筑物外部的横墙,习惯上称为（　　）。
   A. 山墙　　　　　　　　　　B. 窗间墙
   C. 檐墙　　　　　　　　　　D. 窗下墙

2. 框架结构中柱与柱之间的墙,习惯上称为（　　）。
   A. 自承重墙　　　　　　　　B. 窗间墙
   C. 填充墙　　　　　　　　　D. 承重墙

3. 一砖半墙的图纸标注尺寸是（　　）mm。
   A. 380　　　　　　　　　　B. 375
   C. 370　　　　　　　　　　D. 365

4. 蒸压加气混凝土砌块不适用于做（　　）。
   A. 山墙　　　　　　　　　　B. 基础墙
   C. 填充墙　　　　　　　　　D. 隔墙

5. 墙体水平防潮层一般设于（　　）。
   A. 基础顶面　　　　　　　　B. 基础底面

C. 底层室内地坪下 60mm 处　　　　　　D. 室外地坪面

6. 为增强砌体结构的整体刚度可设置（　　）等措施。

A. 沉降缝　　　　　　　　　　　B. 伸缩缝

C. 过梁　　　　　　　　　　　　D. 圈梁

7. 构造柱应沿墙高每隔（　　）mm 设置拉结筋。

A. 1000　　　　　　　　　　　　B. 500

C. 300　　　　　　　　　　　　D. 800

8. 墙体构造柱施工时应（　　）。

A. 后砌墙

B. 先砌墙

C. 墙柱同时施工

D. 墙柱施工顺序由材料供应的先后决定

9. 下列不能作为疏散门的是（　　）。

A. 平开门　　　　　　　　　　　B. 推拉门

C. 弹簧门　　　　　　　　　　　D. 转门

10. 屋面防水层是指能够隔绝水且不向建筑物内部渗透的（　　）。

A. 构造层　　　　　　　　　　　B. 隔离层

C. 结构层　　　　　　　　　　　D. 隔汽层

11. 屋顶坡度形成的方法中，材料找坡是指（　　）来形成的。

A. 利用预制板的搁置找坡　　　　B. 选用轻质材料找坡

C. 利用防水层的厚度变化　　　　D. 利用结构层厚度变化

12. 在易渗漏和易破损部位设置的卷材或涂膜加强层称为（　　）。

A. 保护层　　　　　　　　　　　B. 防水层

C. 复合层　　　　　　　　　　　D. 附加层

13. 下列排水方式中不属于有组织排水的有（　　）。

A. 坡屋顶檐沟外排水　　　　　　B. 挑檐自由落水

C. 挑檐沟外排水　　　　　　　　D. 女儿墙檐沟外排水

14. 屋面的泛水是指屋面防水层与突出构件之间的（　　）构造。

A. 滴水　　　　　　　　　　　　B. 排水

C. 防水　　　　　　　　　　　　D. 散水

15. 防水附加层在竖直墙面和水平方向的铺贴不应小于（　　）mm。

A. 100　　　　　　　　　　　　B. 150

C. 200　　　　　　　　　　　　D. 250

16. 屋面采用细石混凝土作保护层时，应设分格缝，其纵横间距不应大于（　　）m。

A. 6　　　　　　　　　　　　　B. 7

C. 8　　　　　　　　　　　　　D. 9

17. 为防止室内水蒸气渗透到屋面保温材料中，应采取（　　）的措施。

A. 加大屋面斜度　　　　　　　　B. 加钢筋混凝土垫层

C. 加水泥砂浆隔离层　　　　　　D. 设隔汽层

18. 钢筋混凝土过梁的支撑长度不应小于（　　）mm。

A. 200　　　　　　　　　　　　B. 240

C. 250　　　　　　　　　　　　D. 300

二、多选题

1. 墙身防潮层常用的材料有（　　）。

A. 防水砂浆　　　　　　　　　　B. 混合砂浆

C. 细石混凝土　　　　　　　　　D. 石灰砂浆

E. 砌筑砂浆

2. 根据保温层与基层墙体的相对位置，外墙体保温可分为（　　）。

A. 外墙外保温　　　　　　　　　B. 外墙内保温

C. 外墙中保温　　　　　　　　　D. 内墙内保温

E. 内墙中保温

3. 门窗的安装可采用（　　）方法。

A. 立口　　　　　　　　　　　　B. 塞口

C. 平口　　　　　　　　　　　　D. 开口

E. 都不对

4. 按开启方向不同，门可分为（　　）。

A. 平开门　　　　　　　　　　　B. 固定门

C. 弹簧门　　　　　　　　　　　D. 推拉门

E. 折叠门

5. 屋顶设计中需主要解决（　　）问题。

A. 防水　　　　　　　　　　　　B. 保温

C. 隔热　　　　　　　　　　　　D. 结构承载

E. 排水

6. 屋面防水层的材料主要有（　　）。

A. 玻璃顶　　　　　　　　　　　B. 防水卷材

C. 细石混凝土　　　　　　　　　D. 防水涂膜

E. 金属板

7. 夏季炎热地区屋面隔热可采取（　　）措施。

A. 绿化　　　　　　　　　　　　B. 蓄水

C. 保温　　　　　　　　　　　　D. 涂浅色涂料

E. 架空

三、简答题

1. 简述圈梁和构造柱的作用及构造要点。

2. 简述防潮层的作用及种类。

3. 简述平屋面构造层次及各层次的作用。

4. 墙体根据受力情况不同分为几类？非承重墙有哪些？

5. 什么是横墙？什么是纵墙？

6. 砌筑砂浆有几种？分别适用于什么情况？

7. 什么是散水？混凝土散水的构造要求有哪些？

8. 简述勒脚的概念。

9. 简述圈梁的作用。

四、绘图题

绘制倒置式屋面的构造层次。

任务10 识读建筑立面图

任务实施

组织学生以小组为单位，识读任务手册××学校实训楼中各立面图，分组讨论，完成以下任务单，进行自评、小组互评、教师点评，并总结学习内容。

任务名称	立面图实训				
班级		姓名		学号	

1. 南立面图按定位轴线的首尾编号命名称为_____立面图，表达____墙（填轴线号）的外表面正投影图。

2. 南立面图入口处有_____级台阶，弧形的玻璃幕墙是_____色，此处女儿墙顶的标高是_____；其上面七层部分水箱间女儿墙顶的标高是_____。弧形的玻璃幕墙顶部看到的窗的编号是_____，紧挨窗右侧的门的编号是_____，门上部的构件是_____。

3. 南立面图中③～⑪轴间有_____根柱子，柱子_____墙面，柱的编号分别为_____；有_____根雨水管，说明是_____排水。

4. 南立面图中水平装饰色带（腰线）的做法为_____，腰线的宽度为_____，所在位置为_____；MQ-2四周的装饰色带的做法为_____；勒脚的做法为_____；其他部位墙面的装饰做法为_____。

5. 六层屋顶的标高是_____，此标高是_____标高（建筑/结构）；女儿墙顶部的标高是_____，此标高是_____标高（建筑/结构），女儿墙的高度为_____。屋顶结构装饰构架顶面标高是_____，电梯机房女儿墙高度是_____mm。

6. 一层的窗洞高_____，窗台高_____，室内外高差是_____。六层楼面标高是_____，窗洞高_____，窗台高_____，女儿墙高_____。

7. MQ-2处玻璃幕墙上的开启窗扇的高度是_____mm，开启方式是_____。

8. 南立面图中，建筑物的高度为_____，一～五层的层高是_____，顶层层高是_____。

9. 北立面图按定位轴线的首尾编号命名称为_____立面图，表达____墙（填轴线号）的外表面正投影图。

10. 北立面图有____个入口，编号分别为_____和____，尺寸分别为_____和_____，入口上部的构件为_____，排水防水分别为_____和_____。

11. 北立面图①轴外侧地坪处的矩形框表示_____。

12. 北立面中七层建筑物高度是_____。④～①轴间的窗洞编号是_____，宽度是_____，高度是_____，开启方式为_____。

13. 北立面中墙身详图的索引符号共有____个，详图编号是_____，绘制在_____图中。

14. 北立面图中，五层部分女儿墙顶的标高是_____，女儿墙高是_____。左侧尺寸线标高19.450指_____构件的顶标高。

15. 北立面中墙面的装饰做法为_____，水平装饰色带（腰线）的做法为_____，腰线的宽度为_____，所在位置为_____；勒脚的做法为_____。

16. 西立面按定位轴线的首尾编号命名称为_____立面图，表达____墙（填轴线号）的外表面正投影图。

17. 西立面⑥轴①轴间的构造处理是_____，宽度是_____。

实训评价表

序号	评价项目	评价标准	分值	自评	互评	师评	得分
1	识读图纸	表述准确	50				
2	工作态度	态度端正，无缺勤、迟到、早退	10				
3	工作质量	能准确识读立面图内容	20				
4	协调能力	能与成员合作交流，协调工作	10				
5	职业素养	识读图纸规范、细心、严谨	10				
	存在问题						

任务拓展

一、单选题

1. 立面图中室外地坪线用（　　）绘制。

A. 细实线　　　　　B. 中实线　　　　　C. 粗实线　　　　　D. 特粗实线

2. 立面图中建筑物的最外轮廓线用（　　）绘制。

A. 细实线　　　　　B. 中实线　　　　　C. 粗实线　　　　　D. 特粗实线

3. 立面图的主要作用是表示（　　）。

A. 建筑物的层数　　　　　　　　　B. 建筑物的外貌特征

C. 建筑物的外部装修　　　　　　　D. 建筑物的外貌特征和外部装修

4. 立面图的名称为南立面图，是按（　　）命名的。

A. 建筑物朝向　　　　　　　　　　B. 建筑物主要出入口

C. 轴线首尾编号　　　　　　　　　D. 都可以

二、多选题

1. 墙面装修的作用是（　　）。

A. 保护墙体　　　B. 美观　　　C. 提高耐久性　　　D. 调节光线

E. 美化环境

2. 按材料和施工方式不同，墙面装修可分为（　　）。

A. 幕墙类　　　B. 贴面类　　　C. 涂料类　　　D. 外墙装修

E. 裱糊类

任务 11　识读建筑剖面图

任务实施

组织学生以小组为单位，识读任务手册××学校实训楼 JS-11，分组讨论，完成以下任务单，进行自评、小组互评、教师点评，并总结学习内容。

任务名称	1-1 剖面图实训				
班级		姓名		学号	

1.1-1 剖面图的比例是_____。

2.1-1 剖面图的剖切符号绘制在_____平面图中，查阅_____平面图知，该剖面图在_____轴和_____轴之间剖开，向_____面做正投影。

3. 从 1-1 剖面图中了解到建筑物内部分层情况，Ⓓ Ⓒ 轴间建筑共_____层，总高是_____；楼层层高为_____，顶层层高为_____；Ⓒ Ⓐ 轴间建筑共_____层，总高是_____，顶层层高是_____；装饰架突出屋顶的高度是_____。

4. ① 轴线处室内外高差是_____，一层窗台高为_____，窗洞高为_____，框架梁编号为_____，梁宽为_____，梁高为_____，梁的定位为_____。

5. 二层楼面标高为_____；五层楼面标高为_____，窗台高为_____，窗洞高为_____，Ⓑ 轴上屋面框架编号为_____，梁宽为_____，梁高为_____，梁的定位为_____。

6. Ⓑ 轴线墙体上的高窗有_____个，位于建筑的第_____层。高窗的编号为_____，窗台高为_____，窗洞高为_____，窗宽为_____，平面定位尺寸为_____，竖向高度定位尺寸为_____，开启方式为_____。

7. Ⓑ 轴线墙体上剖到_____个门，门的编号为_____，门宽为_____，门高为_____，门的定位为_____，开启方式为_____，门上方的涂黑构件是_____，用字母表示为_____，长度不小于_____，做法选自_____图集。

8.1-1 剖面图 Ⓒ Ⓑ 轴间窗有_____个，门有_____个。窗的编号为_____，窗台高为_____，窗洞高为_____，窗宽为_____，平面定位尺寸为_____，开启方式为_____，窗的材料为_____。门的编号为_____，门宽为_____，门高为_____，门的定位为_____，开启方式为_____，门的材料为_____。

9. 对照结构施工图，标高 7.200m 处 Ⓐ 轴线框架梁编号是_____，断面大小为_____，Ⓒ 轴线处框架梁编号是_____，断面尺寸是_____，它们之间的楼板编号是_____，厚度为_____。

10. ① 轴线墙内侧的细实线代表的建筑构件是_____，其编号为_____，断面大小是_____；标高 7.200m 楼板下面的细实线是_____的投影，其编号为_____，断面大小是_____。

11. 标高 21.550 是_____标高，此标高处板的编号为_____，厚度为_____，其下面的细实线是_____的投影，上面的细实线是_____的投影。

实训评价表

序号	评价项目	评价标准	分值	自评	互评	师评	得分
1	识读图纸	表述准确	50				
2	工作态度	态度端正，无缺勤、迟到、早退	10				
3	工作质量	能准确识读剖面图内容	20				
4	协调能力	能与成员合作交流，协调工作	10				
5	职业素养	识读图纸规范、细心、严谨	10				
	存在问题						

任务拓展

一、单选题

1. 建施中剖面图的剖切符号应标注在（　　）中。
A. 首层平面图　　　　　　　　　　B. 二层平面图
C. 顶层平面图　　　　　　　　　　D. 中间层平面图

2. 假想用一个或几个铅垂剖切面将房屋剖开，所得到的投影图称为（　　）。
A. 建筑总平面图　　　　　　　　　B. 建筑立面图
C. 建筑详图　　　　　　　　　　　D. 建筑剖面图

3. 将板直接搁置在四周墙上的楼板是（　　）。
A. 肋形楼板　　　　　　　　　　　B. 板式楼板
C. 梁式楼板　　　　　　　　　　　D. 无梁楼板

4. 一般由板、次梁、主梁组成的楼板是（　　）。
A. 肋形楼板　　　　　　　　　　　B. 板式楼板
C. 井式楼板　　　　　　　　　　　D. 无梁楼板

5. 沿纵横两个方向布置等距离、等截面高度，不分主次梁的楼板是（　　）。
A. 肋形楼板　　　　　　　　　　　B. 板式楼板
C. 井式楼板　　　　　　　　　　　D. 无梁楼板

6. 直接将板支承在柱子上的楼板是（　　）。
A. 肋形楼板　　　　　　　　　　　B. 板式楼板
C. 井式楼板　　　　　　　　　　　D. 无梁楼板

二、简答题

1. 什么是压型钢板组合楼板？有什么优缺点？

2. 简述什么是单向板、双向板，分析它们各自的受力情况。

3. 什么是现浇钢筋混凝土楼板？有几种类型？

4. 什么是装配式钢筋混凝土楼板？

任务 12　识读墙身详图

任务实施

组织学生以小组为单位，识读任务手册××学校实训楼 JS-13，分组讨论，完成以下任务单，进行自评、小组互评、教师点评，并总结学习内容。

任务名称		墙身大样二实训			
班级		姓名		学号	

1. 墙身大样二的比例是_____，详图编号是_____，索引自_____图纸。

2. 散水的宽度是_____，排水坡度为_____，所用材料及厚度是_____。散水构造要求沿长度方向每隔_____设_____，宽_____，用_____嵌填，与墙之间设_____，宽_____，用_____嵌填。

3. 墙身大样二详图的索引符号绘制在_____图中，表达的是_____轴和_____轴墙的施工图。

4. 墙身大样二详图画有_____个节点，墙脚节点中墙身防潮层的做法为_____，防潮层位置在_____，截面尺寸为_____；地面装修见_____，面层材料是_____，垫层材料及厚度为_____，装修总厚度是_____。踢脚材料是_____，高度是_____。窗台板材料为_____。

5. 中间节点的标高是_____，楼面面层材料为_____，楼板材料为_____。Ⓐ轴框架梁的编号分别为_____，截面尺寸为_____，跨数为_____。

6. 檐口节点的标高是_____。屋面找坡层材料及厚度为_____，保温层材料及厚度为_____，防水层材料为_____，隔离层材料为_____，保护层材料为_____，该屋面属于_____，(正置/倒置)屋面。挑檐挑长是_____，挑板厚度为_____，翻口高是_____，女儿墙高是_____，女儿墙厚为_____，女儿材料是_____，女儿墙的定位是_____，女儿墙泛水高是_____，女儿墙收头固定见_____。屋面板下面的梁是_____梁，梁的编号是_____，梁高是_____，梁宽是_____，梁的定位是_____。

7. 该图墙体的厚度为_____，墙体的材料是_____，墙体的定位是_____。

8. 墙体中窗洞高是_____，窗台高为_____，窗顶上的钢筋混凝土构件是_____，窗台做法见_____。

9. 二层楼板编号是_____，板厚是_____，楼板顶面的结构标高是_____。楼板上部装修层叫_____，装修后标高是_____，楼板下表面的装修层叫_____。

10. 一层的层高是_____，二层层高是_____，顶层层高是_____，室内外高差是_____，女儿墙高是_____。

11. 该墙身内墙面装修见_____，面层材料是_____；外墙面装修做法见_____，外墙面所示的网格状图例代表_____，厚度是_____；勒脚材料是_____，高是_____。

实训评价表

序号	评价项目	评价标准	分值	自评	互评	师评	得分
1	识读图纸	表述准确	50				
2	工作态度	态度端正，无缺勤、迟到、早退	10				
3	工作质量	能准确识读墙身详图内容	20				
4	协调能力	能与成员合作交流，协调工作	10				
5	职业素养	识读图纸规范、细心、严谨	10				
	存在问题						

任务拓展

一、填空题

1. 楼板层由_____、_____、_____三部分组成，在有特殊需要时可增设_____。

2. 楼地面按面层材料和施工方法不同分为整体地面、_____、_____、_____、卷材地面和涂料地面等。

3. 室内楼地面与墙面相交处的构造处理称为_____。

4. 顶棚分为_____和_____两种。

5. 位于建筑物外墙出入口上方，用以遮挡雨雪的水平构件是_____。

6. 梁板式雨篷的梁一般翻在板的上面成_____。

7. 雨篷防水砂浆抹面，应沿墙面上翻形成泛水，高度不小于_____mm，同时在板的下部边缘做_____，防止雨水沿板底漫流。

二、单选题

1. 下列不属于楼板附加层所起的作用是（　　）。

A. 保温　　　　　　　　　　　　B. 承重

C. 隔声　　　　　　　　　　　　D. 防水

2. 顶棚有（　　）两种类型。

A. 悬吊式顶棚，抹灰顶棚　　　　B. 贴面顶棚，悬吊式顶棚

C. 悬吊式顶棚，直接式顶棚　　　D. 贴面顶棚，直接式顶棚

3. 阳台设计不需满足（　　）要求。

A. 安全坚固耐久　　　　　　　　B. 解决防水和排水问题

C. 美观　　　　　　　　　　　　D. 支撑楼板

4. 栏杆（栏板）垂直高度不应小于（　　）m。

A. 0.90   B. 1.00

C. 1.05   D. 1.10

5. 儿童活动场所栏杆的垂直杆件间净距不应大于（   ）m。

A. 0.90   B. 0.10

C. 0.11   D. 0.12

6. 厕所的墙面面层材料应采用易（   ）材料。

A. 清洗   B. 吸水

C. 吸污   D. 腐蚀

7. 存放食品的房间，当食品与楼地面直接接触时，严禁采用（   ）材料作为楼地面面层。

A. 花岗岩   B. 混凝土

C. 地砖   D. 有毒

8. 室外台阶的踏步宽度不宜小于（   ）mm，高度不宜大于（   ）mm。

A. 350，150   B. 300，150

C. 300，100   D. 350，100

三、多选题

1. 地坪层由（   ）等几个基本层次组成。

A. 结构层   B. 面层

C. 顶棚层   D. 基层

E. 垫层

2. 楼板层由（   ）等几个基本层次组成。

A. 结构层   B. 面层

C. 顶棚层   D. 附加层

E. 垫层

3. 楼板层中附加层可起（   ）作用。

A. 防潮   B. 防水

C. 承受和传递荷载   D. 隔声

E. 保温或隔热

4. 楼地面应具有足够的（   ），以保证建筑物和使用者的安全。

A. 强度   B. 耐久性

C. 刚度   D. 厚度

E. 工作性

5. 下列不属于整体楼地面的是（   ）。

A. 水泥砂浆   B. 细石混凝土

C. 地毯   D. 人造石板

E. 木地板

6. 楼板结构层可（   ）。

A. 起构造作用   B. 改善使用功能

C. 承受和传递楼盖上的全部荷载   D. 维护和增强建筑物的整体刚度

E. 维护墙体的稳定性

7. 厕所间的楼地面面层材料应采用（   ）材料。

A. 防滑   B. 吸水

C. 不吸污   D. 耐腐蚀

E. 都可以

8. 经常积水的楼地面应采取（   ）措施。

A. 低于相邻楼地面   B. 设门

C. 装地漏   D. 四周墙体做混凝土翻边

E. 找排水坡

四、简答题

1. 简述楼板层和地坪层的概念及作用。

2. 简述悬吊式顶棚的组成及各部分的作用。

3. 简述踢脚和墙裙的区别与联系。

4. 简述阳台常用的结构布置方式。举例说明你的学校或身边建筑的阳台的结构形式。

五、绘题图

1. 绘制楼层和地层的构造组成图。

2. 抄绘墙身大样二墙脚节点图。

任务 13 识读楼梯详图

任务实施

组织学生以小组为单位，识读任务手册××学校实训楼 JS-12，分组讨论，完成以下任务单，进行自评、小组互评、教师点评，并总结学习内容。

任务名称	楼梯详图实训				
班级		姓名		学号	

1. 此楼梯位于_____（用轴线编号表示），楼梯间的开间是_____，进深是_____。此楼梯的起始位置标高是_____，终止位置的标高是_____。

2. 此楼梯的平面形式为_____，材料为_____，结构形式是_____。按楼梯间的平面形式分类属于_____。

3. 此楼梯间外墙厚_____，定位是_____；内墙厚是_____，⑤号轴线处内墙的定位是_____，Ⓒ轴线处内墙的定位是_____。

4. 此楼梯一层平面图中Ⓒ轴线上门的编号是_____，宽度是_____，定位尺寸是_____，开启方式是_____。①轴线上门的编号是_____，宽度是_____，定位尺寸是_____。楼梯间内坡道宽是_____，长是_____；外部坡道的长度是_____。室内地面的标高是_____。

5. 此楼梯二层平面图中①轴线上窗的编号是_____，宽度是_____，定位尺寸是_____。①轴线外侧的构件是_____，挑长为_____，面宽是_____，2%是_____，属于_____排水形式。

6. 此楼梯的梯段宽度为_____，梯井宽度为_____，中间平台宽_____。

7. 一层楼梯中间平台的标高是_____，第一跑梯段的水平投影长度是_____，踏步宽为_____，踏面数量为_____，梯段高度是_____，级数是_____，踏步高为_____，起步位置定位尺寸是_____；第二跑梯段的长度是_____，踏步宽为_____，踏面数量为_____，梯段高度是_____，级数是_____，踏步高为_____，起步位置平面定位尺寸是_____。

8. 二层以上楼梯梯段水平投影长度是_____，踏步宽为_____，踏面数量为_____，梯段高度是_____，级数是_____，踏步高为_____，梯段高度是_____，起步位置定位尺寸是_____。

9. 此楼梯的地面做法见_____；楼面做法见_____；顶棚的做法见_____。

10. 楼梯的栏杆做法见_____；扶手的高度为_____，安全扶手的高度为_____。

11. 楼梯的防滑处理见_____。

12. 结合图 GS-05 阅读，楼梯间⑤号轴线上涂黑的方框是_____，编号是_____和_____，一层柱段的断面尺寸是_____，定位关系是_____。

13. 结合图 GS-10 阅读，一至二层第一跑梯段板的编号是_____，梯板厚度为_____；中间平台板的编号是_____，厚度是_____，结构标高是_____，建筑标高是_____；标高 2.070 处平台梁的编号是_____，断面尺寸为_____，梯柱的断面尺寸为_____。雨篷板厚_____，挑长是_____，翻口高度是_____。

14. 二层至三层第一跑梯段板的编号是_____，厚度为_____；中间平台板的编号是_____，厚度是_____，结构标高是_____，建筑标高是_____。

实训评价表

序号	评价项目	评价标准	分值	自评	互评	师评	得分
1	识读图纸	表述准确	50				
2	工作态度	态度端正，无缺勤、迟到、早退	10				
3	工作质量	能准确识读楼梯详图内容	20				
4	协调能力	能与成员合作交流，协调工作	10				
5	职业素养	识读图纸规范、细心、严谨	10				
存在问题							

任务拓展

一、单选题

1. 楼梯的主要作用是（　　　）。

A. 承重　　　　　　B. 交通和疏散　　　　C. 围护　　　　　　D. 分隔

2. 楼梯是房屋中的（　　　）交通设施。

A. 平行　　　　　　B. 内外通行　　　　　C. 垂直　　　　　　D. 水平

3. 双分平行楼梯一般用于（　　　）建筑中。

A. 住宅　　　　　　B. 办公建筑　　　　　C. 别墅　　　　　　D. 工厂

4. 楼梯段下的净空高度不应小于（　　　）。

A. 2.0m　　　　　　B. 2.2m　　　　　　　C. 2.4m　　　　　　D. 2.6m

5. 楼梯平台处的净空高度不应小于（　　　）。

A. 2.0m　　　　　　B. 2.2m　　　　　　　C. 2.4m　　　　　　D. 2.6m

6. 民用建筑改变方向的楼梯平台宽度不应小于（　　　）净宽，并不应小于（　　　）m。

A. 楼梯梯段，1.2　　B. 楼梯梯段，0.9　　C. 楼梯梯段，1.0　　D. 楼梯梯井，1.1

7. 关于楼梯的说法，错误的是（　　　）。

A. 公共楼梯一个梯段不应少于 2 级　　　　B. 楼梯一个梯段不应多于 18 级

C. 楼梯坡度为 30°左右最为适宜　　　　　　　D. 楼梯坡度 45°最为适宜

8. 与楼层地面标高一致的平台称为（　　　）。

A. 中间平台　　　　B. 转角平台　　　　C. 楼层平台　　　　D. 转向平台

9. 有儿童经常使用的楼梯的梯井净宽大于（　　　）时，必须采取防坠落措施。

A. 100mm　　　　B. 150mm　　　　C. 200mm　　　　D. 300mm

10. 生活中应用最为广泛的楼梯是（　　　）。

A. 直跑楼梯　　　　B. 弧形楼梯　　　　C. 三跑楼梯　　　　D. 双跑平行楼梯

11. 室内楼梯扶手高度不应低于（　　　）。

A. 700mm　　　　B. 800mm　　　　C. 900mm　　　　D. 1000mm

12. 在楼梯形式中，不宜用于疏散楼梯的是（　　　）。

A. 直跑楼梯　　　　B. 双跑平行楼梯　　　　C. 三跑楼梯　　　　D. 螺旋楼梯

二、多选题

1. 楼梯平台包括（　　　）。

A. 中间平台　　　　B. 楼梯平台　　　　C. 楼层平台　　　　D. 建筑平台

E. 安全平台

2. 一跑即（　　　），是由连续的（　　　）组成的。

A. 一个踏步　　　　B. 一个梯段　　　　C. 一个楼梯间　　　　D. 踏步

E. 梯段

3. 现浇钢筋混凝土楼梯按梯段的传力特点分为（　　　）。

A. 双跑楼梯　　　　B. 三跑楼梯　　　　C. 板式楼梯　　　　D. 梁板式楼梯

E. 钢结构楼梯

4. 楼梯由（　　　）组成。

A. 楼梯段　　　　B. 楼梯平台　　　　C. 斜梁　　　　D. 栏杆扶手

E. 平台梁

5. 板式楼梯由（　　　）组成。

A. 斜梁　　　　B. 平台梁　　　　C. 梯段板　　　　D. 平台板

E. 踏步

三、简答题

1. 常见楼梯的平面形式有哪些？各有何特点？

2. 首层楼梯第一个梯段的基础形式有几种？

3. 楼梯踏面的防滑措施有哪些？

四、绘图题

1. 抄绘××学校实训楼 JS-12 中的楼梯平面图及楼梯剖面图。

2. 抄绘书中梯段宽及平台宽示意图。

项目 4 装配式混凝土建筑

任务 14 学习装配式混凝土建筑

任务实施

组织学生以小组为单位，分组讨论，完成以下任务单，进行自评、小组互评、教师点评，并总结学习内容。

任务名称	楼梯详图实训			
班级		姓名		学号

1. 查阅资料，识别下列装配式建筑的结构体系。

(a)中国南极秦岭站　　(b)某保障房　　(c)敦煌文博会场馆

2. 识别下列混凝土预制构件名称，并说明它们常用于什么装配式混凝土结构中。

(a)　　(b)　　(c)

(d)　　(e)　　(f)

(g)　　(h)　　(i)

实训评价表

序号	评价项目	评价标准	分值	自评	互评	师评	得分
1	识别结构体系	表述准确	25				
2	识别构件	表述准确	25				
3	工作态度	态度端正，无缺勤、迟到、早退	15				
4	工作质量	能在规定时间按时完成	15				
5	协调能力	能与成员合作交流，协调工作	10				
6	职业素养	识读图纸规范、细心、严谨	10				
	存在问题						

任务拓展

一、填空题

1. 装配式建筑是指将建筑的部分或全部构件_____，然后运输到施工现场，将构件通过_____在现场装配安装而成的建筑。

2. 装配式建筑的结构体系主要包括_____、_____、_____和_____。

3. 装配式建筑施工可以分为两个阶段，第一阶段在_____预制构件，第二阶段在_____安装构件。

4. 夹心保温外墙板由_____、_____和_____组成，是非组合式承重预制混凝土夹心保温外墙板，简称预制外墙板，俗称"_____"。

5. 常见的叠合楼板有两种，分别为_____和_____。

6. 预制楼梯是将楼梯段整体预制，通过_____与梯梁上的_____形成连接。

7. 湿连接是指_____与钢筋结合形成的连接，常用的湿连接方式有_____、_____等，主要适用于装配整体式混凝土结构的连接。

8. 干连接主要借助于金属连接件，如螺栓连接、焊接等，主要适用于_____的连接。

二、简答题

1. 简述装配式建筑的概念及特点。

2. 装配式混凝土剪力墙结构预制构件有哪些？

3. 什么是装配式模块化建筑？

1. ××学校实训楼建筑施工图

	××建筑设计有限公司		

建筑图纸资料目录	××学校 实训楼	设计编号
		专业：建筑
		共1页
		日期：

序　号	图　号	名　　称	规　格	备　注
1	JS-01	总平面图	A2	
2	JS-02	建筑设计总说明	A2+1/2	
3	JS-03	门窗表 门窗详图 工程做法	A2	
4	JS-04	一层平面图	A2+1/2	
5	JS-05	二～五层平面图	A2+1/2	
6	JS-06	六层平面图	A2+1/2	
7	JS-07	屋顶平面图	A2+1/2	
8	JS-08	南立面图	A2+1/2	
9	JS-09	北立面图	A2+1/2	
10	JS-10	东立面图　西立面图	A2+1/2	
11	JS-11	1—1剖面图	A2	
12	JS-12	楼梯详图	A2+1/4	
13	JS-13	墙身大样一　墙身大样二	A2	
14	JS-14	墙身大样三　墙身大样四	A2	

设计说明：

1. 本图尺寸以米为单位。
2. 本图根据甲方所提供的用地红线图绘制。
3. 技术经济指标见上表。
4. 图例：
   拟建建筑物
   原有建筑物
5. 建筑物上圆圈内的数字表示楼号

总平面图 1:1000

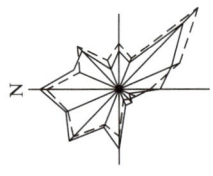

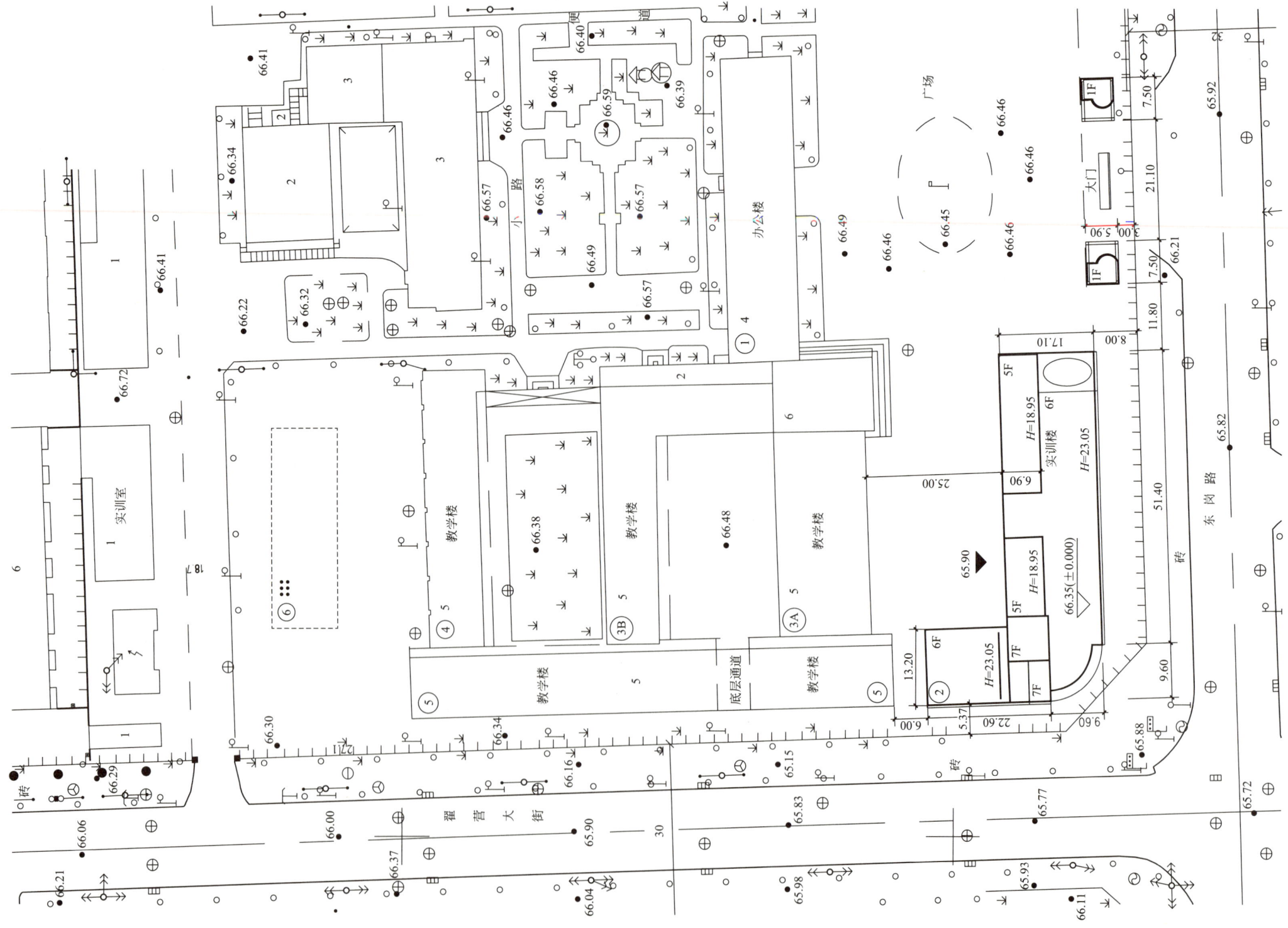

主要技术经济指标

项目	单位	数量
总建筑面积	m²	6985.48
占地面积	m²	1196.56

N

小 路

便 道

广场

实训室
实训室

教学楼
教学楼
教学楼
教学楼
教学楼
底层通道

办公楼

实训楼
大门

东 岗 路

翟 营 大 街

砖

5F H=18.95
6F H=23.05
5F H=18.95
6F H=23.05
7F
7F
5F
6F
1F
1F

66.35(±0.000)
65.90

17.10
25.00
51.40
6.90
13.20
22.60
9.60
8.00
11.80
7.50
7.50
21.10
5.90
5.00
66.21

66.41 66.41 66.34 66.22 66.32 66.72 66.30 66.06 66.29 66.21 66.00 66.37
66.40 66.46 66.46 66.59 66.39 66.58 66.57 66.57 66.49 66.57 66.49 66.48 66.38
66.46 66.46 66.45 66.46 66.46 66.49 66.46
65.92 65.82 65.88 65.72 65.77 65.83 65.15 65.98 65.93 66.04 66.11 66.16 66.34

经　理		
专业负责人		
审　核		
校　对		
设　计		

建设单位	××建筑设计有限公司
项目名称	××学校
图纸名称	实训楼
	总平面图

工　号		
工　段	施工图
阶　段	
专　业	建筑
图　号	JS-01
日　期	

建筑设计总说明

一、设计依据：

1. 甲方与设计公司签订的设计合同及相关部门批准的文件。
2. 甲方提供的本工程所需资料、设计任务书。
3. 设计标准采用《12 系列建筑标准设计图集》。

设计中采用的国家现行规范主要有以下内容：

(1)《民用建筑设计统一标准》 GB 50352—2019
(2)《建筑设计防火规范(2018 年版)》 GB 50016—2014
(3)《民用建筑通用规范》 GB 55031—2022
(4)《消防设施通用规范》 GB 55036—2022
(5)《建筑防火通用规范》 GB 55037—2022
(6)《建筑内部装修设计防火规范》GB 50222—2017
(7)《建筑防烟排烟系统技术标准》GB 51251—2017
(8)《建筑与市政工程无障碍通用规范》
　　　　　　　　　　　　　GB 55019—2021
(9)《建筑与市政工程防水通用规范》
　　　　　　　　　　　　　GB 55030—2022
(10)《公共建筑节能设计标准》 DB13 (J) 81—2016
(11)《建筑抗震设计标准（2024 年版）》
　　　　　　　　　　　　　GB/T 50011—2010
(12)《中小学校设计规范》 GB 50099—2011
(13)《屋面工程技术规范》 GB 50345—2012
(14)《地下工程防水技术规范》 GB 50108—2008
(15)《玻璃幕墙工程技术规范》 JGJ 102—2003
(16)《建筑玻璃应用技术规程》 JGJ 113—2015

二、工程概况：

1. 建设单位：××学校。
2. 项目名称：实训楼。
3. 建设地点：××市××路。
4. 主要功能：教室、办公。
5. 建筑基底面积：1172.80m²，总建筑面积：6872.57m²。
6. 本建筑地上六层，局部五层。结构类型为框架结构。
7. 建筑工程等级为二级，建筑物耐火等级为二级，设计使用年限为 50 年。
8. 抗震设防：抗震设防烈度为七度。
9. 本建筑物±0.000=66.35m。
10. 本建筑物建筑高度为 23.05m。
11. 屋面防水等级为 I 级。

三、墙体材料：

1. 除图中特殊注明者外，±0.00 以下外墙均为 240mm 厚烧结普通页岩砖，内墙为 240mm 厚烧结普通页岩砖，轴线居中，特殊注明者除外。
2. ±0.00 以上外墙体为 250mm 厚加气混凝土，墙与柱外皮平，外加 50mm 厚阻燃型挤塑聚苯保温板，燃烧性能 B1 级；内墙为 200mm 厚加气混凝土墙，轴线居中，特殊注明者除外。构造做法见 12J3—3，特殊注明者除外。
3. 构造柱尺寸及位置详见结施图；钢筋混凝土墙上的留洞见结施和设备图；砌墙墙预留洞见建施和设备图；砌墙墙体预留洞过梁见结构说明；
预留洞的封堵：混凝土墙留洞的封堵见结施，其余砌墙墙留洞待管道设备安装完毕后，用 C20 细石混凝土填实；防火墙上洞口过为防火岩棉密封填实。

四、门窗：

1. 本工程内外门窗立框均居墙中，净片玻璃门窗由甲方选厂制作安装（加工厂需经强度计算核实实际尺寸后确定型材）。

2. 门窗立面分格图的外包尺寸为洞口尺寸，制作时适当减去安装尺寸，立面分格尺寸可作微小调整，门窗用料大小及玻璃厚度根据洞口大小及分格尺寸合理确定。
西南侧玻璃幕墙采用 Low-E 玻璃单面镜面反射隐框铝合金玻璃幕墙。其余，外门采用隔热铝合金 5+12A+5 中空玻璃。大厅外门采用安全玻璃平开门，除特殊注明外其他房间内门选用木门。设备用房采用甲级防火门。
面积大于 1.5m² 的窗玻璃或玻璃底边距离最终装修面小于 500mm 的落地窗，必须使用安全玻璃。
建筑外门窗抗风压性能分级为大于 3 级，气密性能分级为 4 级，水密性能分级为不低于 3 级，玻璃幕墙玻璃气密性为 3 级，门窗规格及型号详见门窗表。玻璃和安装门窗隔声性大于 40dB。

3. 玻璃应用和安装执行《建筑玻璃应用技术规程》JGJ 113—2015、《建筑节能门窗工程技术规范》DB13 (J) 114—2013。

4. 防火门窗：所有防火门窗产品均须经消防部门认可。防火门窗由甲方自行订货并应满足相应耐火极限：甲级 1.2h，乙级 0.9h，丙级 0.6h。

五、外装修：

1. 面砖面层做法参见 12J1 外墙 11. 涂料面层做法参见 12J1 外墙 9，规格及颜色见立面图。
2. 凡露明金属构件，均除锈后刷防锈漆二道，调合漆二道，颜色同相邻墙面。
3. 外装饰材料的材质及色彩：要求按立面标注材料施工，材质颜色彩应均匀。
施工前要求提供材料样块，经甲方和设计人员认可后方可施工。
钢结构雨篷由专业厂家根据本图纸进行深化设计。

六、内装修：

1. 建筑物内墙面阳角用 1：2 水泥砂浆做护角，高 2100mm，两边各宽 50mm，厚度同相邻墙面粉刷。
2. 不同面层材料除特殊注明者外一般在门下设分界线。
3. 楼梯间扶手栏杆做法详见 12J8 ⑦/15，踏步防滑条做法详见 12J8 ⑩/68。
本建筑物内所有低于 900mm 的楼梯窗台均设护栏杆，栏杆间距不大于 110mm，水平长度大于 500mm 时，栏杆高度为 1100mm，其做法参见 12J8 ③/64。
4. 卫生间、厕所、水箱间（除门洞口外）楼板四周做高度为 200mm 的混凝土翻边，宽同墙厚。

七、防水、防潮工程：

1. 屋面防水等级：屋面防水等级 I 级，三道设防，防水层选用 3mm+3mm+3mm 厚改性沥青防水卷材。
屋面（不上人屋面）做法见 12 J1 "屋 105"，80mm 厚阻燃挤塑聚苯板保温层，燃烧性能 B1 级。
2. 卫生间、厕所、浴室楼地面比同层一般房间楼地面低 20mm，防水做法详见装修表，防水层选用聚氨酯涂膜，设地漏的房间地面向地漏找坡 i=0.5%，地漏周围 1000mm 范围坡度变为 1%，卫生间除门洞口外楼板四周做高度为 200mm 的混凝土翻边。
3. 出屋面管道泛水见 12 J5-1 ②/A3。
4. 管道穿墙做法见 12 J2 ②/C15。
5. 墙身防潮做法见 12 J1 ②/21，防潮层为聚氨酯涂料防水材料。

八、电梯：

1. 本新建建筑物共设客梯 1 部，为无障碍电梯。
2. 电梯的井道和电梯门洞尺寸及底坑的预埋件经电梯厂家确认后必须按所定产品设置并于施工前确定，电梯型号如有变化，应在主体施工前通知设计单位，以便及时根据设备进行二次设计。
电梯停站 6 次提升高度 21.60m。规格：载重量 1000kg，速度 1.5m/s。

九、节能保温措施及做法：

1. 主入口玻璃幕墙采用 Low-E 玻璃单框隔热铝合金窗，其余所有外门窗均采用中空玻璃带纱扇隔热铝合金。
产品性能指标：抗风压等级为 3 级，气密性等级为 4 级。
2. 外墙为 250mm 厚加气混凝土砌块墙，外墙外保温贴 50mm 厚阻燃挤塑聚苯板。
聚苯乙烯泡沫保温板导热系数为 0.042W/(m·K)，构造详见 12 J3-1（D 型）。
3. 屋面为 80mm 厚阻燃挤塑聚苯泡沫塑料板。
4. 不采暖楼梯间及走廊采用 200mm 厚加气混凝土砌块墙。
5. 建筑物体形系数为 0.20。

外墙：
东：250mm 厚加气混凝土砌块墙，外墙外保温贴
　　50mm 厚聚苯板 传热系数 0.40
南：250mm 厚加气混凝土砌块墙，外墙外保温贴
　　50mm 厚聚苯板 传热系数 0.40
西：250mm 厚加气混凝土砌块墙，外墙外保温贴
　　50mm 厚聚苯板 传热系数 0.40
北：250mm 厚加气混凝土砌块墙，外墙外保温贴
　　50mm 厚聚苯板 传热系数 0.40

外窗：
东：隔热铝合金中空玻璃窗 窗墙面积比（%）：0.20
　　传热系数 1.86
南：隔热铝合金中空玻璃窗 窗墙面积比（%）：0.35
　　传热系数 1.86
西：隔热铝合金中空玻璃窗 窗墙面积比（%）：0.37
　　传热系数 1.86
北：隔热铝合金中空玻璃窗 窗墙面积比（%）：0.26
　　传热系数 1.86

屋面：80mm 厚挤塑聚苯乙烯泡沫塑料板，传热系数 0.34
地面： 传热系数 1.5
不采暖楼梯间：200mm 厚加气混凝土砌块墙 传热系数 0.98

十、无障碍设计：

1. 室外公共部位出入口均设置无障碍坡道，电梯为无障碍电梯。
2. 入口平台，均按照无障碍要求设计。

十一、其他：

1. 管道穿楼板做法见 12J11-74-1

2. 雨水管采用 φ110UPVC 管，颜色为白色，距室外地 2.0m 加钢管保护。
3. 所有预埋木砖应做防腐处理，预埋件应先除锈再做防腐处理。
4. 本图中所注门窗大小均为洞口尺寸。厂家安装前应仔细核对洞口尺寸及数量后方可订做施工。
5. 配电箱暗装时，配电箱厚度大于 200mm 时，需在墙体背面钉上钢丝网抹灰。
6. 散水长度 6～10m 设伸缩缝，用沥青砂浆嵌缝，排水坡度为 4%。散水均为宽 1000mm，做法见 12J1 散 1，台阶做法参见 12J9-1 ②/103，挡墙做法参见 12J9-1 ②/105，坡道做法参见 12J9-1 ④/97。
7. 群管穿墙防水做法见 12J2 ②/A25。
8. 所有外露铁件均刷防锈漆二道，调和漆二道。
9. 外墙面变形缝做法见 12J14 ①/23 ④/23，楼地面变形缝做法见 12J14 ①/2 ③/3，内墙面变形缝做法见 12J14 ①/14 ②/14。
10. 玻璃幕墙工程由专业厂家施工安装。

十二、施工注意事项：

1. 本施工图总平面图及标高以 m 为单位，其余的尺寸均以 mm 为单位，图中尺寸以标注为准。
2. 本施工图未尽事宜应严格遵守国家和地方主管部门颁布的现行施工及验收规范标准，施工中遇到与设计文件有关的问题，甲方会同施工单位、监理及时与设计单位协商处理，须由设计确认后方可施工。
3. 所有饰面材料的材质、颜色、规格必须由甲方看样板后施工。工程所有材料必须符合国家规定的质量标准，应具备合格证及准用证。
4. 本图施工时应与各相关专业资料互相协调密切配合，土建施工应与各设备专业密切配合。预埋件、预留洞按图对照留设，不得事后开凿。
5. 未尽事宜应严格按国家及当地有关现行规范、规定要求进行施工。本套图纸必须经有关部门审查通过后方可施工。
6. 有关现行规范、规定和操作规程：
《民用建筑节能条例》中华人民共和国国务院令第 530 号
《建筑节能工程施工质量验收标准》GB 50411—2019
《外墙外保温工程技术标准》JGJ 144—2019
《屋面工程质量验收规范》GB 50207—2012
7. 本工程须设置永久性质量责任标牌，标牌必须注明工程名称、开竣工日期、建设、勘察、设计、施工、监理单位全称、法人代表及工程项目负责人姓名。
8. 责任标牌由建设单位负责制作。标牌制作、安装费用由建设单位承担。责任标牌由施工单位负责安装，应于工程竣工验收前安装完毕。

××建筑设计有限公司					
经 理		建设单位	××学校	工 号	
专业负责人		项目名称	实训楼	阶 段	施工图
审 核				专 业	建筑
校 对		图纸名称	建筑设计总说明	图 号	JS-02
设 计				日 期	

门 窗 统 计 表

类别	门窗编号	洞口尺寸(mm)		数 量								门窗选用图集	备注
		宽	高	一层	二层	三层	四层	五层	六层	屋顶	总计		
门	FHM-1	1200	1800	2	2	2	2	2	2	1	13	12J4-2-13 MFM07-1218	丙级防火门　由甲方向厂家统一订购
	FHM-2	1500	2100	—	—	—	—	—	—	1	1	12J4-2-13 MFM07-1219	甲级防火门　由甲方向厂家统一订购
	M-1	11900	3050	1	—	—	—	—	—	—	1		由甲方向厂家统一订购
	M-2	1000	2400	18	19	19	19	19	11	—	105	12J4-1-78 PM-1024	
	M-3	1000	2100	1	—	—	—	—	—	—	1	12J4-1-78 PM-1021	
	M-4	1500	2100	1	2	2	2	2	3	3	15	12J4-2-3 MFM01-1521	甲级防火门
	M-5	1200	2100	2							10	12J4-1-78 PM-1221	
	M-6	2500	2900	1	1	1	1	1	1		6	12J4-2-4 参MFM01-2430	甲级防火门
	M-7	2500	2100								1	12J4-1-4 参S80-PM-2421	
窗	C-1	1800	2000	2	1	1	1	1	1	—	7	见详图	
	C-2	2400	2000	31	30	30	30	30	29	—	180	见详图	
	C-3	1500	2000	2	2	2	2	2	2	3	15	见详图	
	C-4	2400	1200	13	10	10	10	10	6	—	59	12J4-1-21 TC2-2112	
	C-5	1000	1500	—	1	1	1	1	1	1	6	12J4-1-21 TC2-1215	
	C-6	2400	1800	—	1	1	1	1	1	—	5	见详图	
	MQ-1	1500	16400			1				—	1		玻璃幕墙　由甲方向厂家统一订购
	MQ-2	2400	16400			1				—	1		
	MQ-3	11900	17150			1					1		

注：可开启的外窗均加纱扇；管道井的防火门下做200mm高砖门槛。

注：1.标准图选自12J4-1，专用门窗标准图集12J4-2，门窗材质为隔热铝合金。
　　2.过梁选用图集12J3-3。
　　3.本门窗表尺寸只做参考，实际定做以实际洞口尺寸为准。

内装修工程做法

选用12J1

部位 房间名称	地面	楼面	踢脚	内墙面	顶棚	备注
办公室 实训教室 走廊　楼梯间	地201	楼201	踢3C (高150)	白色涂料 内墙1C 涂304	棚2A	地面垫层厚60mm 改为40mm
厕所	地201F	楼201F	—	白色面砖 内墙6C 涂304	白色涂料 棚13	—
电梯机房	—	楼101	踢1C (高150)	白色涂料 内墙1C 涂304	白色涂料 顶6 涂305	—
水箱间	—	楼101F	踢1C (高150)	白色涂料 内墙1C 涂304	白色涂料 顶6 涂305	—
管道井	地101	楼101	—	内墙1C 涂304	无面层 顶6	—

C-1立面　　C-2立面(C-6立面)　　C-3立面

1800 2等分	2400 3等分	1500 2等分

××建筑设计有限公司

经　理		建设单位	××学校	工　号	
专业负责人		项目名称	实训楼	阶　段	施工图
审　核				专　业	建　筑
校　对		图纸名称	门窗表　门窗详图　工程做法	图　号	JS-03
设　计				日　期	

预留洞表

名称	尺寸(mm) 尺寸(宽×高×厚)	洞底距本楼层地面高度 (mm)	备注
DD-1	400×500×200	1500	电洞
DD-2	600×800×200	1500	电洞
DD-3	500×620×200	1500	电洞
DD-4	400×330×120	1200	电洞
DD-5	470×470×160	1500	电洞
DD-6	370×470×160	1500	电洞
SD-1	700×1600×240	150	水洞

说明：
1.未注洞口高度均为2100mm。
2.管道井门槛高为200mm。

北

办公室 C-3 C-4 C-2 办公室

办公室 办公室

管道井 FHM-1

±0.000

热水器

女厕 男厅

办公室

配电室

管道井 FHM-1

办公室 办公室 办公室

门厅

管沟活动盖板做法见02G04 共4处

靠墙管沟做法见02G04 沟宽1000mm沟底标高-1.200

办公室 办公室 办公室 办公室 办公室 办公室 办公室

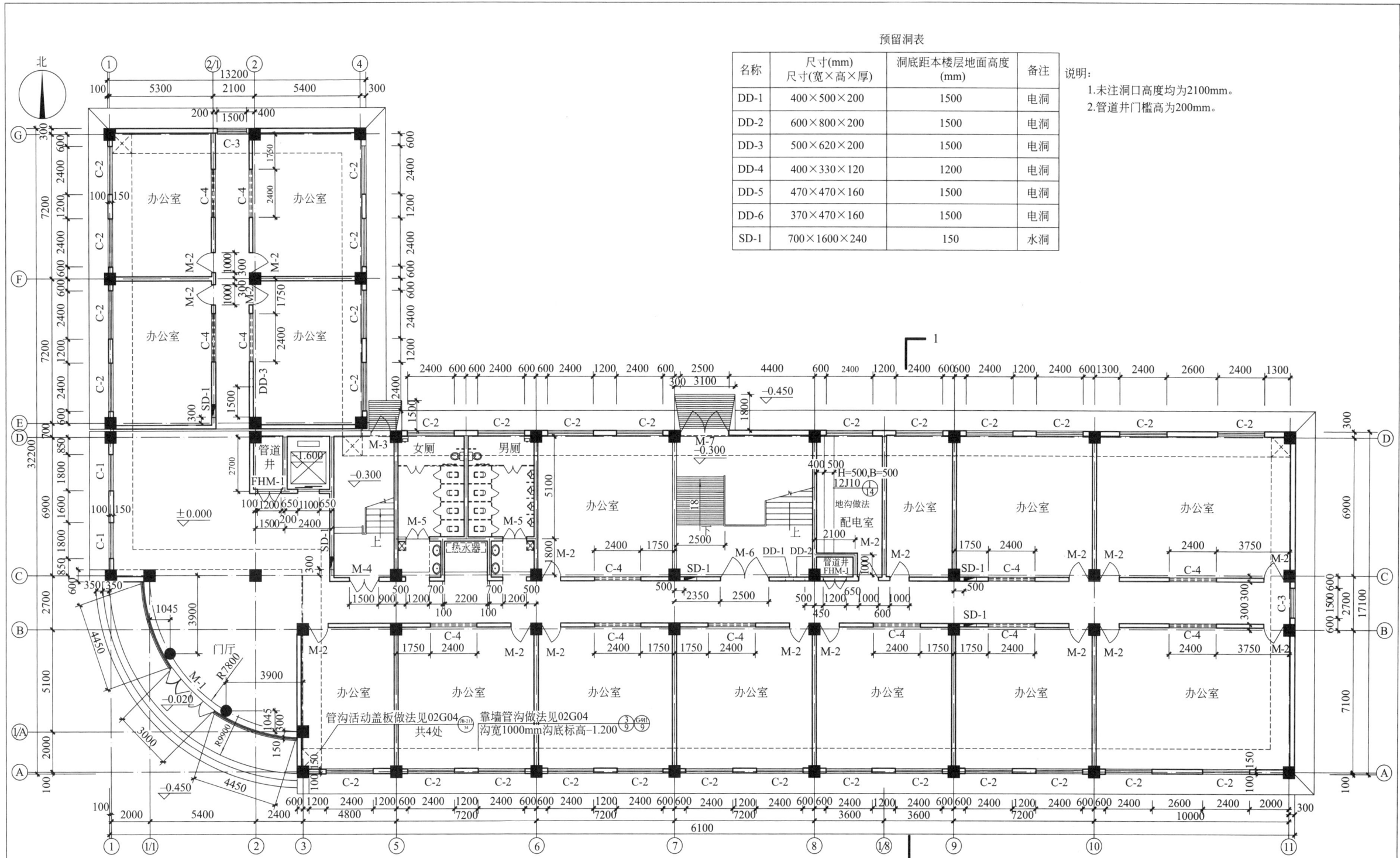

一层平面图 1:100

××建筑设计有限公司					
经 理		建设单位	××学校	工 号	
专业负责人		项目名称	实训楼	阶 段	施工图
审 核				专 业	建 筑
校 对		图纸名称	一层平面图	图 号	JS-04
设 计				日 期	

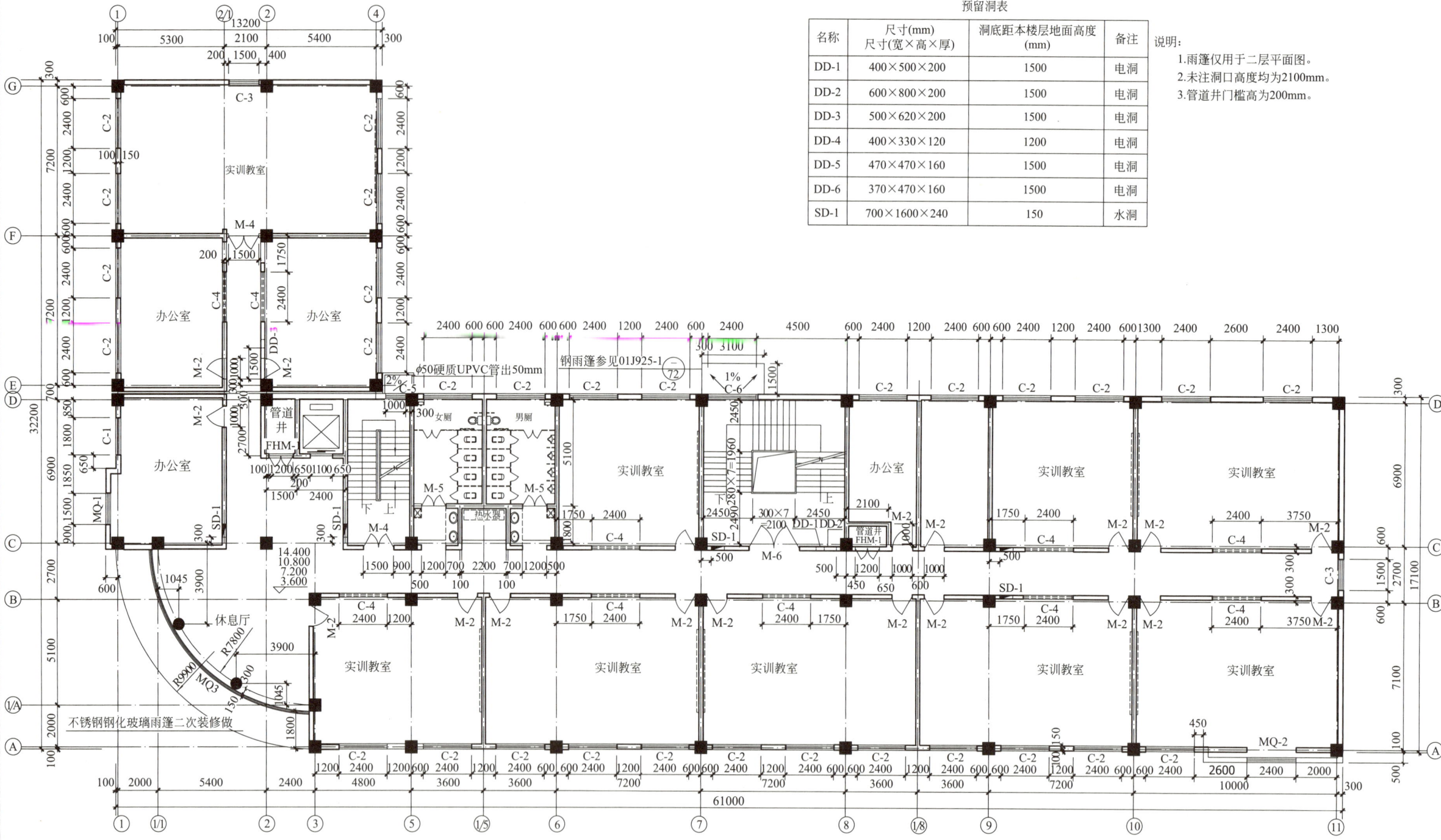

名称	尺寸(mm) 尺寸(宽×高×厚)	洞底距本楼层地面高度 (mm)	备注
DD-1	400×500×200	1500	电洞
DD-2	600×800×200	1500	电洞
DD-3	500×620×200	1500	电洞
DD-4	400×330×120	1200	电洞
DD-5	470×470×160	1500	电洞
DD-6	370×470×160	1500	电洞
SD-1	700×1600×240	150	水洞

说明:

1.雨篷仅用于二层平面图。

2.未注洞口高度均为2100mm。

3.管道井门槛高为200mm。

实训教室

办公室 办公室

办公室

办公室

管道井 FHM-1

休息厅

不锈钢钢化玻璃雨篷二次装修做

女厕 男厕

热水器

下 上

14.400
10.800
7.200
3.600

实训教室

实训教室

实训教室

实训教室

实训教室

实训教室

实训教室

实训教室

实训教室

钢雨篷参见01J925-1

φ50硬质UPVC管出50mm

管道井 FHM-1

二~五层平面图 1:100

××建筑设计有限公司				
经 理	建设单位	××学校	工 号	
专业负责人	项目名称	实训楼	阶 段	施工图
审 核			专 业	建 筑
校 对	图纸名称	二~五层平面图	图 号	JS-05
设 计			日 期	

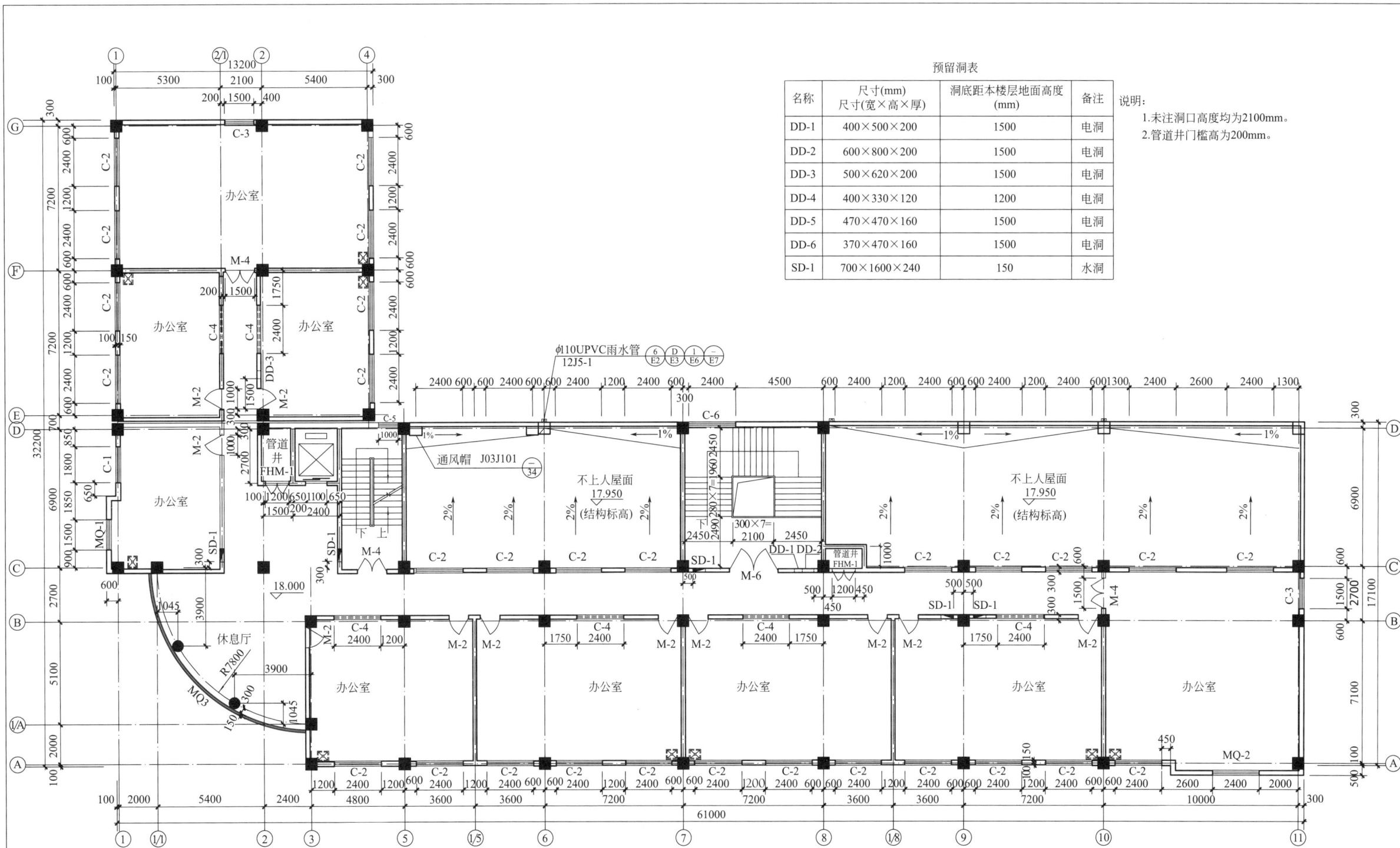

预留洞表

名称	尺寸(mm) 尺寸(宽×高×厚)	洞底距本楼层地面高度 (mm)	备注
DD-1	400×500×200	1500	电洞
DD-2	600×800×200	1500	电洞
DD-3	500×620×200	1500	电洞
DD-4	400×330×120	1200	电洞
DD-5	470×470×160	1500	电洞
DD-6	370×470×160	1500	电洞
SD-1	700×1600×240	150	水洞

说明:
1.未注洞口高度均为2100mm。
2.管道井门槛高为200mm。

办公室

ϕ110UPVC雨水管
12J5-1

通风帽 J03J101

不上人屋面
17.950
(结构标高)

不上人屋面
17.950
(结构标高)

管道井
FHM-1

管道井
FHM-1

休息厅

18.000

六层平面图 1:100

××建筑设计有限公司					
经　理		建设单位	××学校	工　号	
专业负责人		项目名称	实训楼	阶　段	施工图
审　核				专　业	建　筑
校　对		图纸名称	六层平面图	图　号	JS-06
设　计				日　期	

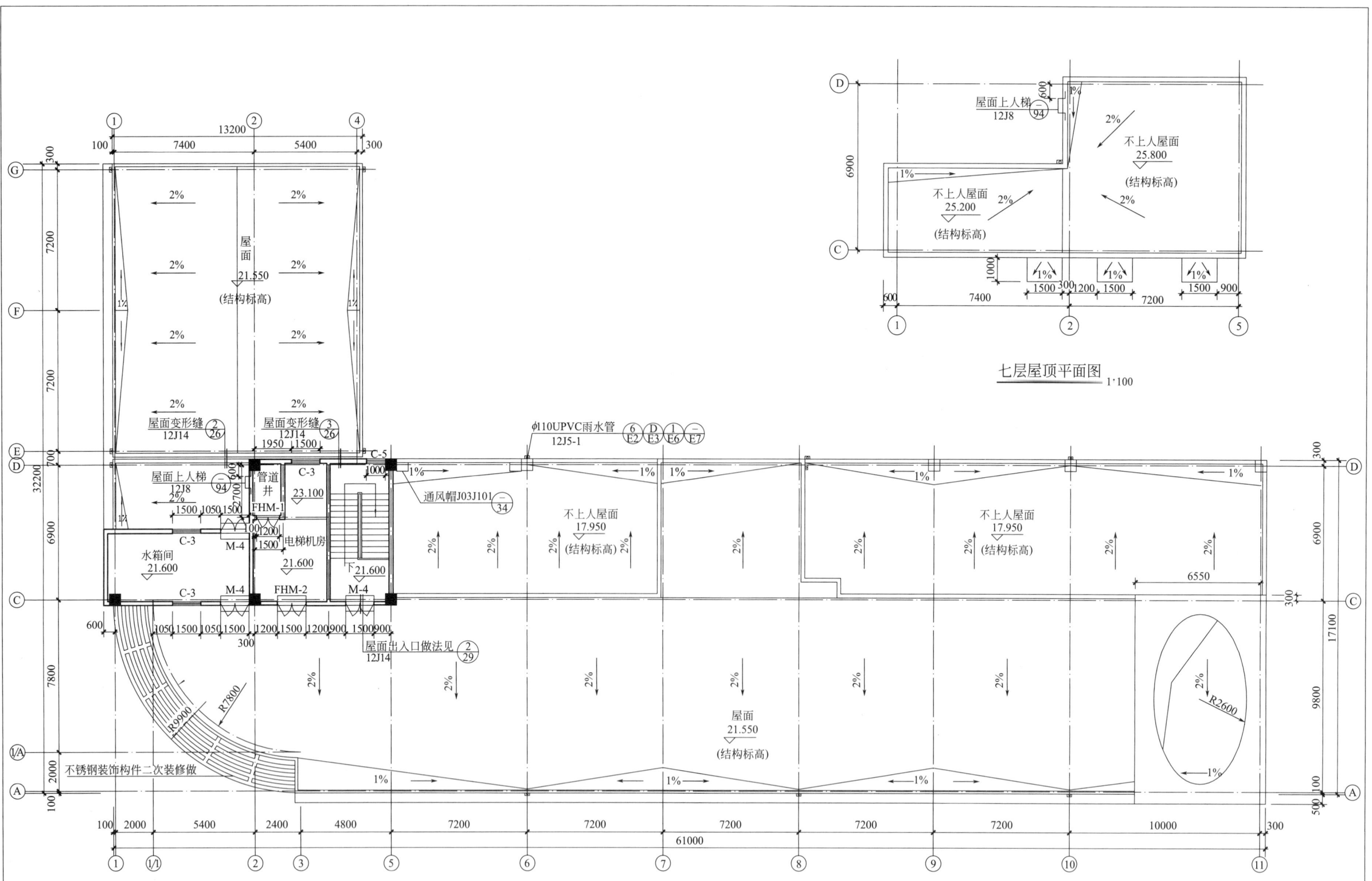

七层屋顶平面图 1:100

屋顶平面图 1:100

不锈钢装饰构件甲方自定
淡蓝色镀膜隐框玻璃幕墙
27.700
25.700
26.300
22.500
22.100

铝塑板面层钢结构装饰架二次装修做
白色真石漆
米黄色高级外墙真石漆

24.900
22.600
21.550
18.000
14.400
10.800
7.200
3.600
±0.000
−0.450

深灰色高级外墙真石漆
深灰色花岗岩

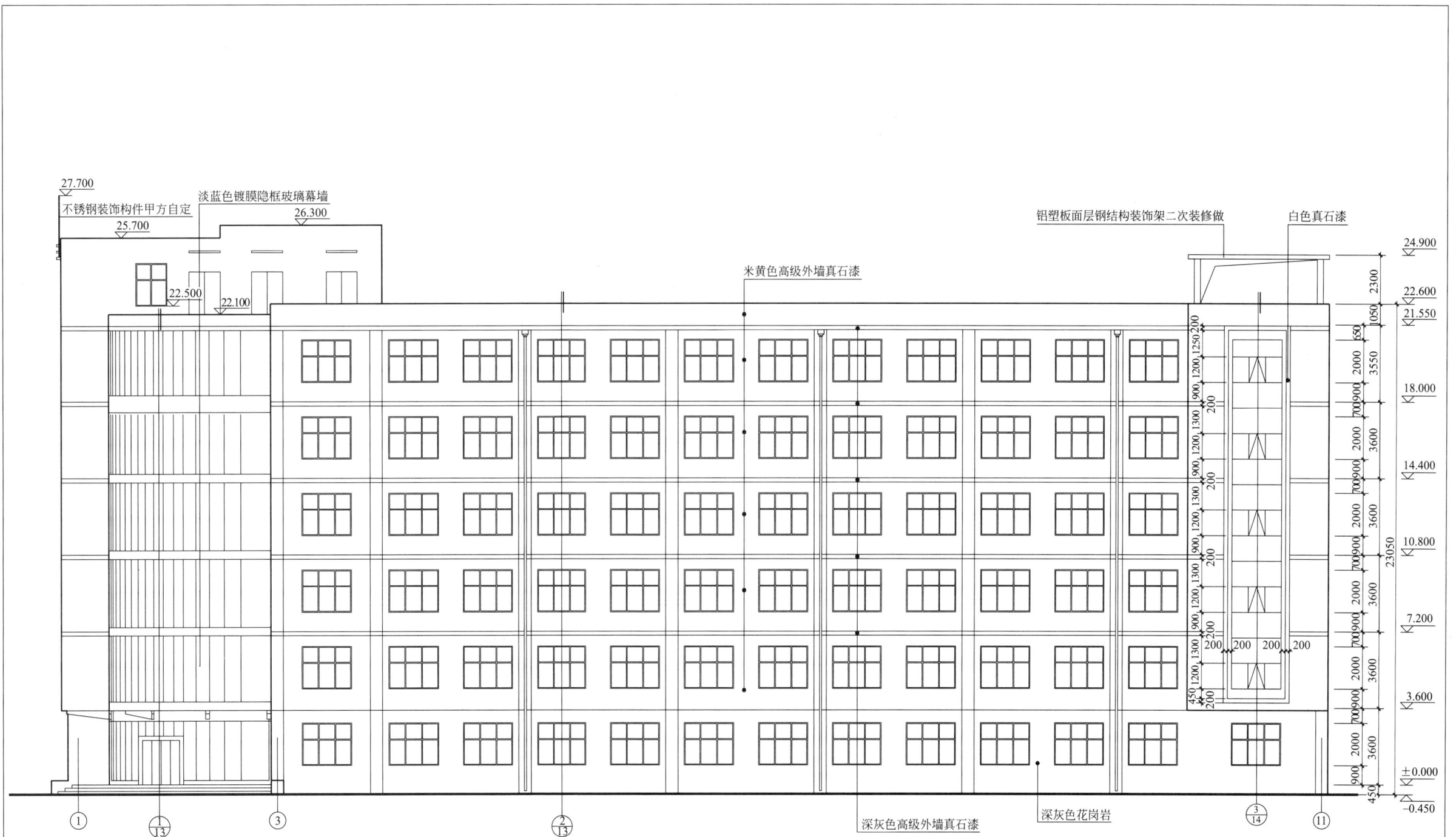

南立面图 1:100

×× 建筑设计有限公司					
经 理		建设单位	××学校	工 号	
专业负责人		项目名称	实训楼	阶 段	施工图
审 核				专 业	建 筑
校 对		图纸名称	南立面图	图 号	JS-08
设 计				日 期	

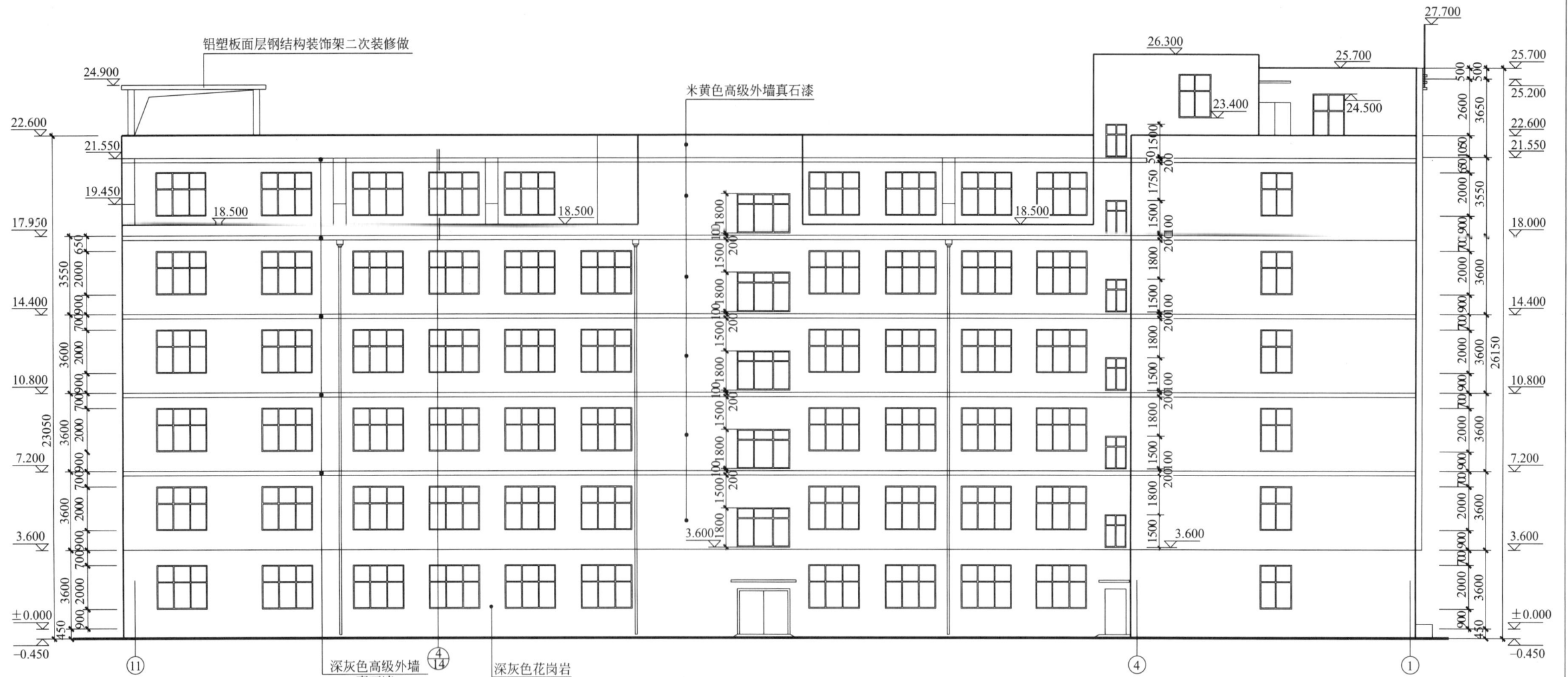

铝塑板面层钢结构装饰架二次装修做

米黄色高级外墙真石漆

27.700

26.300

25.700

25.700

24.900

25.200

23.400

24.500

22.600

21.550

22.600

21.550

19.450

18.500

18.500

18.500

18.000

17.950

14.400

14.400

10.800

10.800

7.200

7.200

3.600

3.600

3.600

±0.000

±0.000

−0.450

−0.450

⑪

深灰色高级外墙
真石漆

深灰色花岗岩

④

①

北立面图 1:100

××建筑设计有限公司					
经　理		建设单位	××学校	工　号	
专业负责人		项目名称	实训楼	阶　段	施工图
审　核				专　业	建　筑
校　对		图纸名称	北立面图	图　号	JS-09
设　计				日　期	

铝塑板面层钢结构装饰架二次装修做

米黄色高级外墙真石漆

26.300

24.900

米黄色高级外墙真石漆

22.600
21.550
1050

19.450

18.500
18.000
3550 2000 650

14.400
3600 2000 700900

10.800
3600 2000 700900

7.200
23050 3600 2000 700900

3.600
3600 2000 700900

±0.000
3600 2000 700900
450

−0.450
450 700900

Ⓐ

深灰色花岗岩

ⒹⒺ

深灰色高级外墙真石漆

Ⓖ

东立面图 —— 1:100

淡蓝色镀膜隐框玻璃幕墙

27.700

26.300

25.700

24.900

铝塑板面层钢结构装饰架二次装修做

22.100

米黄色高级外墙真石漆

22.600
21.550
1050

18.000
3550 2000 650

14.400
3600 2000 700900

10.800
3600 2000 700900

7.200
23050 3600 2000 700900

3.600
3600 2000 700900

±0.000
3600 2000 700900
450

−0.450
450 700900

Ⓖ

深灰色高级外墙真石漆

ⒺⒹ

深灰色
花岗岩

Ⓒ

Ⓐ

西立面图 —— 1:100

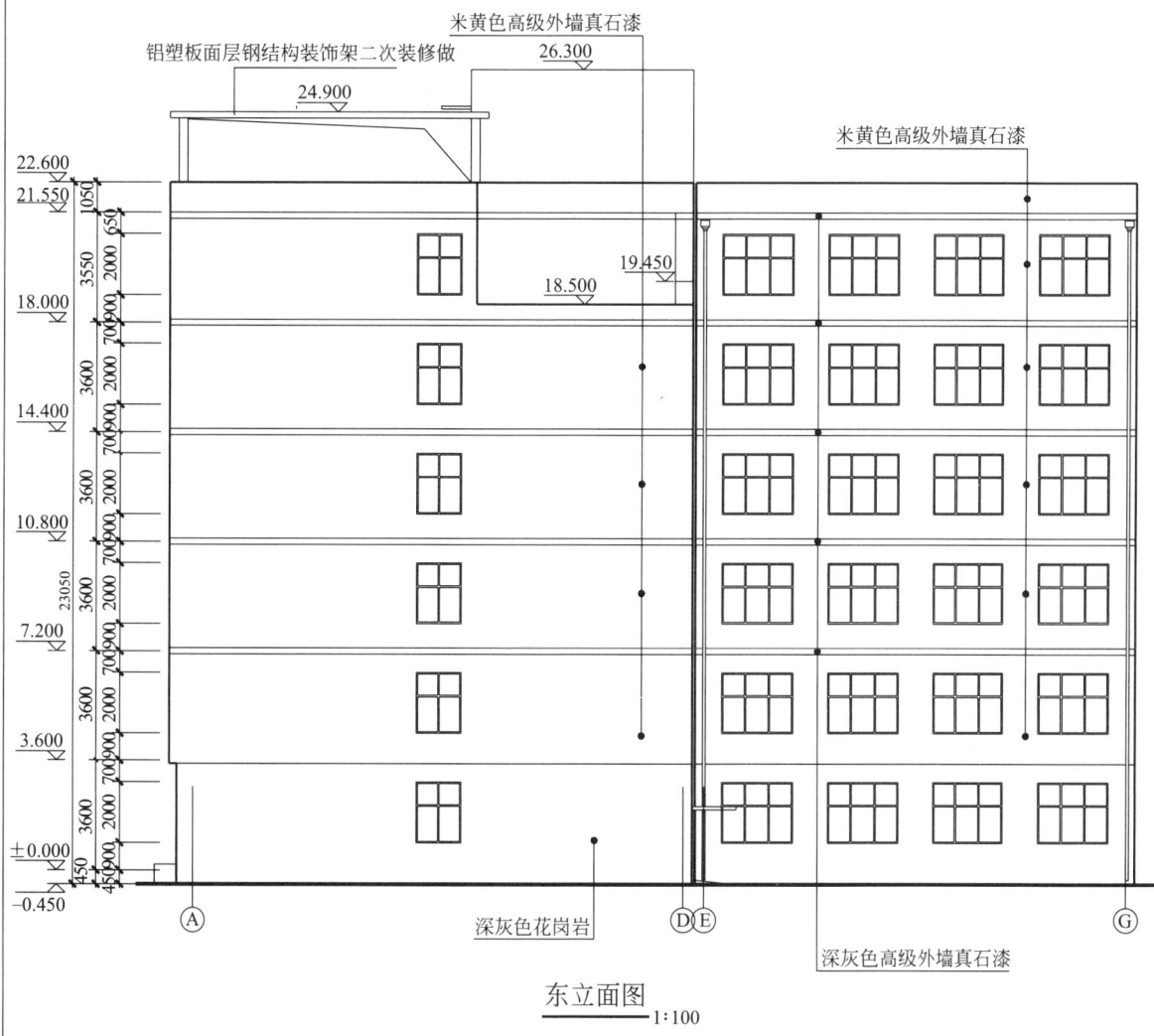

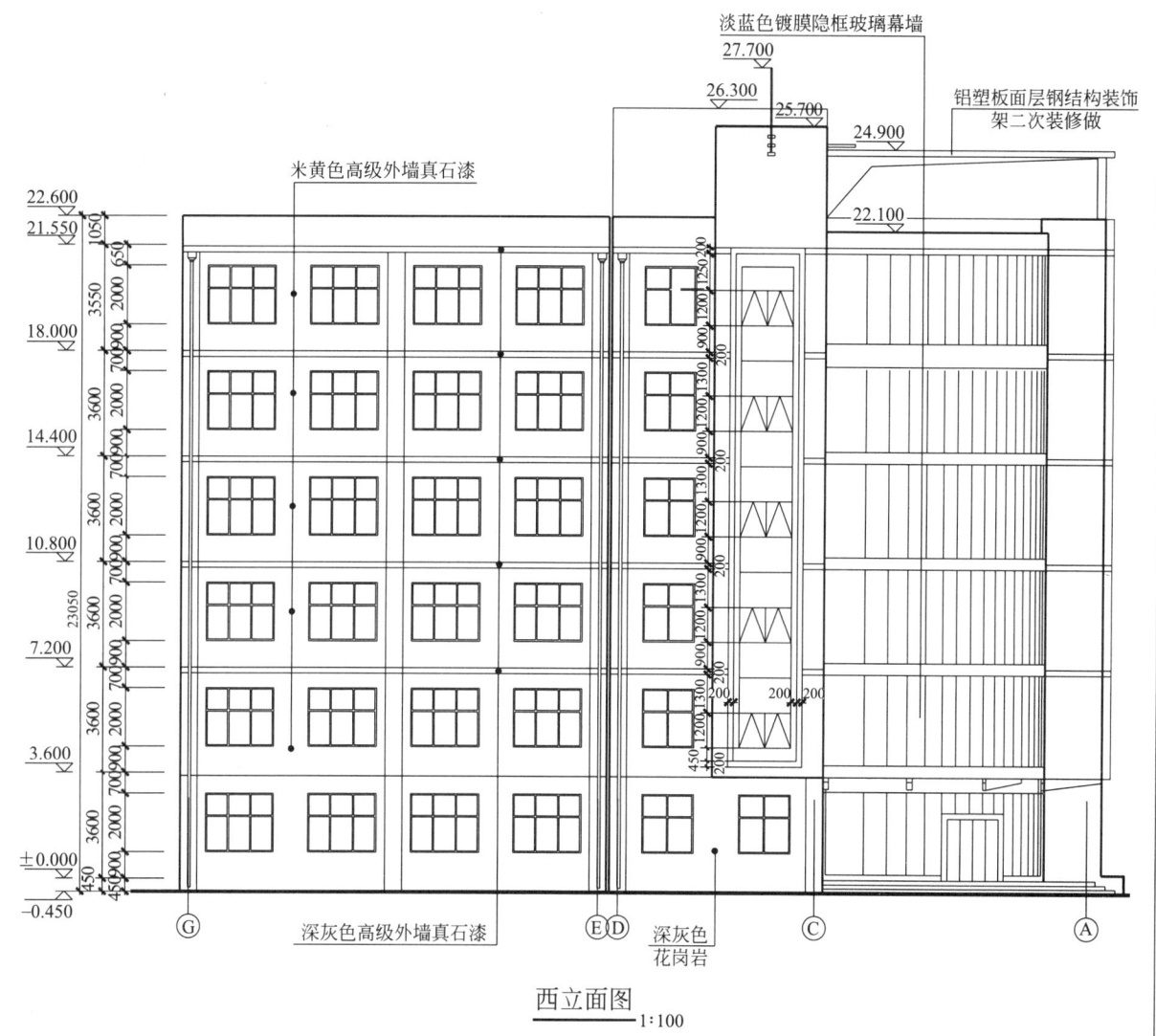

××建筑设计有限公司				
经　　理		建设单位	××学校	工　号	
专业负责人		项目名称	实训楼	阶　段	施工图
审　　核				专　业	建　筑
校　　对		图纸名称	东立面图　西立面图	图　号	JS-10
设　　计				日　期	

铝塑板面层钢结构装饰架二次装修做

24.900

2300

22.600

1050

21.550

650

3550

2000

19.450

18.500

650 550

18.000

17.950

3550

2000

2000

3600

900

14.400

14.400

500

700

3600

23050

2000

3600

900

10.800

3600

900

10.800

18950

2000

3600

900

700

7.200

3600

900

7.200

2000

3600

900

700

3.600

3600

900

3.600

2000

3600

1200

900

±0.000

1700

±0.000

450

900

450

−0.450

−0.450

| D | | C | B | | A |

6900　　2700　　7100

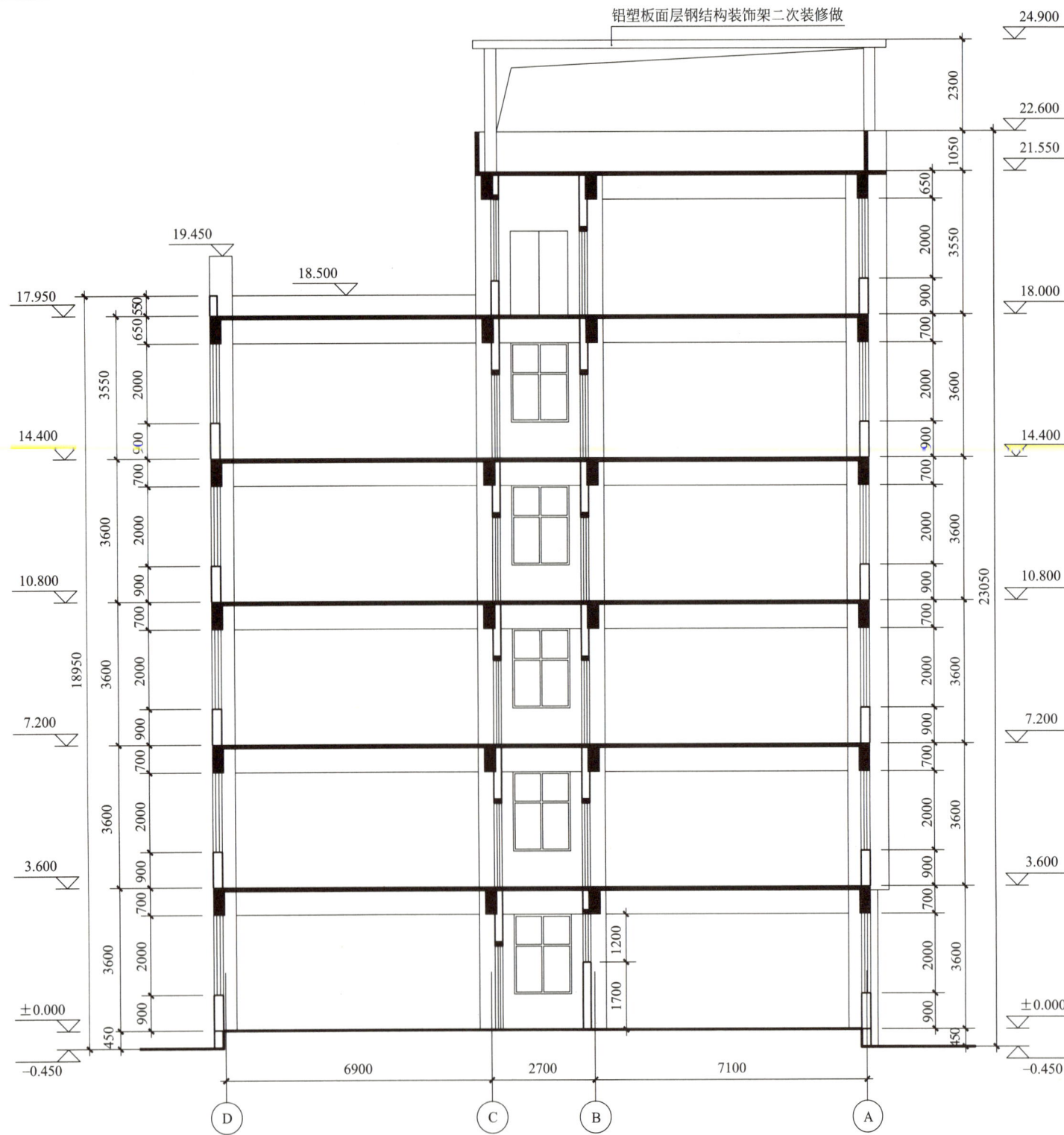

1—1剖面图 1:100

×× 建筑设计有限公司						
经　理		建设单位	××学校		工　号	
专业负责人		项目名称	实训楼		阶　段	施工图
审　核					专　业	建　筑
校　对		图纸名称	1—1剖面图		图　号	JS-11
设　计					日　期	

一层平面图 1:50

A
1000 300
1500
D
−0.300
6900
2400
300×13=3900
1500
100 1500 100 1500 100
±0.000
下 上
3300
A
⑤

二层平面图 1:50

150 1000 300 300
2%
1000
D
2100
2.100
6900
300×9=2700
2100
3.600
100 1500 100 1500 100
下 上
N
3300
C
⑤

三至六层平面图 1:50

D
1500
16.200
12.600
9.000
5.400
6900
300×11=3300
2100
18.000
14.400
10.800
7.200
100 1500 100 1500 100
下 上
N
3300
C
⑤

七层平面图 1:50

⑤
D
1500
19.800
6900
300×11=3300
2100
21.600
100 1500 100 1500 100
下
3300
C
⑤

A-A剖面图 1:50

21.600
21.600
1800
12等分 3600
2100
300×11=3300
1500
19.800
19.800
18.000
1800
12等分 3600
18.000
16.200
12.600
9.000
5.400
2100
300×11=3300
1500
1800
12等分 3600
14.400
10.800
7.200
3.600
2100
300×11=3300
1500
14.400
10.800
7.200
3.600
1800
12等分 3600
2100
300×9=2700
2100
1500
10等分
2.100
±0.000
14等分 3600
2100
300×13=3900
1500
−0.300
150 300
450
±0.000
150 300
−0.450
1500 300×13=3900 1500
6900
C
D

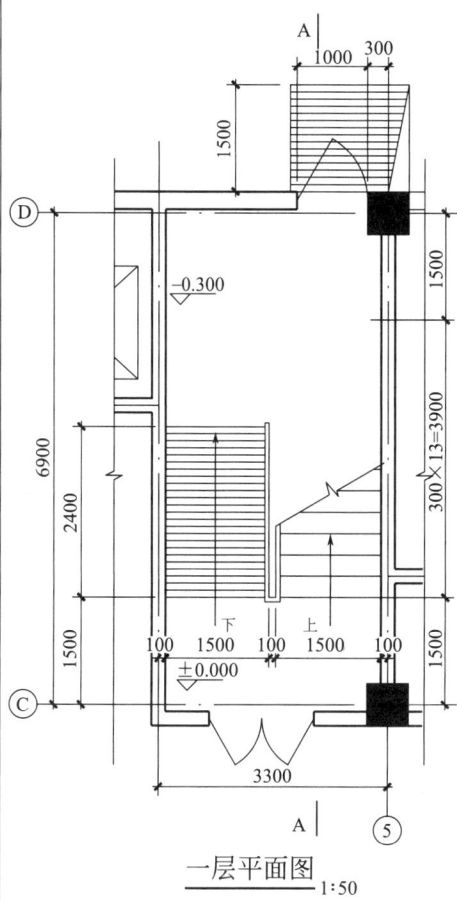

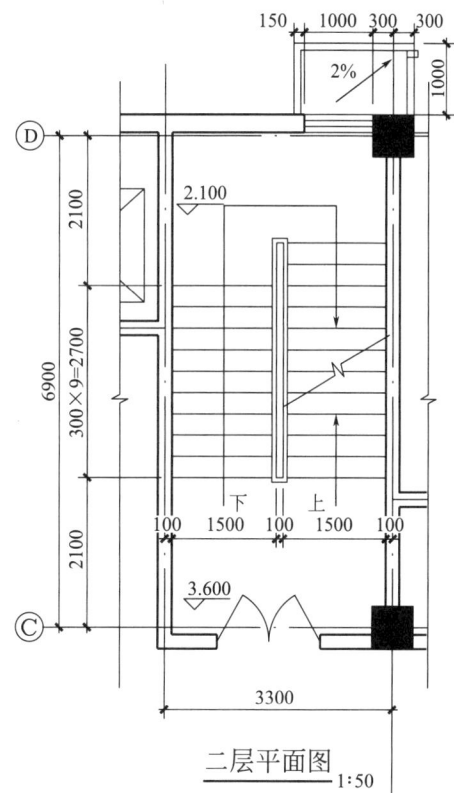

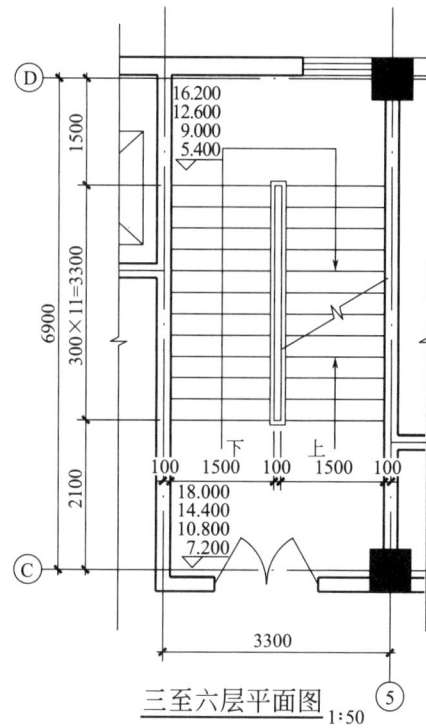

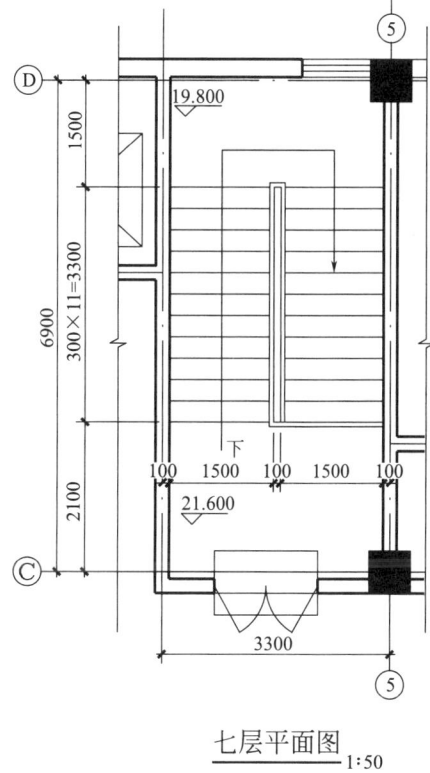

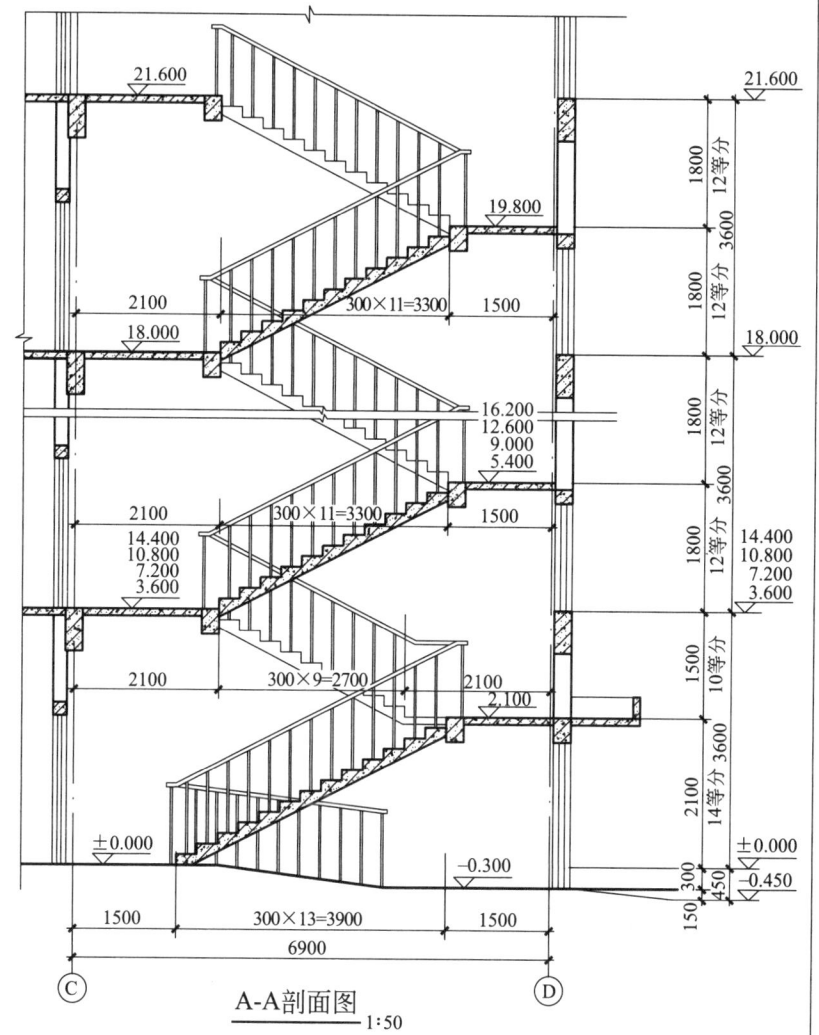

	××建筑设计有限公司			
经 理	建设单位	××学校	工 号	
专业负责人	项目名称	实训楼	阶 段	施工图
审 核			专 业	建 筑
校 对	图纸名称	楼梯详图	图 号	JS-12
设 计			日 期	

墙身大样二 1:20

20厚1:2.5水泥砂浆保护层
0.4厚聚乙烯膜隔离层
3厚SBS改性沥青防水卷材三道
30厚挤塑聚苯板保温层
80厚C20细石混凝土找平层
20厚1:2.5水泥砂浆找平层
最薄处30厚
1:8水泥膨胀珍珠岩找坡2%
钢筋混凝土屋面板
6F

泛水参见 12J5-1 (3)(A9)(A10) (B)
12J1屋105
滴水线参见 12J3-3

8-10厚地砖铺实拍平
稀水泥浆擦缝
20厚1:3干硬性水泥砂浆
素水泥浆一道
现浇钢筋混凝土楼板
2-5F
窗台梁
滴水线参见 12J3-3

窗台参见12J7-1 (2)(82)
大理石窗台板
窗台梁
1F
滴水线参见 12J3-3

窗台参见12J7-1 (2)(82)
大理石窗台板
8-10厚地砖铺实拍平
稀水泥浆擦缝
20厚1:3干硬性水泥砂浆
素水泥浆一道
60厚C20混凝土垫层
150厚3:7灰土
素土夯实

沥青砂浆嵌缝
-0.060
4%
60厚C20混凝土，撒
1:1水泥砂浆压实赶光
150厚3:7灰土
素土夯实；向外坡4%
±0.000
-0.450

2/08 墙身大样二 1:20

21.550 18.000 14.400 10.800 7.200 3.600 ±0.000 -0.450

墙身大样一 1:20

压顶 12J5-1 (5)(A11)
泛水 12J5-1 (1)(D)(A9)(A10)
12J1屋105
6F

铝塑板装饰架二次装修做
滴水线参见 12J3-3

窗护栏参见 12J6 (3a)(68)
5F
岩棉防火封堵
铝塑装饰板

窗护栏参见 12J6 (3a)(68)
2-4F
岩棉防火封堵
铝塑装饰板

窗护栏参见 12J6 (3a)(68)
1F
岩棉防火封堵

钢结构雨篷二次装修做
40厚花岗石踏步板和踢脚面板
30厚1:4干硬性水泥浆结合层
素水泥浆粘结层一道
60厚C20混凝土(厚度不包括三角部分)台阶面向外坡2%
300厚3:7灰土分台阶面分两步夯实
素土夯实
2%
±0.000
-0.020
-0.450

1/08 墙身大样一 1:20

21.550 18.000 14.400 10.800 7.200 3.600 ±0.000 -0.450

××建筑设计有限公司
建设单位
项目名称 ××学校
图纸名称 实训楼
墙身大样一 墙身大样二
工号
阶段 施工图
专业 建筑
图号 JS-13
日期
经理
专业负责人
审核
校对
设计

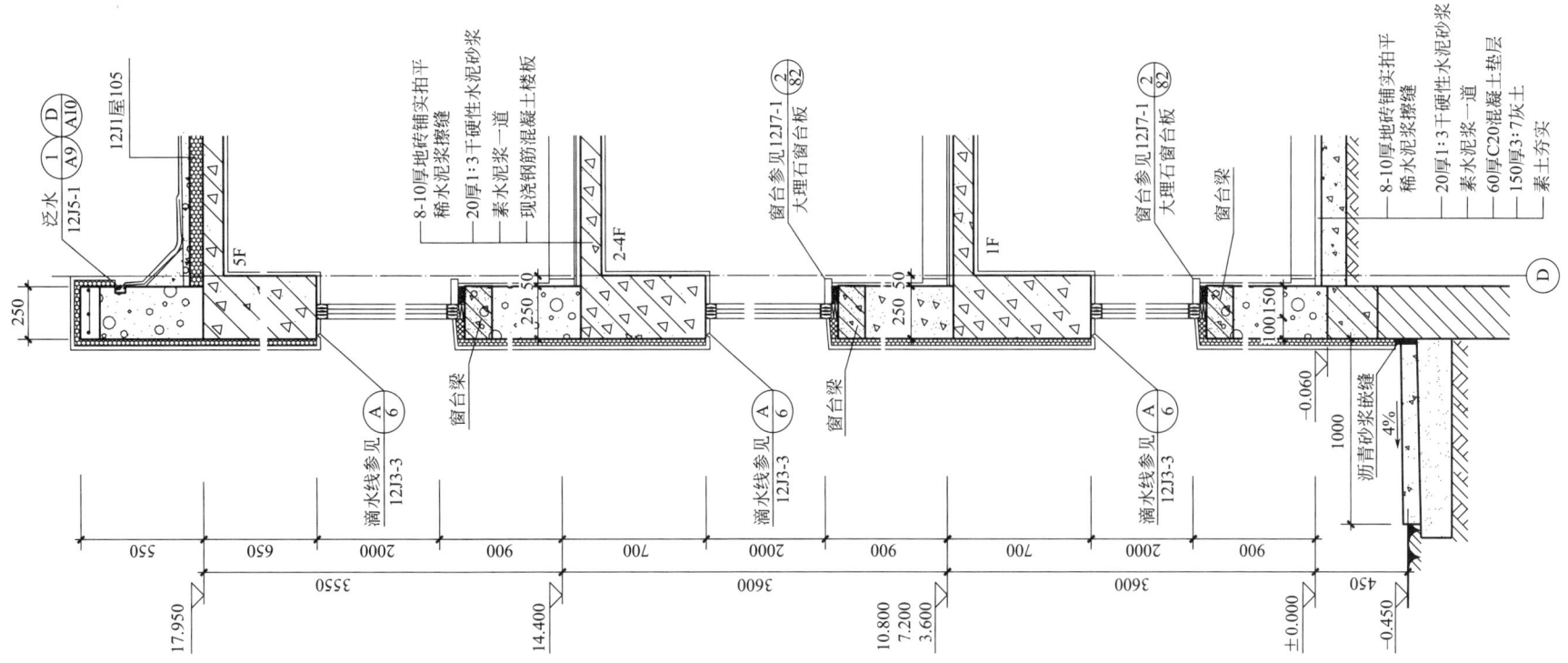

墙身大样四 1:20

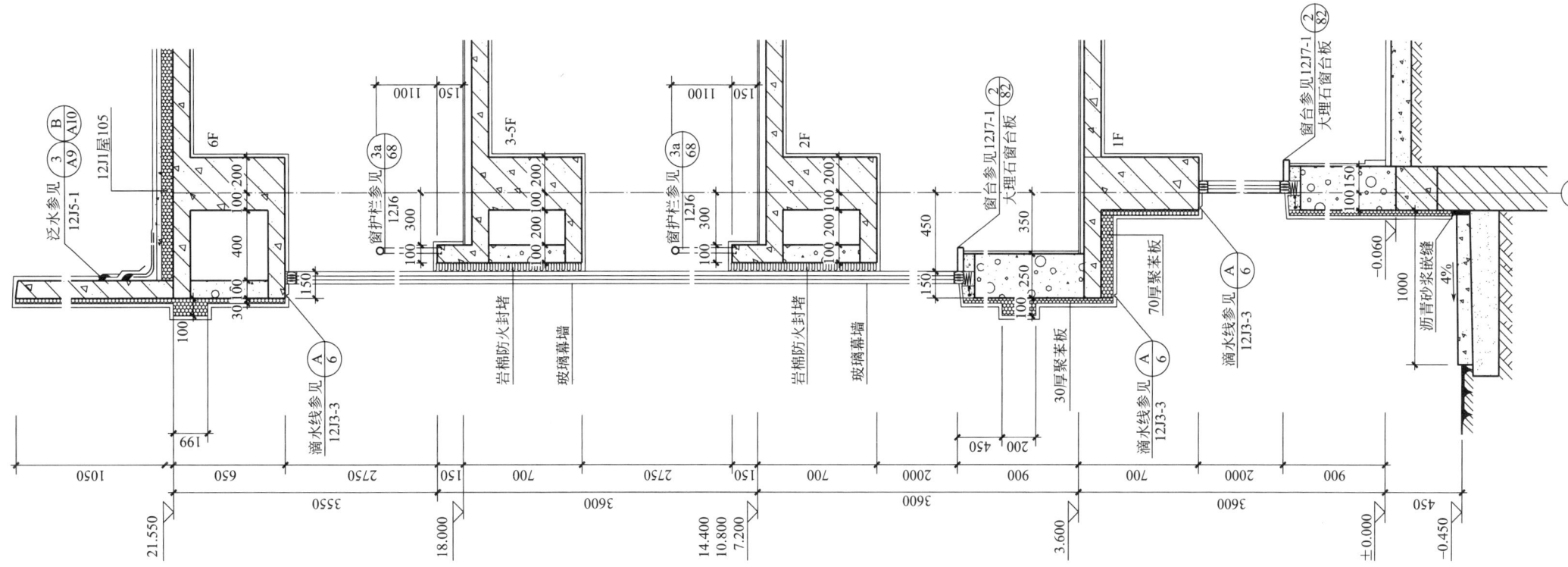

④
09

墙身大样三 1:20

③
08

泛水 ①
12J5-1 A9 A10
12J1屋105

8-10厚地砖铺实拍平
稀水泥浆擦缝
20厚1:3干硬性水泥砂浆
素水泥浆一道
现浇钢筋混凝土楼板

窗台参见12J7-1 ②
82
大理石窗台板

窗台梁

窗台参见12J7-1 ②
82
大理石窗台板

8-10厚地砖铺实拍平
稀水泥浆擦缝
20厚1:3干硬性水泥砂浆
素水泥浆一道
60厚C20混凝土垫层
150厚3:7灰土
素土夯实

滴水线参见 A
6
12J3-3

滴水线参见 A
6
12J3-3

滴水线参见 A
6
12J3-3

沥青砂浆嵌缝
4%

泛水参见 ③ B
A9 A10
12J1屋105

窗护栏参见 3a
12J6 68
岩棉防火封堵
玻璃幕墙

窗护栏参见 3a
12J6 68
岩棉防火封堵
玻璃幕墙

窗台参见12J7-1 ②
82
大理石窗台板

70厚聚苯板

30厚聚苯板

窗台参见12J7-1 ②
82
大理石窗台板

滴水线参见 A
6
12J3-3

滴水线参见 A
6
12J3-3

沥青砂浆嵌缝
4%

××建筑设计有限公司

建设单位
项目名称   ××学校
图纸名称   实训楼
            墙身大样三 墙身大样四

经理
专业负责人
审核
校对
设计

工号
阶段   施工图
专业   建筑
图号   JS-14
日期

35

2.××学校实训楼结构施工图

结 构 设 计 总 说 明（一）

本工程的全部尺寸（除注明者外）均以 mm 为单位，标高以 m 为单位

一、工程概况：

本工程为某学校实训楼，地上六层，局部五层，结构主体总高度（室外地坪至主要屋面板顶或檐口高度）22.00m。室内外高差 0.450m。结构类型为框架结构，建筑抗震设防类别为丙类，安全等级为二级，框架抗震等级为三级，基础设计等级为丙级，基础形式为柱下独立基础，局部采用柱下条基，工程设计使用年限 50 年。

二、设计依据及规范：

1. 《建筑结构可靠性设计统一标准》 GB 50068—2018
2. 《建筑结构荷载规范》 GB 50009—2012
3. 《混凝土结构设计标准（2024 年版）》 GB/T 50010—2010
4. 《建筑抗震设计标准（2024 年版）》 GB/T 50011—2010
5. 《建筑工程抗震设防分类标准》 GB 50223—2008
6. 《建筑地基基础设计规范》 GB 50007—2011
7. 《建筑地基处理技术规范》 JGJ 79—2012
8. 《湿陷性黄土地区建筑标准》 GB 50025—2018
9. 《混凝土结构工程施工质量验收规范》 GB 50204—2015
10. 《地下工程防水技术规范》 GB 50108—2008
11. 《全国民用建筑工程设计技术措施—结构》
12. 《某学校实训楼及大门岩土工程勘察报告》
13. 选用图集
   1) 《建筑物抗震构造详图（多层和高层钢筋混凝土房屋）》20G329—1
   2) 《混凝土结构施工图平面整体表示方法制图规则和构造详图》22G101—1（现浇混凝土框架、剪力墙、梁、板）
   3) 《混凝土结构施工图平面整体表示方法制图规则和构造详图》（现浇混凝土板式楼梯）22G101—2
   4) 《混凝土结构施工图平面整体表示方法制图规则和构造详图》（独立基础、条形基础、筏形基础、桩基础）22G101—3
   5) 《12 系列结构标准设计图集》DBJ T02—80—2013
   6) 《钢筋混凝土过梁》选自 12J3—3

三、自然条件：

1. 基本风压 0.35kN/m²，地面粗糙度为 C 类。
2. 基本雪压 0.30kN/m²，标准冻深 0.60m。
3. 地震基本烈度 7 度，设计基本地震加速度为 0.10g，设计地震分组第一组，场地为Ⅲ类建筑场地，中软场地，场地设计特征周期 0.45s。
4. 稳定地下水位深度>20m。
5. 设计中主要部分采用的楼面装修荷载标准值、活荷载标准值及其准永久值系数见下表：

序号	房间用途类别	装修荷载标准值 kN/m²	活荷载标准值 kN/m²	准永久值系数
1	办公室	0.70	2.0	0.4
2	教室	0.70	2.5	0.5
3	实训室、走廊	0.70	3.5	0.5
4	卫生间	0.70	4.0	0.5
5	楼梯	0.70	3.5	0.3
6	水箱间	0.70	2.0	0.5
7	电梯机房	0.90	7.0	0.8
8	不上人屋面		0.5	0
9	栏杆等水平推力		1.0kN/m	
10	雨篷挑檐		1.0kN（每米范围施工检修活荷载）	

其他荷载按规范及实际情况取用。

四、材料：

1. 混凝土：
   1) 基础垫层混凝土为 C20 素混凝土；
   2) 基础及梁板柱楼梯为 C30 混凝土；
   3) 其余圈梁，构造柱等混凝土采用 C25 混凝土。

2. 钢筋：钢筋采用 HPB300（Φ），HRB400（Φ）、钢筋强度标准值应具有不小于 95% 的保证率。受力预埋件钢筋、预制构件吊环应采用 HPB300 级钢筋（吊环直径大于14mm 时，采用 Q235B 圆钢），严禁采用冷加工钢筋。吊环埋入混凝土的深度不应小于 30d，并应焊接或绑扎在钢筋骨架上。
3. 砌体：±0.00 以上填充墙用 A3.5 加气混凝土砌块，M5 混合砂浆，加气混凝土砌块的密度不大于 6.5kN/m³；±0.000 以下采用 MU10 烧结普通页岩砖，M7.5 水泥砂浆。
4. 需预埋的钢板采用 Q235B 级钢，直锚筋与锚板应采用 T 型焊。
5. 混凝土结构耐久性的要求及钢筋的混凝土保护层厚度详见附表一。

五、地基与基础：

1. 本工程基础形式：柱下独立基础，局部柱下条基，柱下独立基础及条基制图规则及构造详图见国标《22G101—3》。
2. 依据地质勘察资料，本工程地基持力层为第②层黄土状粉质黏土层，地基承载力特征值 f_{ak}=130kPa，地基无湿陷性，天然地基不能满足设计要求，需进行地基处理，处理后地基承载力特征值 f_{spk}=200kPa。压缩模量 E_s≥11.5MPa，建议采用夯实水泥土桩进行地基处理，桩端持力层进入④层黄土状粉质黏土层或⑤层粉砂层，且不小于 1 倍桩径，并在桩顶铺设 200mm 厚碎石褥垫层，处理后满足沉降要求，复合地基承载力特征值应通过现场复合地基载荷试验确定或采用增强体的载荷试验结果及其周边土的承载性能估值结合经验确定。
3. 基坑开挖时，挖土应分层进行，以防挖土过快，造成卸载过速而引起土体失稳塌陷等后果，基坑开挖时需设置基坑保护措施（施工组织确定），以确保工程质量及人员安全。机械开挖时，应挖至基础底标高上 200～400mm，余下部分人工挖土。
4. 施工及使用期间应严防地基积水。
5. 隔墙基础形式见图 1，定位详见建筑图。
6. 基础施工前应进行验槽，如有与地质资料不符时应与勘察单位及设计单位协商处理，验槽合格后应立刻浇垫层，不得长期晾槽。
7. 基础施工完毕应立即回填基坑，不允许长期暴晒，基坑回填前必须排除积水，清除浮土和杂物，然后在基础四周均匀回填，遵循原则为：四周均匀分层夯实回填，要求回填土压实系数为 0.94。
8. 本栋楼±0.000 相当绝对标高详见建施，相当于地质报告中的 50.45m。

六、结构措施及构造：

1. 制图原则：
   1) 结构配筋采用平法绘图、墙、梁、柱、板制图规则及构造详图见国标《22G101—1》，现浇混凝土板式楼梯制图规则及构造详图见国标《22G101—2》，国标与本图不符时以本图为准。
   2) 梁箍筋肢数未注明者均为双肢箍。
   3) 集中荷载处的附加箍筋和附加吊筋：
      a. 主次梁相交处以及梁上有梁上柱时，主梁在次梁（或梁上柱）两侧各附加 3 根箍筋，附加箍筋同主梁箍筋，如图 2 所示。
      b. 如附加箍筋不够时增设附加吊筋时均采用原位标注，标注值下加实线，如图 3 所示。
   4) 未注明梁顶标高均与同梁顶标高板顶标高，个别不同梁的梁顶标高采用原位标注。
   5) 构件中心线与轴线关系详见平面，未注明者轴线居中。

2. 关于钢筋的连接、锚固、构造：
   1) 非框架结构钢筋的锚固长度 L_a、搭接长度 L_1，见《22G101—1》。
   2) 框架结构钢筋的抗震锚固长度 L_{aE}、抗震搭接长度 L_{lE}，见《22G101—1》。
   3) 其余构造详图见国标《22G101—1》。
   4) 受力钢筋的接头位置应相互错开，钢筋接头位置：
      a. 上部结构板下部钢筋在支座处，上部钢筋在跨中 1/3 范围内。
      b. 地下室外墙外侧的竖向或水平钢筋在跨中或层高中部 1/3 部位处，地下室外墙内侧的竖向或水平钢筋在支座处接头。
      c. 基础梁顶部钢筋和 KL，L 梁底部钢筋在支座 1/3 范围内，基础梁底部钢筋和 KL，L 顶部钢筋在跨中部位 1/3 范围内。
      d. 筏板钢筋接头位置与上部楼板钢筋接头位置相反。

5) 钢筋直径 d<20mm 时可采用搭接接头，d≥20mm 时采用机械连接。当质量有保证时，也可采用焊接接头。搭接接头百分率：梁、板、墙≤25%，柱≤50%。机械连接或焊接接头百分率均不得大于 50%。框架梁、柱机械连接接头等级不小于Ⅱ级，其余部位不小于Ⅲ级。

3. 关于留洞：
   1) 板中预留洞小于 300mm 时，板内钢筋需绕过洞口，不得切断钢筋。
   2) 板上有洞 [300<（b 或 D）≤1000mm 且洞边无集中荷载] 时，平面图中若无表示，洞边加筋详见图 4，图 5。
   3) 当次梁上需开小洞时，洞边加筋详见图 6。
   4) 混凝土墙上开洞应对照各专业图纸预留，不得后凿。未注明混凝土墙洞口加筋详见图 7。

4. 现浇梁板：
   1) 板结构平面图中板支座负筋长度为从支座边算起的长度。
   2) 板分布筋：均为 Φ8@250。
   3) 双向板两个方向的底部钢筋，短跨的板底钢筋在下（图中有标记者以标记为准）。
   4) 建筑图中板上有墙、结构图中墙下无梁时，墙下板跨度小于 3000mm 时，板内附加 3Φ14 钢筋，3000～4200mm 时附加 3Φ16 钢筋，锚入两边梁内 15d，详见图 8。
   5) 楼板防裂加强措施：各楼层结构平面图中当板跨为 3300mm 时，板阳角处上部负筋加大一级，负筋加长至 L/3 处，详见图 9。
   6) 梁标注构造详见图集《22G101—1》，悬臂梁构造做法见图 10。
   7) 当梁腹板高度为 450mm 时，梁侧面设置纵向构造钢筋，详见《22G101—1》第 97 页，图中未注明的钢筋型号均为 Φ12，钢筋间距≤200mm（从现浇板底算起）。
   8) 当次梁的一端与柱连接时，该端的钢筋锚固及箍筋加密按框架梁构造施工。在框架梁柱节点处，当两侧梁的主筋相同时应尽量拉通。
   9) 井字梁相交处附加箍筋详见图 11。井字梁支座负筋断点按次梁构造。
   10) 当主梁的底面与次梁底面持平时，次梁底部钢筋应在主梁底筋之上放置，梁中较大直径钢筋靠截面外侧放置。当梁底面与板底面持平时，板下部钢筋应在梁底筋之上放置。

5. 框架结构填充墙的构造要求：
   1) 加气混凝土墙砌筑要求见《砌体填充结构构造》22G614—1。
   2) 加气墙长度大于两倍层高时，每隔 6m 设一构造柱，截面配筋详见图 12。宜先砌墙后浇构造柱。构造柱的位置详见结构平面图，构造柱主筋锚入梁或板内 40d。
   3) 构造柱，框架柱与后砌加气混凝土隔墙应沿高度设 2Φ6@500 拉结筋。拉结筋伸入墙中 1000mm，钢筋锚入框架柱，构造柱内不小于 200mm。构造柱做法详见《22G614—1》，配筋及截面详见各层平面图。
   4) 构造柱未完全落在梁上时生根示意，详见图 13。
   5) 施工时采用后植筋时，应满足《混凝土结构后锚固技术规程》JGJ 145-2013 的规定，并应按《砌体结构工程施工质量验收规范》GB 50203-2011 的要求进行实体检测。
   6) 加气混凝土墙长度大于 5000mm 时墙顶采用固定措施，如图 14 所示。
   7) 加气混凝土墙高度大于 4000mm 时在门窗洞口顶标高处设圈梁，如图 15 所示。
   8) 电梯井道四周围护墙沿墙高每隔 2m 设一道圈梁，圈梁截面详见图 15 所示。圈梁高 300mm，圈梁定位须经电梯厂家核实后方可施工。

××建筑设计有限公司				
经 理		建设单位	××学校	工 号
专业负责人		项目名称	实训楼	阶 段 施工图
审 核				专 业 结 构
校 对		图纸名称	结构设计总说明(一)	图 号 GS-01
设 计				日 期

6. 屋顶现浇混凝土挑板及女儿墙每间隔 12m 设一道伸缩缝，伸缩缝宽度为 20mm，用沥青麻丝填实，伸缩缝处水平钢筋必须断开。砌体女儿墙须设置 GZc，间距不大于 4m。

七、施工要求：

1. 施工时必须满足有关施工规范或规程的规定，工程质量不得低于设计要求，所采用材料必须为按有关规定检测或试验合格的产品。

2. 基坑开挖时应注意边坡稳定，施工期间基坑及边坡严禁浸水，基坑附近严禁堆载。

3. 施工中密切配合建筑、水、暖、电各专业图纸。
   1) 设备洞施工中密切配合建筑、水、暖、电等专业图纸并符合本图有关要求；
   2) 挡土墙、楼板上洞必须预留，管道穿墙穿板先预埋套管，不得后凿；
   3) 板中预埋电管交叉处不得超过两根，不得沿梁长通长预埋管线，不得多管成束穿梁。

4. 施工中梁、板应按施工验收规范中的要求预先起拱。

5. 悬挑构件支撑必须在混凝土强度达到 100%后方可拆除。

6. 防水混凝土施工时不宜留竖向施工缝，施工缝及后浇带处使用的加强网遇水膨胀，止水条必须是缓胀型，其质量应满足相应的规程规定，其检测应符合《膨润土橡胶遇水膨胀止水条》JG/T 141—2001 中的规范。

7. 基础底板上下层钢筋之间的马凳筋施工组织确定。

8. 玻璃幕墙、钢雨篷、建筑装饰用钢架、电梯及擦窗机等钢结构预埋件，均应由厂家配合土建施工，在混凝土浇筑之前预埋，受力预埋件均应经设计认可后方可施工。

9. 室外钢梯由钢结构专业厂家设计施工。

八、建设单位及物业管理应做到：

1. 控制用户使用时装修荷载不得超过设计选用材料的实际荷载。

2. 对承重构件，不允许用户有损伤性做法。

3. 未经技术鉴定或设计许可，不得改变结构的用途和环境。

九、未尽事宜遵照有关规范和标准执行。

十、本套施工图必须经图纸审查机构审查通过后方可用于施工。

附表一

环境类别	混凝土强度 C30		混凝土耐久性基本要求		
	板墙壳	梁柱	最大水灰比	最大氯离子含量(%)	最大碱含量(kg/m³)
一类(室内正常环境)	15	20	0.60	0.3	不限制
二a类(室内潮湿环境)如:厨房,厕所,浴室	20	25	0.55	0.2	3.0
二b类(露天环境与无侵蚀性的水或土壤直接接触的环境)雨水,挑檐,室外楼梯,梁柱等受力钢筋与室外大气土壤接触的一侧	25	35	0.50 (0.55)	0.15	3.0
基础	基础底板下皮筋的混凝土保护层厚度≥40mm;				
	基础底板上皮及侧面筋的混凝土保护层厚度≥25mm。				

注：1. 钢筋保护层除应符合本表中的规定外，还不应小于受力钢筋的直径。

2. 混凝土强度等级为 C25 时，表中保护层数值应增加 5mm。

3. 基础钢筋保护层从垫层顶面算起。

4. 当钢筋采用机械连接时，机械连接套筒的保护层厚度应满足受力钢筋最小保护层厚度的要求，且不小于 15mm。

5. 当梁、柱纵向受力钢筋的混凝土保护层厚度大于 40mm 时，应对保护层采取有效的防裂构造措施。处于二、三类环境中的悬臂板，其上表面应采取有效的保护措施。

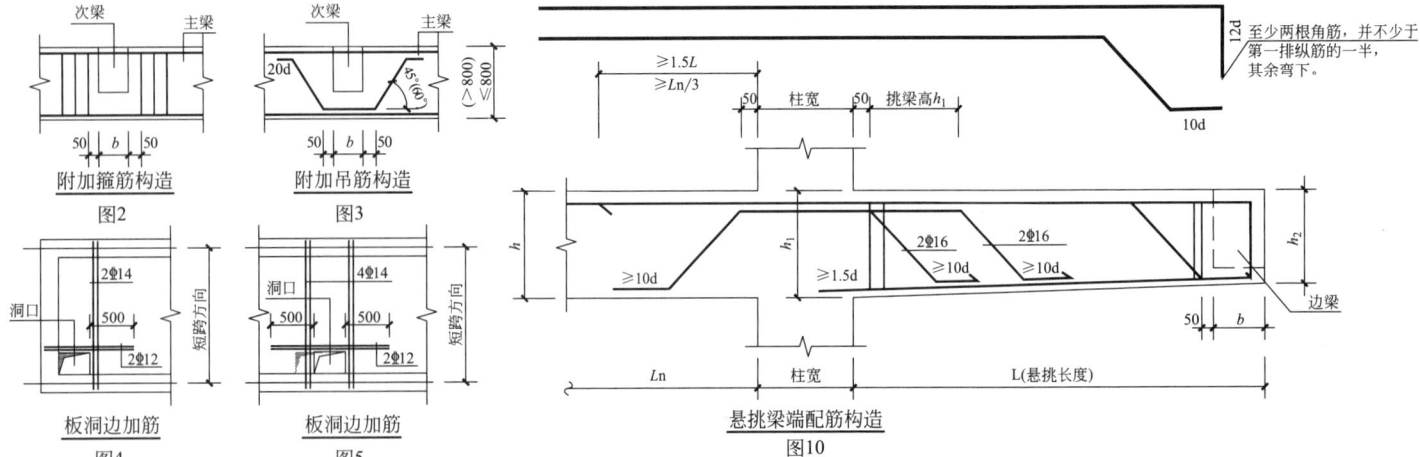

图2 附加箍筋构造

图3 附加吊筋构造

图4 板洞边加筋

图5 板洞边加筋

图6 次梁开小洞加固 洞口直径≤50mm及梁高1/3

图7 混凝土墙开小洞加固

图8

图9 L为L₁和L₂中较小值

图10 悬挑梁端配筋构造

注：1. 未示出部分同国标《22G101-1》中的要求。
2. 端部无边梁时，上皮筋端部弯直钩。
3. 挑梁净长<1500mm设置一排弯筋，挑梁净长≥1500mm设置二排弯筋。
4. Ln为该跨净跨长。

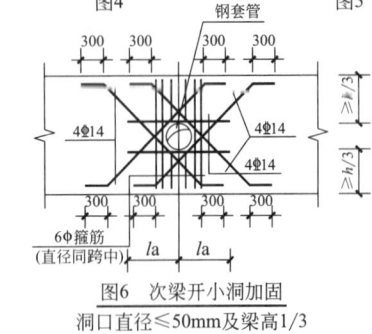

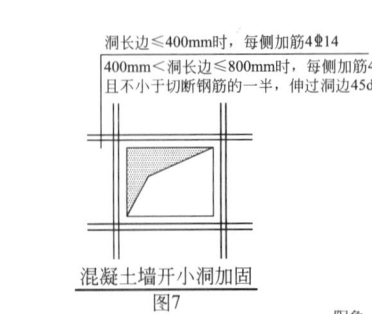

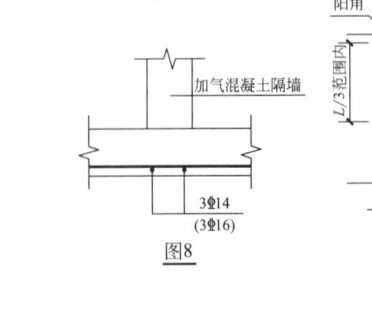

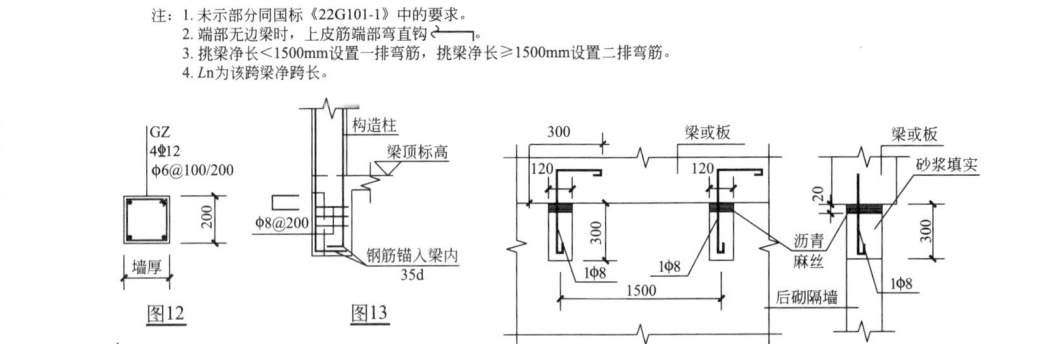

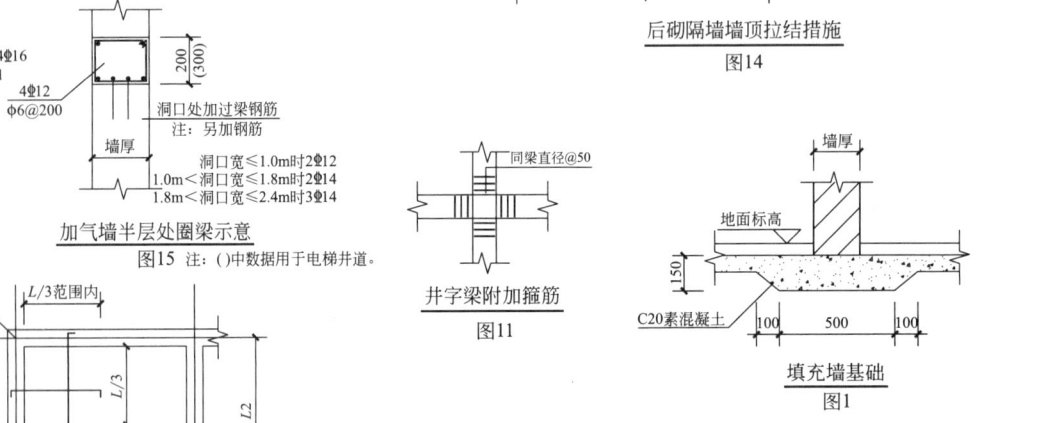

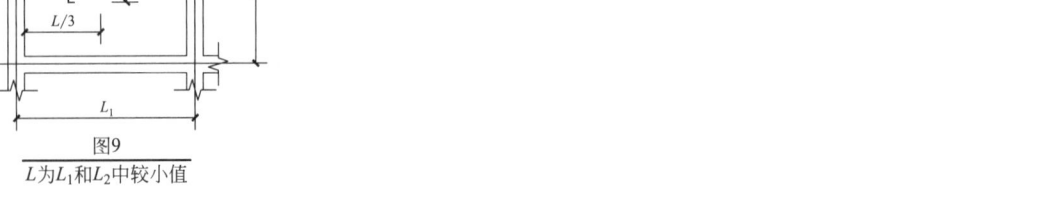

图11 井字梁附加箍筋

图12

图13

图14 后砌隔墙墙顶拉结措施

图15 加气墙半层处圈梁示意 注：( )中数据用于电梯井道。

图1 填充墙基础

经 理		建设单位	××学校	工 号	
专业负责人		项目名称	实训楼	阶 段	施工图
审 核				专 业	结 构
校 对		图纸名称	结构设计总说明(二)	图 号	GS-02
设 计				日 期	

××建筑设计有限公司

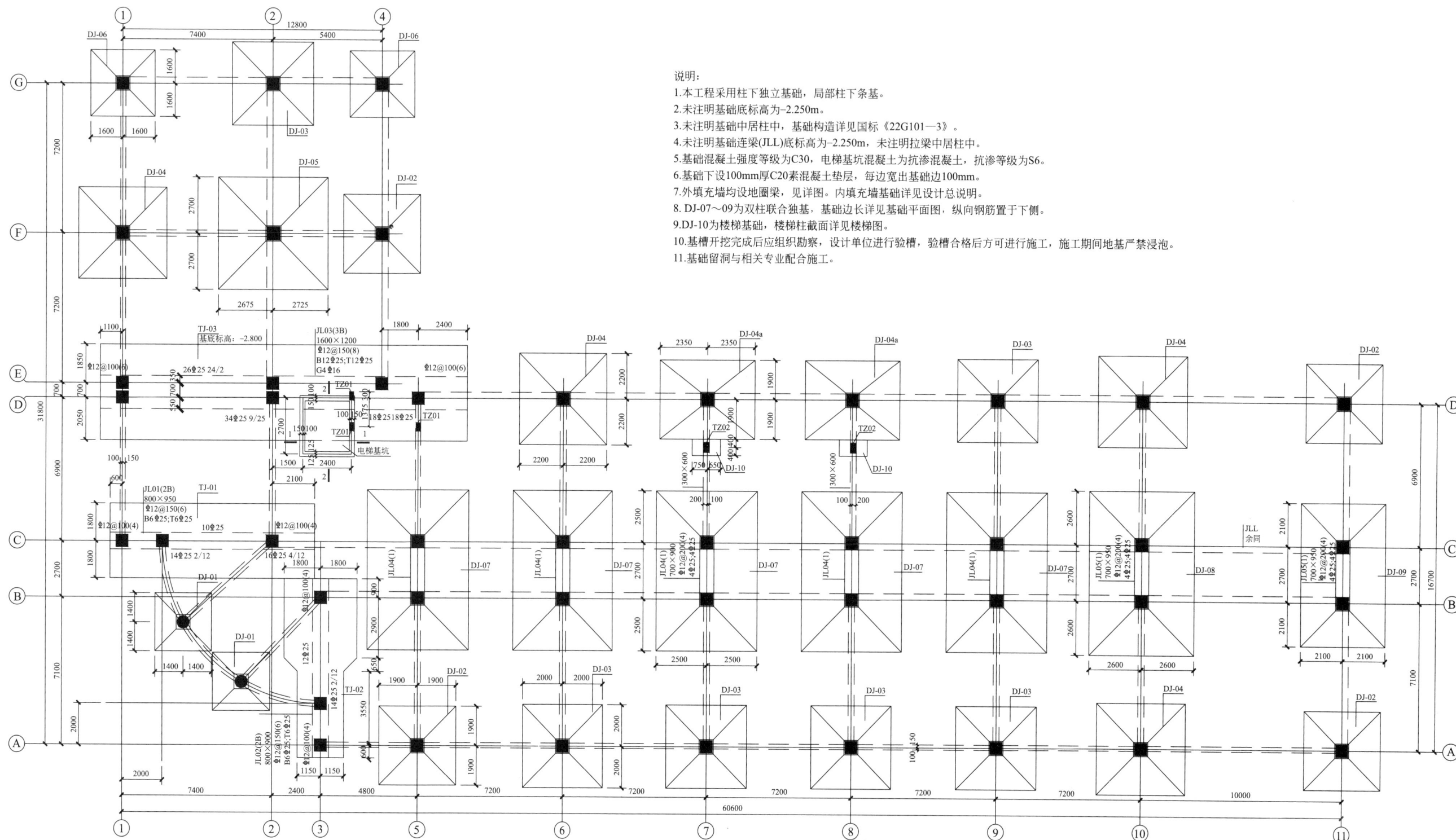

基础平面图 1:100

说明：
1. 本工程采用柱下独立基础，局部柱下条基。
2. 未注明基础底标高为-2.250m。
3. 未注明基础中居柱中，基础构造详见国标《22G101—3》。
4. 未注明基础连梁(JLL)底标高为-2.250m，未注明拉梁中居柱中。
5. 基础混凝土强度等级为C30，电梯基坑混凝土为抗渗混凝土，抗渗等级为S6。
6. 基础下设100mm厚C20素混凝土垫层，每边宽出基础边100mm。
7. 外填充墙均设地圈梁，见详图。内填充墙基础详见设计总说明。
8. DJ-07～09为双柱联合独基，基础边长详见基础平面图，纵向钢筋置于下侧。
9. DJ-10为楼梯基础，楼梯柱截面详见楼梯图。
10. 基槽开挖完成后应组织勘察，设计单位进行验槽，验槽合格后方可进行施工，施工期间地基严禁浸泡。
11. 基础留洞与相关专业配合施工。

××建筑设计有限公司					
经 理		建设单位	××学校	工 号	
专业负责人		项目名称	实训楼	阶 段	施工图
审 核				专 业	结 构
校 对		图纸名称	基础平面图	图 号	GS-03
设 计				日 期	

柱下独立基础列表

序号	基础编号	B(mm)	L(mm)	b(mm)	h(mm)	H₁(mm)	H₂(mm)	Asy	Asx	备注
1	DJ-01	2800	2800	600	600	250	200	Φ12@160	Φ12@160	
2	DJ-02	3800	3800	600	600	250	200	Φ14@120	Φ14@120	
3	DJ-03	4000	4000	600	600	250	450	Φ14@110	Φ14@110	
4	DJ-04	4400	4400	600	600	250	550	Φ14@100	Φ14@100	
5	DJ-04a	4700	3800	600	600	250	600	Φ14@160	Φ14@100	Asx钢筋在下侧
6	DJ-05	5400	5400	650	650	250	700	Φ16@100	Φ16@100	
7	DJ-06	3200	3200	600	600	250	300	Φ12@100	Φ12@100	
8	DJ-07	5000		600	600	250	650	Φ16@90	Φ16@110	
9	DJ-08	5200		600	600	250	700	Φ16@90	Φ16@110	
10	DJ-09	4200		600	600	250	500	Φ16@110	Φ14@110	
11	DJ-10	1400	800			300	0	Φ12@200	Φ12@200	梯柱基础 Asx钢筋在下侧

条基列表

序号	基础编号	B(mm)	H₃(mm)	H₄(mm)	As1	备注
1	TJ-01	3600	250	350	Φ16@120	
2	TJ-02	3600	250	350	Φ16@120	
		2300	250	350	Φ12@120	
3	TJ-03	4600	250	350	Φ16@110	

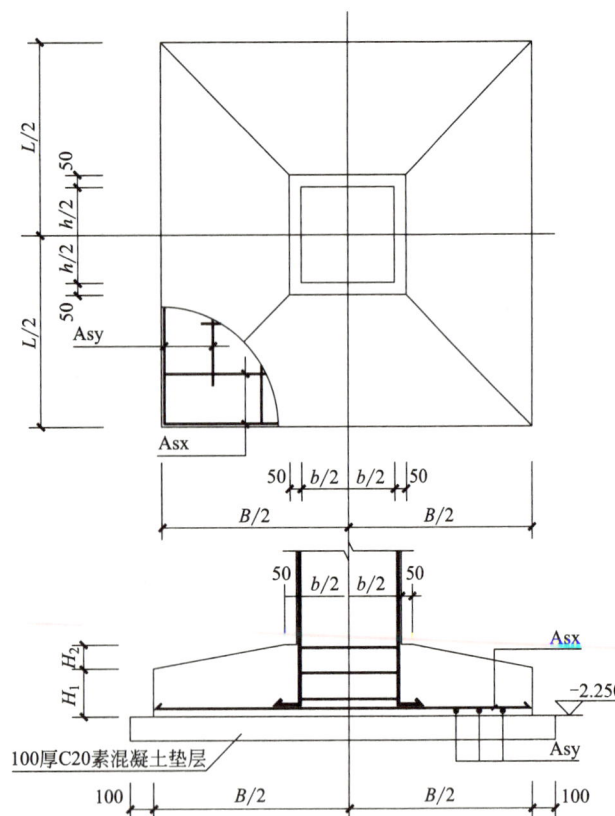

注：柱钢筋构造详见《22G101-3》。 独基详图 1:20

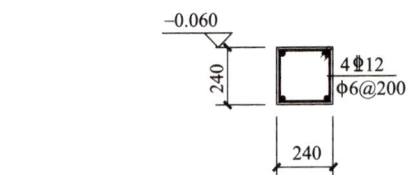

地圈梁 1:20

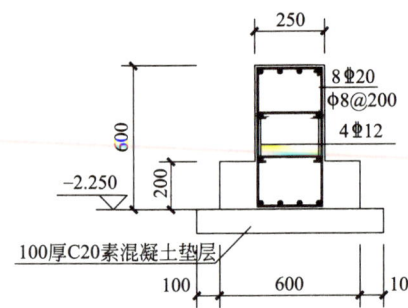

JLL 1:20

注：JLL与KZ柱边齐时，梁宽改为300mm。

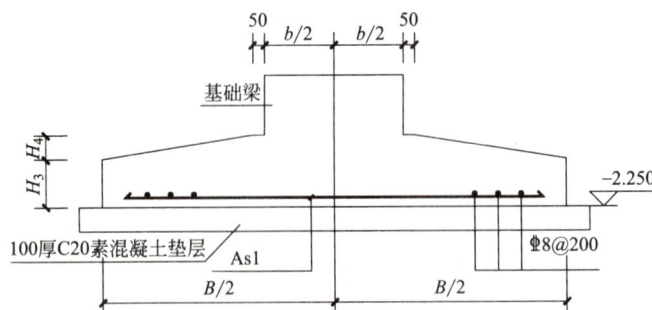

条基详图 1:20

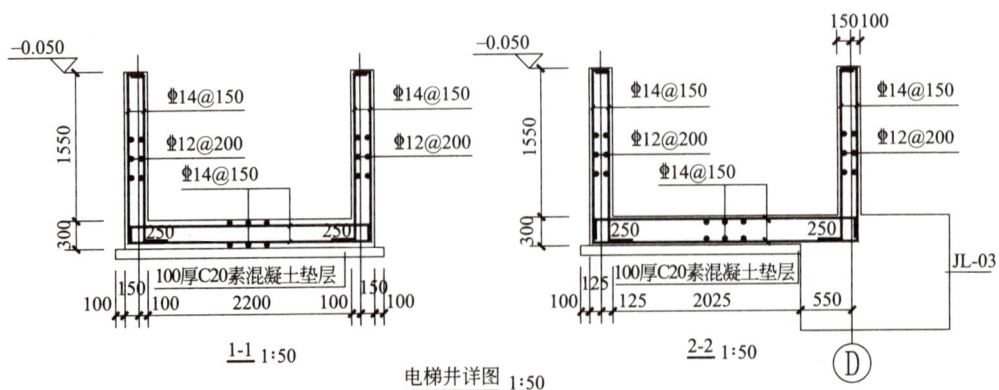

1-1 1:50

2-2 1:50

电梯井详图 1:50

×× 建筑设计有限公司				
经 理		建设单位	××学校	工 号
专业负责人		项目名称	实训楼	阶 段 施工图
审 核				专 业 结 构
校 对		图纸名称	基础详图	图 号 GS-04
设 计				日 期

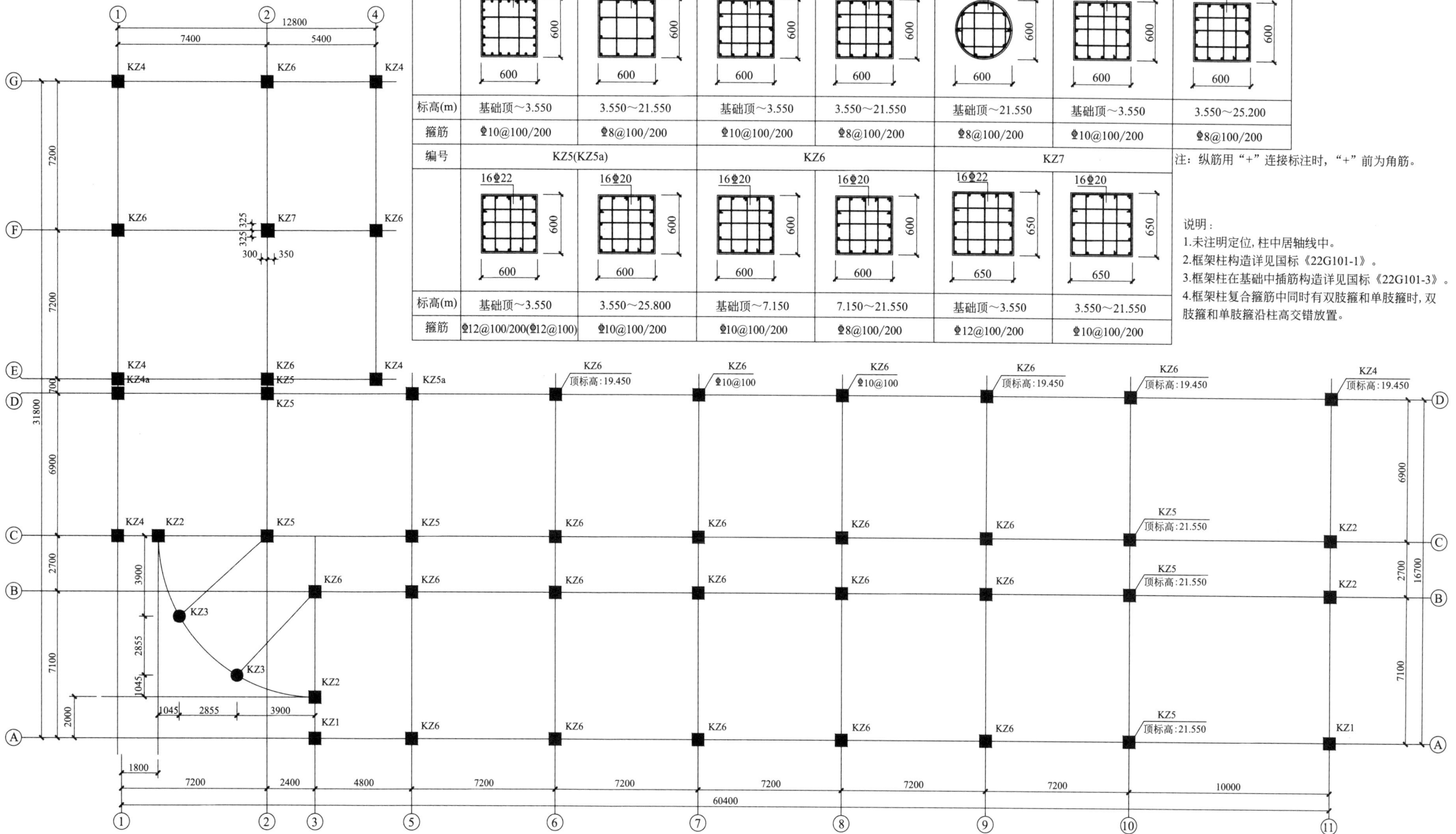

框架柱配筋表

编号	KZ1		KZ2		KZ3	KZ4(KZ4a)	
	24Φ25	12Φ25	16Φ25	16Φ20	10Φ20	16Φ25	16Φ22(4Φ25+12Φ22)
	600×600	600×600	600×600	600×600	600	600×600	600×600
标高(m)	基础顶～3.550	3.550～21.550	基础顶～3.550	3.550～21.550	基础顶～21.550	基础顶～3.550	3.550～25.200
箍筋	Φ10@100/200	Φ8@100/200	Φ10@100/200	Φ8@100/200	Φ8@100/200	Φ10@100/200	Φ8@100/200

编号	KZ5(KZ5a)		KZ6		KZ7	
	16Φ22	16Φ20	16Φ20	16Φ20	16Φ22	16Φ20
	600×600	600×600	600×600	600×600	650×650	650×650
标高(m)	基础顶～3.550	3.550～25.800	基础顶～7.150	7.150～21.550	基础顶～3.550	3.550～21.550
箍筋	Φ12@100/200(Φ12@100)	Φ10@100/200	Φ10@100/200	Φ8@100/200	Φ12@100/200	Φ10@100/200

注：纵筋用"+"连接标注时，"+"前为角筋。

说明：
1.未注明定位，柱中居轴线中。
2.框架柱构造详见国标《22G101-1》。
3.框架柱在基础中插筋构造详见国标《22G101-3》。
4.框架柱复合箍筋中同时有双肢箍和单肢箍时，双肢箍和单肢箍沿柱高交错放置。

框架柱配筋平面图 1:100

××建筑设计有限公司					
经 理		建设单位	××学校	工 号	
专业负责人		项目名称	实训楼	阶 段	施工图
审 核				专 业	结 构
校 对		图纸名称	框架柱配筋平面图	图 号	GS-05
设 计				日 期	

××建筑设计有限公司

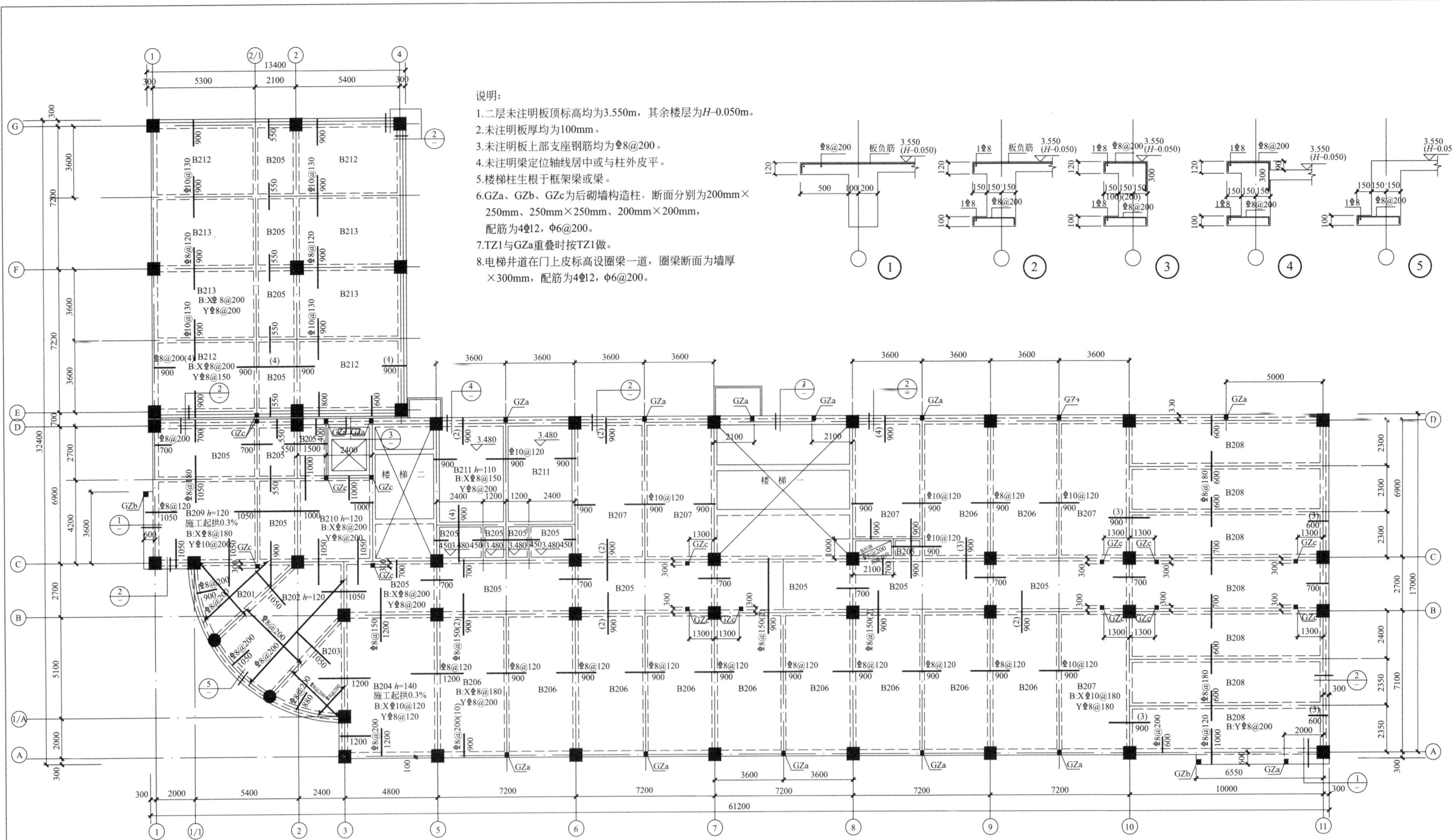

说明：
1. 二层未注明板顶标高均为3.550m，其余楼层为H-0.050m。
2. 未注明板厚均为100mm。
3. 未注明板上部支座钢筋均为Φ8@200。
4. 未注明梁定位轴线居中或与柱外皮平。
5. 楼梯柱生根于框架梁或梁。
6. GZa、GZb、GZc为后砌墙构造柱，断面分别为200mm×250mm、250mm×250mm、200mm×200mm，配筋为4Φ12，ϕ6@200。
7. TZ1与GZa重叠时按TZ1做。
8. 电梯井道在门上皮标高设圈梁一道，圈梁断面为墙厚×300mm，配筋为4Φ12，ϕ6@200。

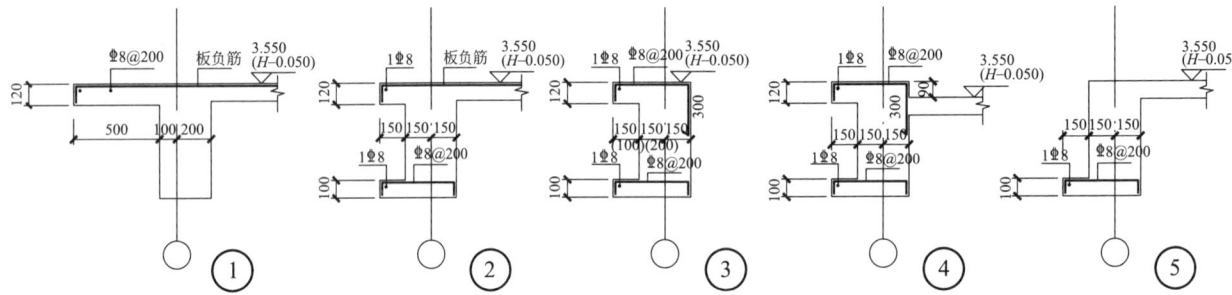

13400

5300 2100 5400 300

二～六层板配筋平面图 _1:100_

61200

		建设单位	××学校		工 号	
经 理						
专业负责人		项目名称	实训楼		阶 段	施工图
审 核					专 业	结 构
校 对		图纸名称	二～六层板配筋平面图		图 号	GS-06
设 计					日 期	

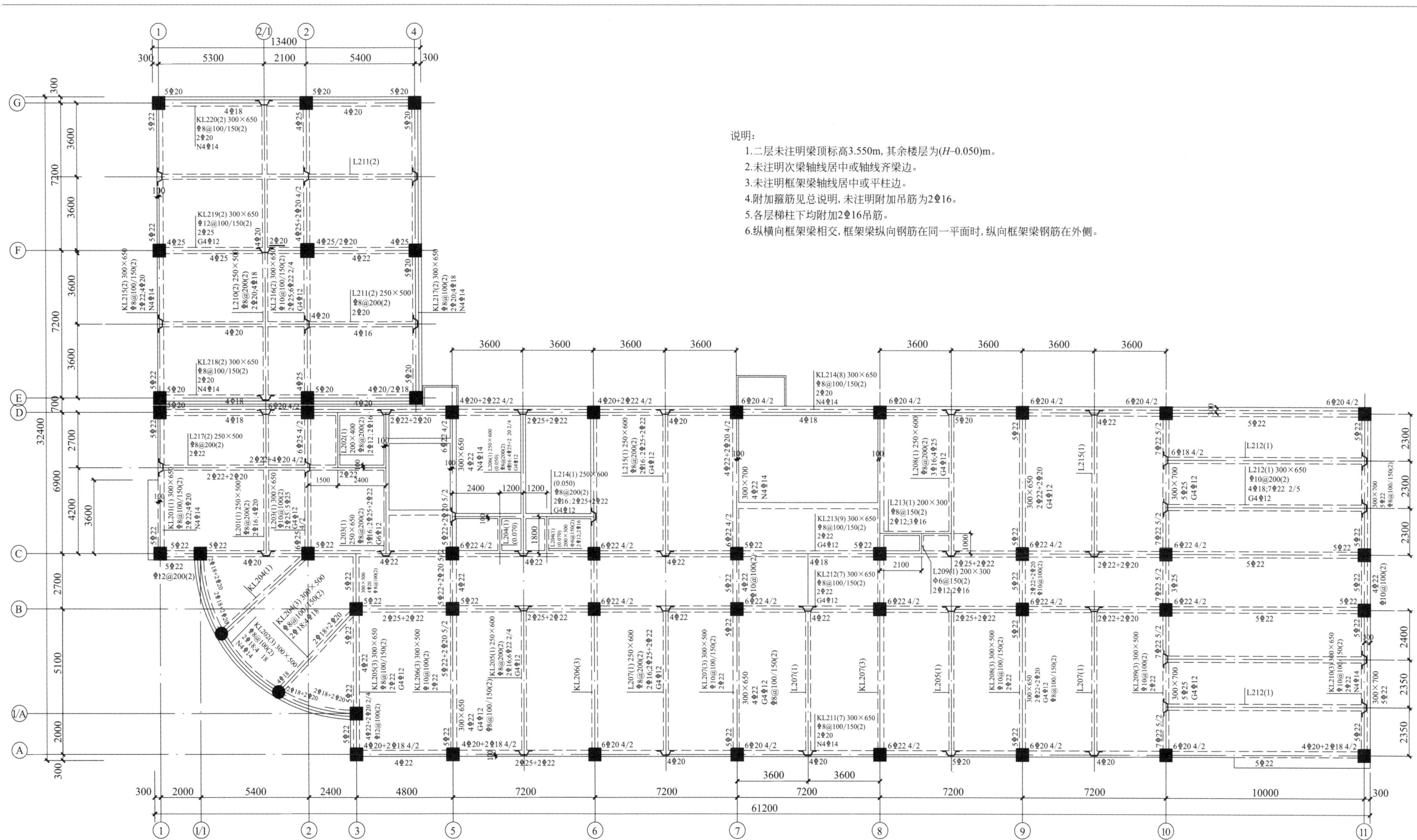

说明:
1. 二层未注明梁顶标高3.550m, 其余楼层为(H-0.050)m。
2. 未注明次梁轴线居中或轴线齐梁边。
3. 未注明框架梁轴线居中或平柱边。
4. 附加箍筋见总说明, 未注明附加吊筋为2Φ16。
5. 各层梯柱下均附加2Φ16吊筋。
6. 纵横向框架梁相交, 框架梁纵向钢筋在同一平面时, 纵向框架梁钢筋在外侧。

二～六层梁配筋平面图 1:100

经 理	建设单位	××学校	工 号
专业负责人	项目名称	实训楼	阶 段	施工图
审 核			专 业	结 构
校 对	图纸名称	二～六层梁配筋平面图	图 号	GS-07
设 计			日 期	

××建筑设计有限公司

LZ1
标高：21.600~25.200

LZ2
标高：21.600~23.100

GZd
标高：21.600~23.100

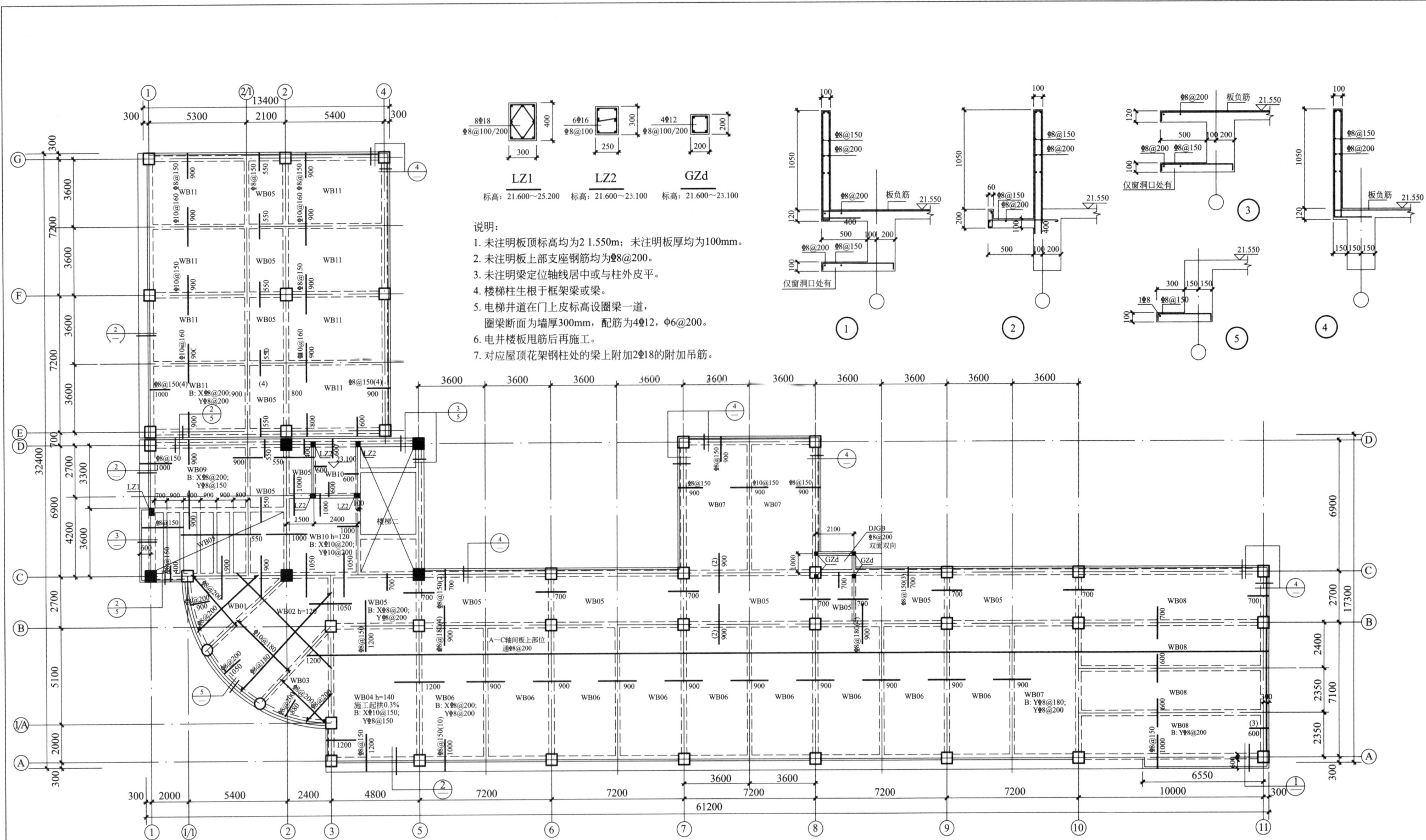

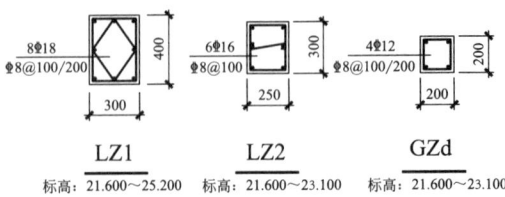

说明：
1. 未注明板顶标高均为21.550m；未注明板厚均为100mm。
2. 未注明板上部支座钢筋均为φ8@200。
3. 未注明梁定位轴线居中或与柱外皮平。
4. 楼梯柱生根于框架梁或梁。
5. 电梯井道在门上皮标高设圈梁一道，
   圈梁断面为墙厚×300mm，配筋为4φ12，φ6@200。
6. 电井楼板甩筋后再施工。
7. 对应屋顶花架钢柱处的梁上附加2φ18的附加吊筋。

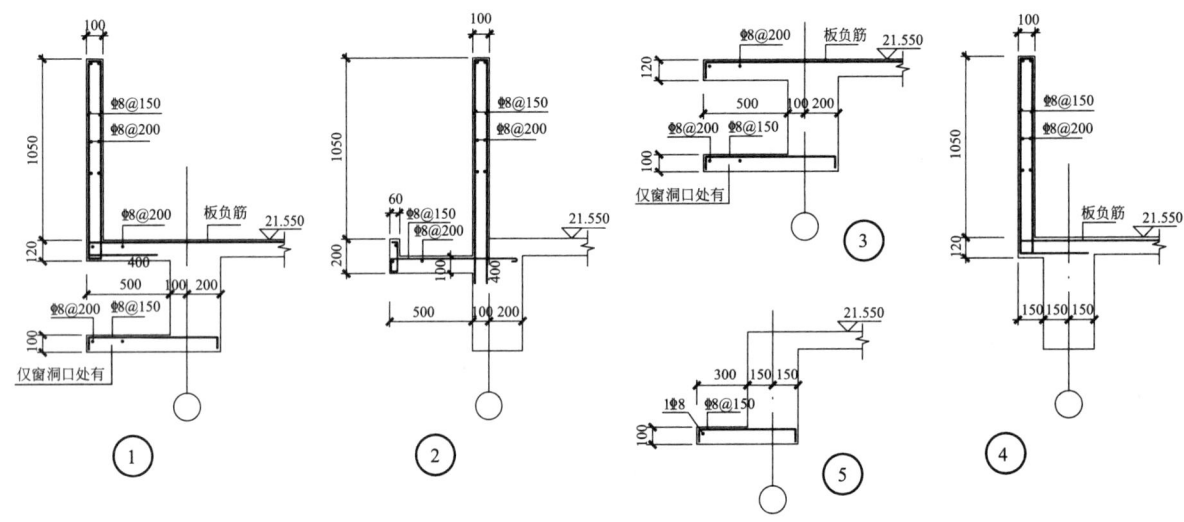

屋顶板配筋平面图 1:100

	××建筑设计有限公司		
经 理	建设单位	××学校	工 号
专业负责人	项目名称	实训楼	阶 段 施工图
审 核			专 业 结 构
校 对	图纸名称	屋顶板配筋平面图	图 号 GS-08
设 计			日 期

· 44 ·

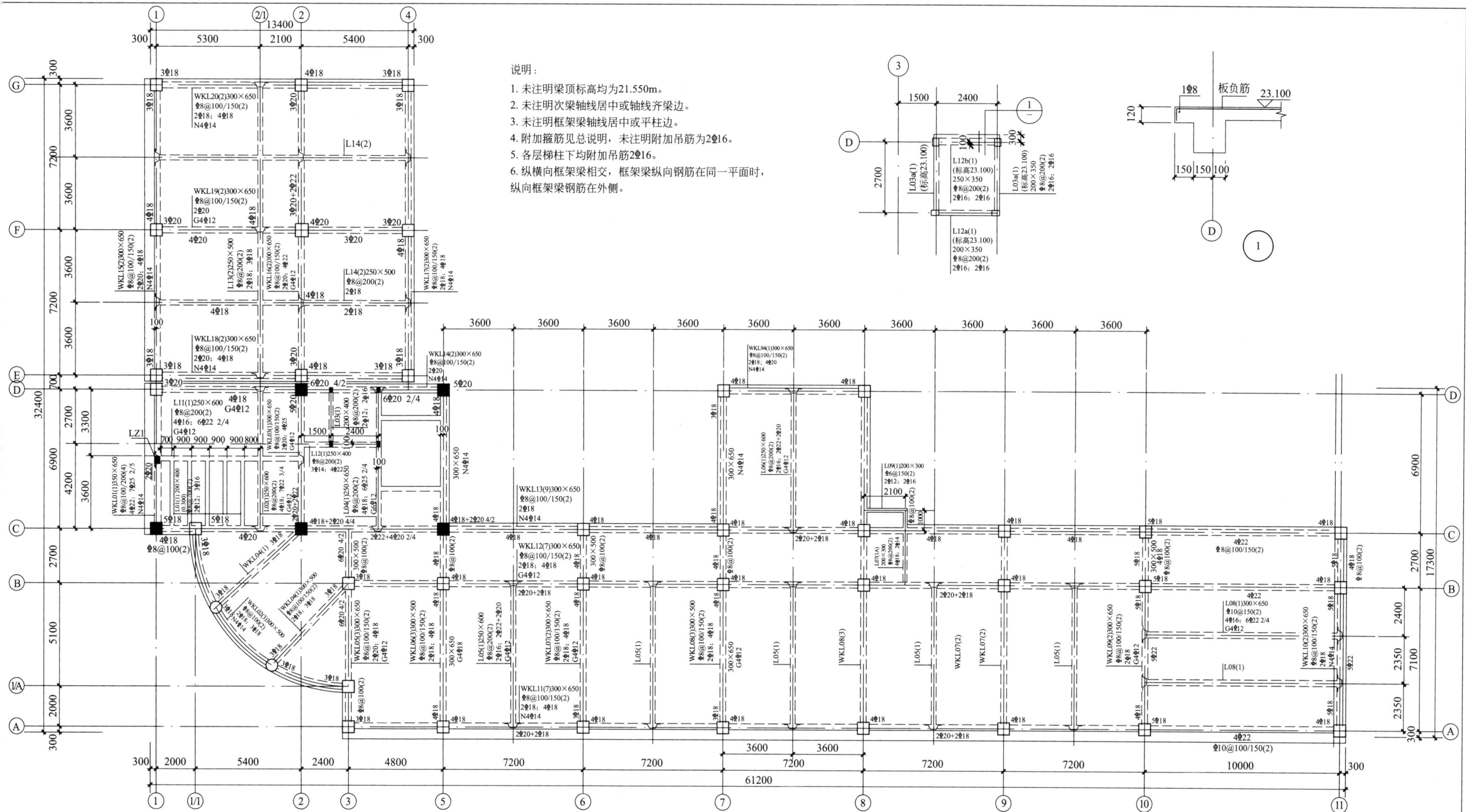

说明：
1. 未注明梁顶标高均为21.550m。
2. 未注明次梁轴线居中或轴线齐梁边。
3. 未注明框架梁轴线居中或平柱边。
4. 附加箍筋见总说明，未注明附加吊筋为2Φ16。
5. 各层梯柱下均附加吊筋2Φ16。
6. 纵横向框架梁相交，框架梁纵向钢筋在同一平面时，
纵向框架梁钢筋在外侧。

屋顶梁配筋平面图 1:100

（图中标注示例）

WKL20(2)300×650 Φ8@100/150(2) 2Φ18；4Φ18 N4Φ14

WKL19(2)300×650 Φ8@100/150(2) 2Φ20 G4Φ12

L13(2)250×500 Φ8@200(2) 2Φ18；3Φ18

WKL16(2)300×650 Φ8@100/150(2) 2Φ18；4Φ18 G4Φ12

L14(2)250×500 Φ8@200(2) 2Φ18

WKL15(2)300×650 Φ8@100/150(2) 2Φ20；4Φ18 N4Φ14

WKL17(2)300×650 Φ8@100/150(2) 2Φ18；4Φ18 N4Φ14

WKL18(2)300×650 Φ8@100/150(2) N4Φ14

WKL14(2)300×650 Φ8@100/150(2) 2Φ20；4Φ18 N4Φ14

WKL9a(1)300×650 Φ8@100/150(2) 2Φ18；4Φ20 N4Φ14

L11(1)250×600 Φ8@200(2) 4Φ16；6Φ22 2/4 G4Φ12

L12(1)250×400 Φ8@200(2) 3Φ14；4Φ25 2/5

WKL01(1)350×650 Φ8@100/200(4) 4Φ22；6Φ25 3/4 N4Φ14

WKL04(1)300×500 Φ8@100(2) 2Φ18；4Φ18 N4Φ14

WKL03(2)300×500 Φ8@100(2) 2Φ18；4Φ18 N4Φ14

WKL13(9)300×650 Φ8@100/150(2) 2Φ18；4Φ18 N4Φ14

WKL12(7)300×650 Φ8@100/150(2) G4Φ12

WKL11(7)300×650 Φ8@100/150(2) 2Φ18；4Φ18 N4Φ14

WKL05(7)300×650 Φ8@100/150(2) 2Φ18；4Φ18 G4Φ12

WKL06(7)300×650 Φ8@100/150(2) 2Φ18；4Φ18 G4Φ12

WKL07(2)300×650 Φ8@100/150(2) 2Φ18；4Φ18 G4Φ12

WKL08(2)300×650 Φ8@100/150(2) 4Φ18 G4Φ12

WKL09(2)300×650 Φ8@100/150(2) G4Φ12

WKL10(2)300×650 Φ8@100/150(2) N4Φ14

WKL94(1)300×650 Φ8@100/150(2) 2Φ18；4Φ20 N4Φ14

L05(1)250×600 Φ8@200(2) 2Φ16；4Φ12

L06(1)250×600 Φ8@200(2) 2Φ16；2Φ20 G4Φ12

L07(1)A 200×300 Φ8@200(2) 2Φ16；2Φ14

L08(1)300×650 Φ10@150/150(2) 4Φ16；6Φ22 2/4 G4Φ12

L09(1)200×300 Φ8@150(2) 2Φ12；2Φ16

L12b(1)(标高23.100) 250×350 Φ8@200(2) 2Φ16；2Φ16

L03a(1)(标高23.100) 200×350 Φ8@200(2) 2Φ16；2Φ16

L12a(1)(标高23.100) 200×350 Φ8@200(2) 2Φ16；2Φ16

L03b(1)(标高23.100) 200×350 Φ8@200(2) 2Φ16；2Φ16

板负筋 1Φ8 23.100

300×650 N4Φ14

（轴线尺寸）
13400 / 5300 / 2100 / 5400 / 300
32400 / 7200 / 7200 / 7200 / 6900 / 2700 / 3300
17300 / 6900 / 2700 / 2400 / 2350 / 7100 / 2350
61200 / 2000 / 5400 / 2400 / 4800 / 7200 / 7200 / 7200 / 7200 / 7200 / 10000 / 300
3600 / 3600 / 3600 / 3600 / 3600 / 3600 / 3600 / 3600

轴线编号：1 / 1/1 / 2 / 3 / 5 / 6 / 7 / 8 / 9 / 10 / 11
A / I/A / B / C / D / E / F / G

	××建筑设计有限公司		
经 理	建设单位	××学校	工 号
专业负责人	项目名称	实训楼	阶 段 施工图
审 核			专 业 结 构
校 对	图纸名称	屋顶梁配筋平面图	图 号 GS-09
设 计			日 期

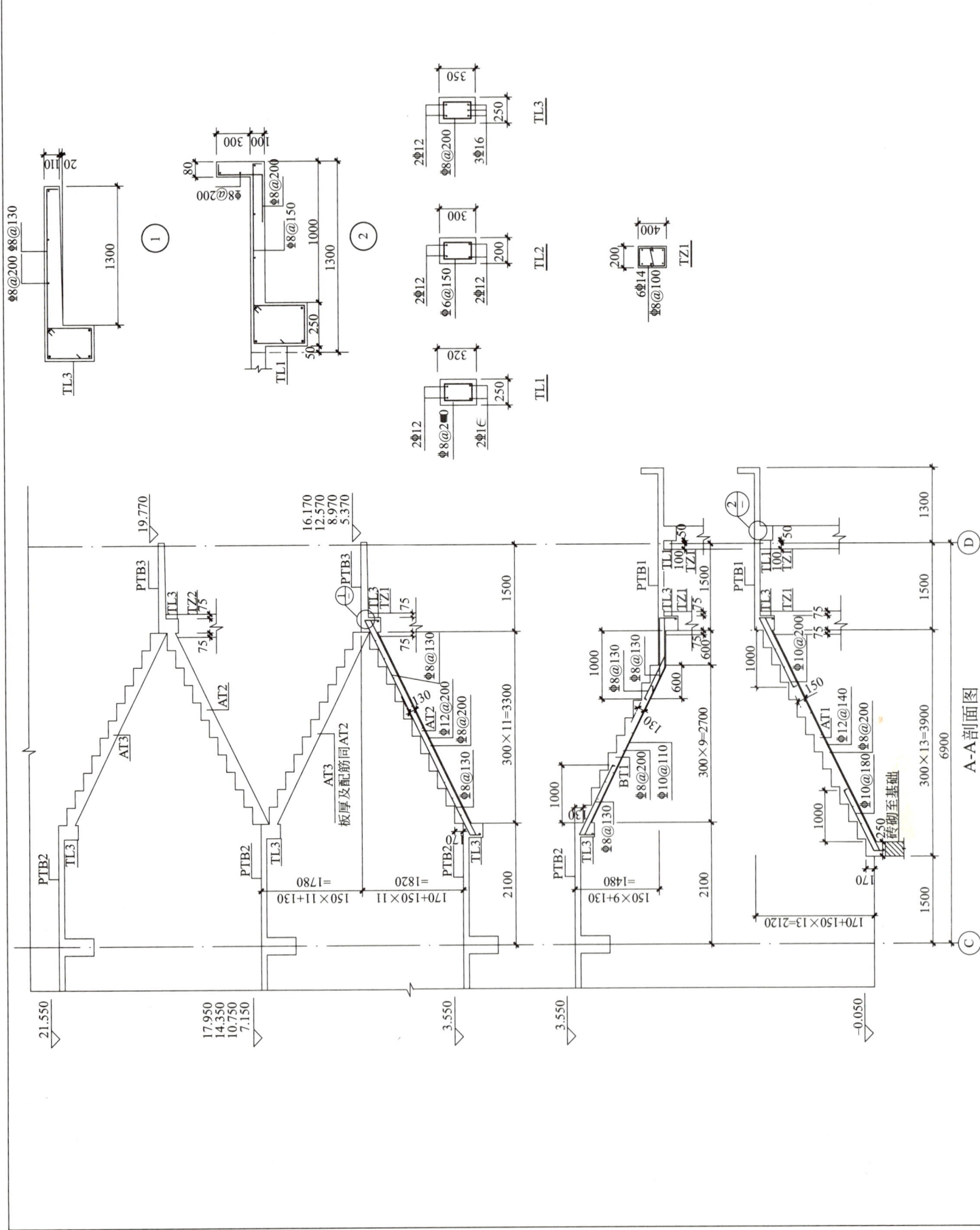

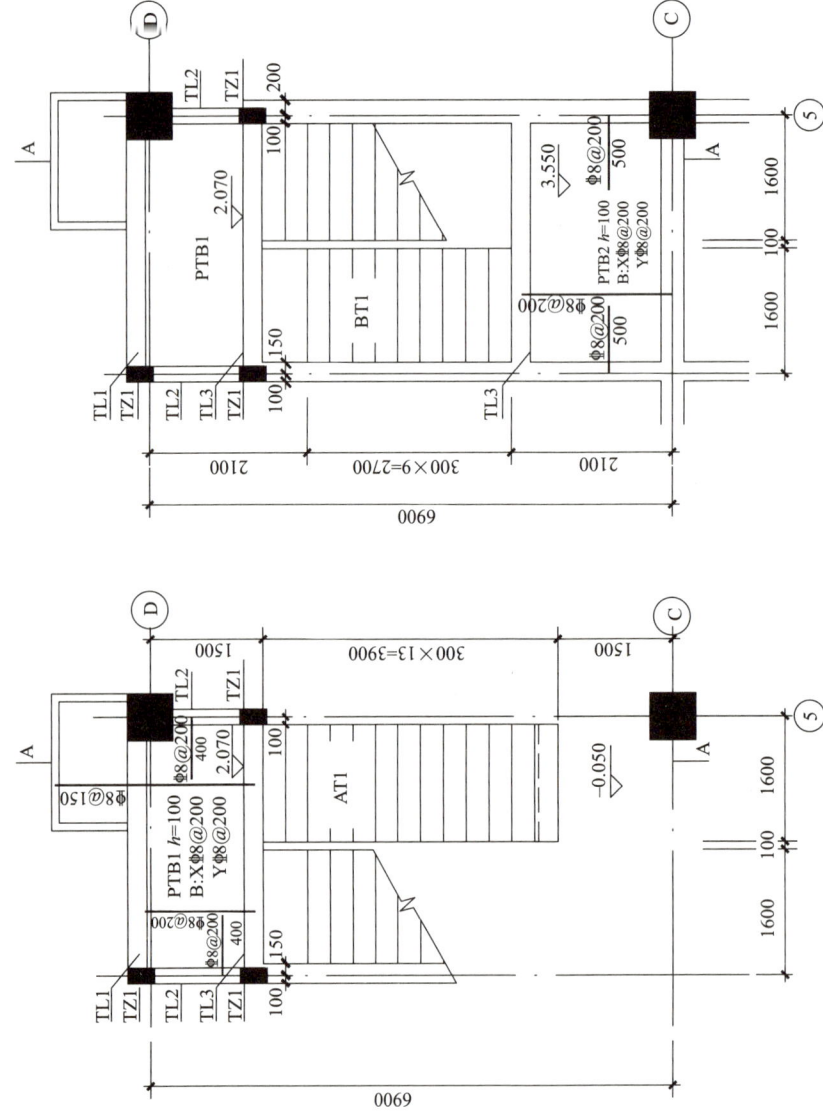

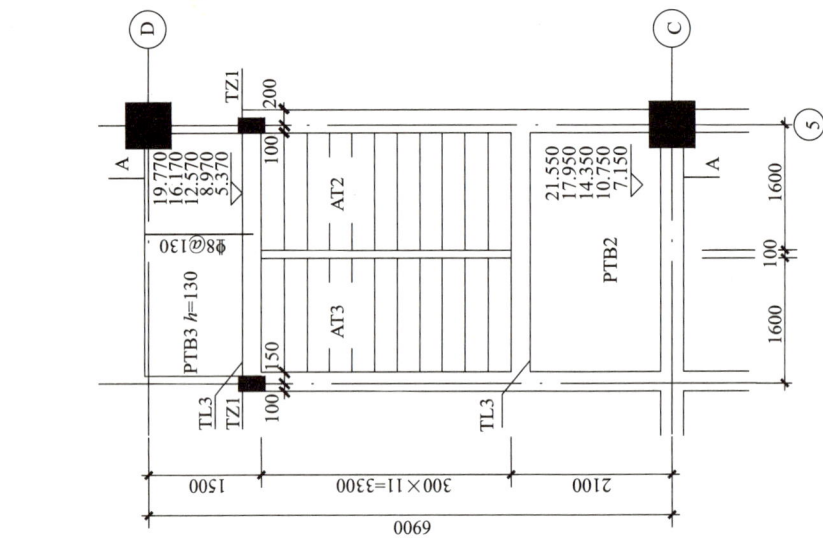

楼梯配筋详图

二层平面图

三层平面图

三~七层平面图

A-A剖面图

TL1 TL2 TL3 TZ1

PTB1 PTB2 PTB3

AT1 AT2 AT3 BT1

说明：
1. 未注明的平台板分布钢筋为Φ8@250，踏步板分布钢筋为Φ8@200。
2. 梯柱生根于基础、基础梁、框架梁或梁。
3. 楼梯预埋件见建筑详图。

Φ8@200 Φ8@130
Φ8@200 Φ8@150
2Φ12 Φ8@200 3Φ16
2Φ12 Φ6@150 2Φ12
2Φ12 Φ8@200 2Φ16
6Φ14 Φ8@100

PTB2：X:Φ8@200 Y:Φ8@200 Φ8@200
PTB1 h=100 B:X:Φ8@200 Y:Φ8@200

21.550 17.950 14.350 10.750 7.150
19.770 16.170 12.570 8.970 5.370
3.550 2.070 -0.050

300×11=3300 300×9=2700 300×13=3900
6900 2100 1500 1600 100

150×11+130=1820
170+150×11=1820
150×9+130=1480
170+150×13=2120

板厚及配筋同AT2
梯梁至基础

××建筑设计有限公司
建设单位 ××学校
项目名称 实训楼
图纸名称 楼梯配筋详图
工号 阶段 施工图 专业 结构 图号 GS-10 日期
经理 专业负责人 审核 校对 设计